100个电子游戏机制设计手册

杨亨冉◎著

化学工业出版社
·北京·

图书在版编目（CIP）数据

100个电子游戏机制设计手册 / 杨亨冉著. -- 北京 ：化学工业出版社，2026. 2. -- ISBN 978-7-122-49568-6

Ⅰ. TP317.61-62

中国国家版本馆CIP数据核字第2025S7L631号

责任编辑：潘　清　　　　责任校对：王鹏飞

出版发行：化学工业出版社（北京市东城区青年湖南街13号　邮政编码100011）

印　　装：大厂回族自治县聚鑫印刷有限责任公司

787mm×1092mm　1/16　印张18¼　字数402千字　2026年2月北京第1版第1次印刷

购书咨询：010-64518888　　　　售后服务：010-64518899

网　　址：http://www.cip.com.cn

凡购买本书，如有缺损质量问题，本社销售中心负责调换。

定　　价：99.00元

序

爱玩游戏是人的天性。人们以快乐为目的，自愿投身到存在某些规则或限制的活动中，围绕大大小小的目标参与竞争、做出选择，这就是游戏。

人类为何对游戏乐此不疲？神经科学家发现，大脑中的化学物质和结构可能是根本原因。当人们在游戏中解开谜题、赢得竞争、实现目标以后，验证了自己的预测是正确的，大脑就会释放多巴胺来奖励自己。千百年来，各种设定目标和规则的游戏系统，均要求玩家制定策略、预测未来，同时也帮助玩家探索心灵、发展认知、领悟世界规则。因此，正如凯莉·克兰西所言，游戏可谓是在漫长的进化史中推动人类走向巅峰的重要学习系统。

游戏与人类文明相伴而生。据历史学家希罗多德记载，3000年前的吕底亚人靠玩游戏来分散注意力，忍耐饥饿，熬过了长达18年的饥荒。19世纪初，普鲁士人发明的“战争游戏”深刻影响了普法战争和两次世界大战中的一些关键战役和局势走向。掷骰子游戏蕴含的随机性，则催生出概率论、统计学和博弈论，其影响一直延续到当代的金融市场及各类衍生产品、加密货币乃至社会政治实践。

与其说游戏改变了玩家，改变了世界，毋宁说游戏一直在塑造人类，塑造世界。

游戏为何如此魅力巨大、独特又重要？其实正是游戏的机制，使得它有别于其他人类行为和媒体内容。对游戏机制最简单朴素的理解，就是“这个游戏怎么玩”：在游戏中有哪些目标？有哪些限制？玩家能做什么？不同的选择和行为有什么后果？有哪些途径可以完成目标？玩家和环境、物品及其他游戏角色之间有什么关系？有什么交互方式？……越仔细考虑，越能想到更多关于机制的细节。

20世纪中期，人类发明了电子计算机，命运的齿轮开始转动。古老的游戏得到信息科技的赋能，以数字化的方式迭代进化，开疆拓土，既保留和模拟了传统的游戏机制，又不断创造和衍生新的游戏机制。

从布鲁克海文实验室里示波器上的《双人网球》（*Tennis for Two*）、麻省理工学院学生们曾痴迷的《太空大战！》（*Spacewar!*），到走向街头与客厅的《乓》（*Pong*），从《小蜜蜂》（*Space Invaders*）、《吃豆人》（*Pac-Man*）成为大众文化符号，引领街机黄金时代，到任天堂红白机风靡世界，《超级马力欧兄弟》（*Super Mario Bros.*）和《塞尔达传说》（*The Legend of Zelda*）开启此后40年的流行热潮，电子游戏在人类集体意识中开辟出全新的想象空间。酷炫刺激的视听效果、生动有趣的故事情节、性格鲜明的人物角色——这些过去曾属于小说、戏剧、影视等媒体的元素也越来越多地进入游戏领域，让游戏变得更具魅力。

时至今日，电子游戏已成为人们最喜闻乐见的娱乐方式之一，同时它也是生动鲜活的当代流行文化，是不容忽视的数字经济业态，是前沿科技的孵化器和实验场。围绕红极一时的元宇宙概念的创新，往往可以追溯到《第二人生》（*Second Life*）、《魔兽世界》（*World of Warcraft*）或《我的世界》（*Minecraft*）带来的灵感与启迪。玩游戏也是很多人工智能体在诞生之初的训练方式，国际象棋、围棋、《星际争霸》《王者荣耀》……这些人类喜爱的游戏，都曾作为知名AI的摇篮。2025年7月，AI时代最重要的基础设施建设者英伟达成为史上第一家市值突破4万亿美元的公司。但这一切其实都来自几个年轻人30多年前想让玩家能在3D游戏里玩得更爽的初心，以及英伟达因此在游戏显卡及相关解决方案领域的长期耕耘和积累。

在这个游戏变得至关重要的时代，在这个拥有近7亿游戏玩家的国度，终于有了一本由中国作者写的书，来专门分析研究和梳理总结电子游戏的各种机制，可谓善莫大焉。这就是我们面前的这本《100个电子游戏机制设计手册》。

本书作者杨亨冉是中国游戏行业的一名“老兵”，也是一位热爱游戏的资深玩家。一方面，他将自己多年从事游戏设计运营的经验体会与攻读博士学位时的理性思考相交融，在大量探讨游戏机制的资料文献的基础之上更进一步，总结提炼出10个大类别下的100条具体机制加以解释和举例说明；另一方面，字里行间也流露出一名老玩家对一款款游戏经典之作的情感与体验。

因此，这本书可以作为游戏行业新人或有志从事相关行业的学子们的入门参考书，在大家理解游戏本质、建立自己的游戏方法论的过程中提供丰富的观点和案例；也可以作为资深从业者手边的工具书，方便在创作策划过程中翻阅参考、激发灵感；对于那些善于思考的硬核玩家们，如果不满足于玩游戏的快乐，还想探究游戏背后的更多原理，甚至想将之运用于自己的日常生活，也可以从本书里寻到有价值的宝藏。此外，本书出版之年，恰逢教育部首次增设以“游戏设计艺术”为名的大学本科专业，这也让它有机会在高校游戏专业人才培养中成为参考书。

对游戏机制的深入了解和创造性运用，意义不仅在于让大家更善于玩电子游戏，也不全在于帮游戏设计师创作出更好玩的电子游戏，或许它还是这个聚焦于虚拟现实、元宇宙与AI的时代，一种尚未得到足够重视但实际上深具价值的个人素养，能帮助人们更好地洞察人性，为世界建立模型，为未来开展设计。

让我们共同期待，在下一个五年、下一个十年，中国游戏将涌现更多的精品力作，为世界带来快乐，为时代创造价值，以游戏机制的创新，塑造更美好的现实和未来。

何 威

北京师范大学艺术与传媒学院教授

前言与致谢

电子游戏的核心魅力源于其独特的互动性，支撑这种互动体验的基石，便是其内部精密运作的游戏机制。游戏机制不仅是规则的集合，更是塑造玩家行为、驱动情感体验，乃至构建整个虚拟世界的底层逻辑框架。因此，理解、掌握并创新游戏机制，是所有游戏设计者和研究者面临的根本挑战与追求。

当我们研究游戏美学课题时，从感官、心理、思维三个层面逐渐深入，会发现游戏最有别于其他美学形式的是——互动。游戏产生的互动会带来一种美感，让参与其中的人获得各种体验，形成互动的基础便是游戏机制。因此，对游戏机制的系统性认知，不仅是技术层面的需求，更是通往深刻理解游戏本质与创造卓越互动体验的必经之路。

本书旨在成为电子游戏设计领域一部系统性、实用性的机制参考工具书，全书共分为两大部分：开篇部分将建立读者对游戏机制的宏观认知，探讨其定义、历史、独特性，以及与玩家体验和叙事之间千丝万缕的联系。第二大部分从纷繁复杂的电子游戏世界中梳理并深入剖析了100种广泛应用的游戏机制，通过10个大类别——世界、结算、解决、关卡、玩家、角色、经济、集合、时间、其他，分门别类地对具体机制进行拆解，每个机制条目都包含清晰的定义、运作方式解析和精选的游戏案例，力求揭示这些机制的内在逻辑与应用场景。

无论是渴望快速构建知识体系的新手设计师、寻求创意火花的资深开发者、希望深度理解游戏乐趣的玩家，还是相关领域的学者与学生，我都希望本书能成为读者手边便捷实用的“机制工具箱”。我在撰写时尽力提升其工具书的属性，以便读者可以快速通读全书，以构建完整的知识框架，也可以随时按需查阅，激发创作灵感。

关于桌面游戏机制的研究已有珠玉在前，BGG（BoardGameGeek）经过多年努力，试图建立一个广泛的桌面游戏机制词汇和知识体系，该网站在桌面游戏机制领域的系统性工作，为本书探索并总结电子游戏机制提供了重要的参照。可以看到，很多桌面游戏机制和电子游戏机制是相通的，但由于电子游戏特殊的数字媒介特性，其机制运作和表现方式截然不同。针对电子游戏机制进行系统性整理与深度分析的著述尚属空白，正是为了填补这一空白，本书所整理的是最为知名和常用的电子游戏机制设计，力图为庞杂且不断演化的电子游戏机制领域建立一个清晰、实用的知识参照体系。

深究事物底层“机制”是一种精神和习惯，这起源于我所学专业对行为与需求本质的不断追问，工业设计学科在涉及与体验有关的思考时，更

关注底层实现原理。感谢柳冠中教授在教学中的启蒙，在其工作室工作学习的经历让我终身难忘，受其感染的这份探求与执着，不断影响着我的从业和研究生涯，正是因为对“游戏为何如此设计”的好奇，成就了我步向游戏行业的动机。

特别感谢我的导师李光春教授与张志熏教授，两位导师在艺术和哲学领域上的开创和包容，促使我能专注于游戏美学这一特殊领域的研究，他们的悉心指导、学术远见及持续的鼓励与支持，是我完成此项研究并最终将其凝结成图书的强大动力。

本书写作时通过500份问卷及24场深度访谈，收集了大量来自玩家、设计师、学者及行业专家的第一手数据与见解，这些宝贵的资料为本书内容的客观性与实践性奠定了坚实的基础。同时，多位深度参与试读的朋友们提出了中肯的修改意见与富有建设性的内容反馈，对提升本书质量功不可没。

在撰写本书的过程中，离不开所有给予帮助的朋友们，在此表示衷心的感谢！名称及职业均尊重个人意愿列出，并按名称的拼音首字母排序。

陈楚仪（博士研究生）
陈峰（大学教师）
陈柯伶（大学教师）
窦子一（学生）
法师猫不凡（游戏策划）
枫笛（游戏制作人）
古币楼主（游戏开发者）
海绵（学生）
郝文韬（游戏策划）
和岑宁（桌游设计师）
黑泱（桌游设计师）
洪天阔（高校教师）
乐者笑世（资深玩家）
黎晓晴（游戏学者）
李奥（游戏设计师）
蔺艺喆（游戏策划）
刘远（游戏制作人）
吕贤范（游戏美术）
吕正纯（投资人）
孟胜兵（大学教师）
宁兵（大学教师）
邵江淮（博士研究生）
水水（设计师）
谭彦君（大学教师）
王纯（游戏设计师）
文欣怡（学生）
小岛（游戏编辑）
蝎子（桌游爱好者）
新茂（游戏设计师）
严励（高校教师）
袁佳艺（设计师）
张昊（出版人）
张兆弓（大学教师）
Azoth（桌游全案策划）
Cheryl Johnson（关卡设计师）
g小调（艺术工作者）
Nicolas Berthiaume（中英法本地化专家）
Yoonseok Hur（游戏程序员）

感谢陈子奕同学，在我抽象的设计草图和晦涩的描述下，为本书创作和编辑了大量的插图，极大地提升了整体阅读观感。

最后，由衷感谢化学工业出版社及每一位编辑的辛勤付出，是你们的专业精神与不懈努力，才让这部凝聚了思考与心血的著作得以最终呈现在读者面前。

感谢我的家人，你们的理解与默默支持，是我能够专注投入写作的最温暖的港湾。

杨亨冉

本书如何使用

本书旨在为广大游戏设计者、开发者、研究者及爱好者提供一份关于电子游戏核心机制的详尽参考。为了帮助您最大限度地发掘本书的价值，建议采用以下几种方式来阅读和使用本书。

1. 系统性研读，构建知识体系

对于希望全面了解游戏机制理论与实践的读者，建议从第一部分“游戏机制”开始阅读。该部分深入探讨了游戏机制的定义、历史演变、特性及其与玩家体验、游戏叙事的关系，为理解后续内容奠定理论基础。

随后，您可以按照目录顺序，逐一研读“世界”“解决”“玩家”“其他”等分类下的具体机制。每个机制条目均包含定义阐述、运作方式解析和精选案例说明，有助于您系统地掌握各类机制的原理与应用场景。

2. 按需查阅，作为设计参考

当您在游戏设计或开发过程中遇到具体问题，或者需要了解某种特定机制时，可将本书作为参考手册。通过查阅目录，可快速定位到相关机制类别或具体条目。

每个机制的“表现形式”部分拆解了常规的应用，“案例”部分的解读则提供了该机制在经典游戏中的实际应用范例，能为您的设计决策提供直接的参考和启发。

3. 触发灵感，探索创新可能

如果您正处于构思新游戏或寻求玩法突破的阶段，可以随意浏览不同的机制分类或条目。了解各种机制的组合方式与潜在效果，有助于触发新的创意火花。

特别关注案例分析中提及的机制变体或组合应用，思考如何对现有机制进行改良，或者将其融合或应用到新的游戏类型中。

4. 解构分析，深度理解游戏

尝试运用本书提供的机制定义和分析框架，来解构您熟悉或正在研究的游戏作品，识别其核心机制与非核心机制，分析这些机制如何相互作用，塑造了该游戏的体验。

这种练习有助于您更深入地了解游戏设计的内在逻辑，提升游戏分析与评判能力。

5. 教学辅助，促进学习研究

本书的系统性结构和翔实的内容，使其适合作为游戏设计相关课程的辅助教材或参考资料。教师可围绕特定机制组织课堂讨论或设计练习，学生则可借助本书完成课程项目或深化对特定设计问题的研究。

目录

第一部分　游戏机制

第二部分　电子游戏机制分类框架

第一部分

游戏机制

第一章　什么是游戏机制

大家如何看待游戏机制

在游戏研究领域，“游戏机制”被视为游戏的决定性品质，是游戏研究的核心概念，在该研究领域内外被广泛使用。例如，在谷歌学术网站上搜索“游戏机制”（game mechanic）一词，可以得到约969000条结果。

尽管“游戏机制”这一术语在游戏行业和研究领域已被广泛使用，但对于“游戏机制”单一公认的定义仍存在一些争议。基于500份中英文调查问卷，笔者组织了41位和游戏有关的玩家、学者、设计师、出版商、投资者、研发者等，进行了以“你理解游戏机制吗”为主题的访谈，对24场访谈记录进行研究后发现，在受访者当中，关于“什么是游戏机制”的回答主要分为两派：一部分认为游戏机制是游戏规则的基础，游戏规则是由一个或多个游戏机制组成的；另一部分则认为机制大于规则，规则是明确“是”和“否”，而机制是由众多明确的规则组成的。

这颇符合游戏机制研究方式的偏差，在学术界主要有两种趋势：一种侧重于游戏系统的结构分析，即“玩家能做什么”及“如何做”；另一种则关注驱动玩家参与游戏的动机因素，即机制促使玩家参与游戏。这种视角上的差异——主动权在游戏系统还是在玩家——直接导致了人们对游戏机制定义的分歧：它究竟是由规则组成的系统，还是组成规则的基础部件？

游戏作为一种人类参与的虚拟活动，其研究深度融汇了人文、社会、技术与艺术等多个维度的知识体系，随着历史的发展，游戏研究本身也产生了许多专门的子领域。因此，不同学科和子领域的研究者，基于各自不同的研究重点和范围，提出了多样的游戏机制定义，这种情况是意料之中的，同时也表明，在各个群体及其所代表的学科之间，对该术语的定义和使用方式也会有所不同。

《什么是游戏机制？》（*What is a Game Mechanic?*）一文，通过对横跨六个领域和若干游戏理论书籍的整理，也没有得出共识。一些观点认为，游戏机制是“玩家与游戏之间互动的系统”，它们“可能不仅是玩家认知中的那样只是那些影响游戏体验的事物”，并且“在桌面游戏和电子游戏中，指导玩家和规定游戏对玩家的动作行为做出反应的规则和程序”[①]。

深究“game mechanics”的来源，可以从词源本身出发。英文中的“mechanics”一词源自希腊语“μηχανική”，意为“机械的”或“与机器相关的”，该词通过拉丁语“mechanica”进入英语，最早在17世纪40年代被用来描述“机械学理论”，即“关于物体在力和约束下运动的数学原理”。随着艾萨克·牛顿等人奠定了经典力学的基础，“mechanics”一词开始被用来指代一个正式的物理学分支[②]。

如果将游戏比作一台机器，那么机制就是这台机器的齿轮和轴承，每个机制都扮演着某个特定的角色：有的让玩家能够移动角色（如跑步、跳跃），有的控制资源分配（如金币或生命值），还有的定义了胜负条件（如击败敌人或解谜成功）。

下面列举若干最著名的关于“游戏机制”的说法。

- 杰西·谢尔（Jesse Schell）在《游戏设计艺术》（*The Art of Game Design, 2008*）一书中指出，剥离游戏的美学、技术和故事元素后，剩下的互动和关系即为游戏机制。
- 在《机制—动态—美学（MDA）框架》[*Mechanics-Dynamics-Aesthetics (MDA) framework, 2004*]中，机制（mechanics）被定义为游戏中供玩家使用的各种动作、行为和控制方式，这些机制与游戏内容（如关卡设计、资源等）共同构成了游戏的整体玩法动态。在游戏MDA模型中，机制（mechanics）是指游戏的核心规则和系统，是玩家与游戏交互的基础。它定义了玩家能够做什么，系统如何响应玩家的操作。
- 在*Rules of Play: Game Design Fundamentals*[③]一书中，凯特·萨伦（Katie Salen）和埃里克·齐默尔曼（Eric Zimmerman）深入探讨了游戏机制的作用：它是玩家与游戏互动的基础，决定了游戏的动态性和可玩性。

由此来看，游戏机制可以定义构成游戏规则和系统的元素及交互

① Lo, Patrick, et al. "What Is a Game Mechanic?" International Conference on Entertainment Computing, Springer International Publishing, 2021, pp. 336-47.

② John Wallis 在 1669—1671 年出版的著作 *Mechanica sive de motu, tractatus geometricus*（力学，关于运动的几何论述）中，就将“mechanics”一词的应用范围，从传统的静力学扩展到了对运动的科学研究。

③ *Rules of Play: Game Design Fundamentals* 出版于2003年，在中文网络和学术文献中，这本书经常被提及，并出现了多种非官方的中文译名，例如《玩乐之道：游戏设计基础》《游戏法则》《游戏设计基本原则》等，另有多本名称相似的书籍易被混淆，为避免误读，本书中使用的是英文书名。

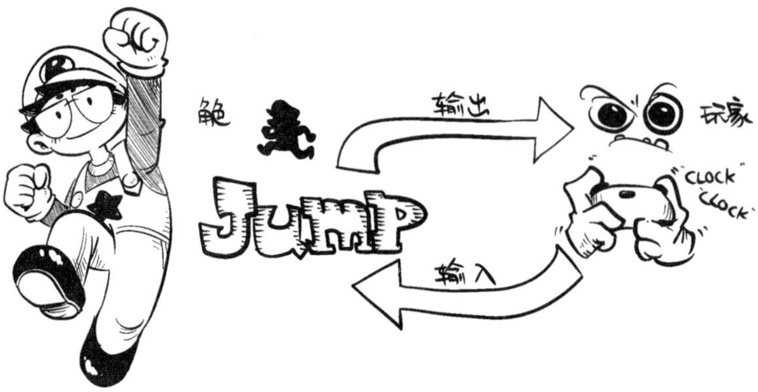

逻辑，用于规范玩家的行为，同时定义游戏世界的运行方式，直接影响玩家的体验与游戏的可玩性。

举个例子

用经典电子游戏《超级马力欧兄弟》（*Super Mario Bros.*）举例，在平台上跳过障碍是它的核心游戏机制之一，跳过障碍和跳不过障碍之后会发生什么，是由游戏规则规定的。“跳”这个动作来自控制者的输入行为，输出是电子设备计算后的结果，驱动整个游戏体验过程的底层逻辑，便是电子游戏机上的游戏运行机制。

笔者认为，游戏机制是连接玩家输入与系统输出之间关系的一套互动逻辑，专注于玩家与游戏系统之间的交互，以及由此产生的规则和反馈。游戏规则规定了玩家能做什么和不能做什么，但规则可能会为了优化玩家体验或适应不同的游戏情境而调整，而机制则是更底层的、相对稳固的逻辑，它决定了规则在不同目标和挑战下如何运转。

游戏机制的三个标准

规则和过程：游戏机制是构成游戏玩法的规则、流程和交互的集合，规定了玩家如何与游戏世界互动，以及游戏如何响应玩家的行为。这些规则共同构建了一个独特的时空，玩家在其中自愿接受约束，从而进入一种特殊的游戏状态，这在游戏研究中被称为“魔法圈”[1]。

结果有意义：游戏机制的核心在于其产生的结果，一个机制必须对游戏状态产生有意义的影响，例如改变游戏世界、角色数据或玩家进程。

可抽象隔离：游戏机制可以在不关乎数据和故事的同时从游戏的

① “魔法圈”（Magic Circle）的概念最早由荷兰历史学家约翰·赫伊津哈（Johan Huizinga）在其著作《游戏的人》（*Homo Ludens*）中提出，它指的是一个游戏开始时在时间和空间上创造出的，适用一套特殊规则的虚拟边界，在此边界内，现实世界的规则被暂时悬置，玩家自愿遵循游戏规则进行有意义的游玩。

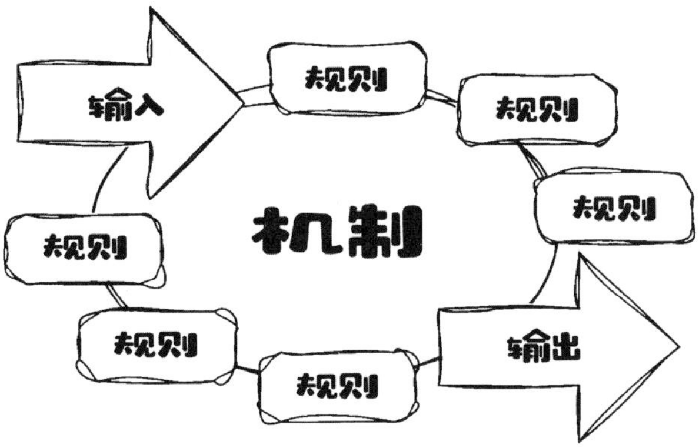

其他方面中分离出来，如果在抽离的过程中，需要更多的其他部件补充，那么它无法抽象出一个游戏机制。

这三个标准共同服务于一个目标：创造“有意义的游玩”（meaningful play）。即玩家的每一个行为，都能在游戏系统内引发清晰且整合的反馈，从而让玩家感受到自身选择的重要性与影响。

游戏机制是驱动游戏元素的齿轮，其将美学元素驱动起来，为玩家带来了丰富的体验和趣味性。其所构成的循环，即玩家一切游戏体验的基础，而最重要的循环会驱动玩家如何输入，如何使用机制体验游戏，这便是游戏的核心机制和玩法。

电子游戏机制的历史演变

游戏机制的历史演变，清晰地勾勒出了一条从传统桌面游戏走向现代电子游戏的发展脉络，这条脉络不仅反映了技术进步对游戏形式的推动，也展现了玩家需求与社会文化对游戏内容的持续塑造。下面将探讨游戏机制如何随时间演变，以及其在不同发展阶段的特征与影响。

传统桌面游戏如围棋、国际象棋的机制设计，集中在规则的简单性与战略深度之间的平衡。凯特·萨伦（Katie Salen）和埃里克·齐默尔曼（Eric Zimmerman）在*Rules of Play: Game Design Fundamentals*中指出，这些机制为玩家提供了明确的目标和策略空间，同时具有较高的可重复性。米格尔·西卡尔（Miguel Sicart）在《定义游戏机制》（*Defining Game Mechanics*）一文中则强调，规则系统在传统游戏中的核心地位，为不同玩家提供统一的认识，确保了跨文化传播和普遍接受性。

1970—1980年，街机与早期电子游戏时期，电子游戏逐渐兴起。这一时期的游戏机制受限于硬件性能，主要以简单的操作和直接的反馈为主。例如，《乓》（*Pong*）的机制仅包括模拟物理反弹和得分规则，旨在提供快速而直观的游戏体验。游戏设计先驱克里斯·克劳福德（Chris Crawford）在其著作《计算机游戏设计的艺术》（*The Art of Computer Game Design*）中指出，这一时期的游戏是典型的“过程密集型”（*process-intensive*），它们将有限的计算资源集中于核心玩法的循环和反馈上，而非“数据密集型”（*data-intensive*）的内容呈现，这正是街机游戏即时吸引力的来源。

1980—1990年，家用游戏机和个人电脑（PC）的普及推动了游戏机制的复杂化，《超级马力欧兄弟》的跳跃、平台机制，以及《塞尔达传说》（*The Legend of Zelda*）的探索类机制，都体现了这一时期的家庭游戏需求。该时期游戏机制注重家庭体验设计，结合剧情和装置让更多的成员参与游戏，游戏设计师拉夫·科斯特（Raph Koster）在《游戏设计快乐之道》（*A Theory of Fun for Game Design*）中认为，“乐趣”的本质是大脑在识别、学习并最终掌握新模式（pattern）时所感受到的愉悦。在家庭环境中，这种乐趣得以被放大和分享，像《超级马力欧兄弟》这样拥有直观且层次分明模式的游戏，允许不同年龄和技能水平的家庭成员共同参与和欣赏。

自2000年后，网络技术的进步带来了多人在线游戏（MMO）和社交游戏的繁荣，此类游戏的机制设计开始注重协作、竞争和社交互动。正如*Rules of Play: Game Design Fundamentals*中提及，网络游戏机制通过资源共享和团队策略增强了玩家之间的互动，同时引入了动态平衡机制以维持公平性。

自2010年后，如《巫师3：狂猎》（*The Witcher 3: Wild Hunt*）和《荒野大镖客2》（*Red Dead Redemption 2*）的开放世界游戏，以及虚拟现实游戏的兴起推动了机制的进一步演化，机制设计不再仅仅关注规则，还包括玩家自主性、系统复杂性和环境交互，这一阶段的机制更倾向于通过动态生成和开放式探索提供个性化体验，更多的涌现式玩法被玩家发掘。正如欧内斯特·亚当斯（Ernest Adams）和乔里斯·多曼斯（Joris Dormans）在《游戏机制：高级游戏设计技术》（*Game Mechanics: Advanced Game Design*）中所探讨的，突现型和渐进型机制可以通过叙事和交互丰富玩家的体验和意义。

游戏机制的历史演变，呈现出技术驱动与文化塑造的双重特征，从较简单的棋盘规则到更复杂的开放世界系统，机制设计不断适应时代需求，满足玩家的多样化偏好。随着技术和文化的发展，电子游戏融合涌现出来的游戏机制的数量繁杂且庞大，游戏机制变得越来越模糊，甚至很多游戏机制的复杂程度堪比游戏本身。

电子游戏机制的界定

在本书中，电子游戏被定义为运行在电子设备上的游戏，通常在英文环境中被称为video game。video game被翻译成数字媒体游戏，而不是视频游戏。从实际的技术构成来看，所见的电子游戏都需要通过屏幕输出画面，无论是掌机游戏，还是主机游戏，即使是VR、AR、MR游戏，也需要一块屏幕来展示虚拟世界的内容。

电子游戏除了包含视频输出设备和用户输入设备，还包含其他相关的设备。科技的发展带动了电子设备的不断发展，越来越多的功能为游戏机制的创新提供支持，游戏机制的指代边界越来越难界定，数量也越来越多。自从《双人网球》（*Tennis for Two*）在模拟计算机和示波器上出现，电子游戏机制就不断涌现出来，尤其是到了20世纪80年代，任天堂在游戏上的创新非常迅猛，出现了大量优秀的游戏。随着现代数字硬件和软件技术的不断革新，更多的游戏被创造出来，同时电子游戏机制大量涌现，一个游戏功能就可以作为一种机制被定义。

本书的研究案例包含少量大型网络角色扮演游戏（multiplayer online role-playing game，MMORPG），因为此类游戏并没有实际的尽头，不断地更新玩法和融合机制，所以会对游戏的案例总结造成困扰，当说到某个网络游戏的某个游戏机制时，可能该游戏已经迭代到了新的版本，不再以此机制为代表甚至不再包含提到的游戏机制。

电子游戏机制的独特性

讨论完电子游戏机制的历史演变和本书界定的范围，相比桌面游戏机制，运行在电子设备上的电子游戏机制有以下特质。

（1）数字技术支持的丰富性

电子游戏机制的独特性首先体现在技术支持的丰富性上，相比传统桌面游戏，电子游戏能够借助计算机的强大计算能力，实现复杂的规则和动态的反馈。

案例1：实时运算和反馈

在传统桌面游戏中，复杂的规则需要玩家自行管理，但电子游戏能够通过程序实时计算结果，对比如下。

- 《星际争霸》（*StarCraft*）：资源管理和战斗同时进行，计算敌我单位的战斗结果需要庞大的后台运算，但对玩家来说一切都是瞬间发生的。
- 传统桌面策略游戏：玩家需要通过查询公式和手动计算胜负，这种延迟感会影响体验。

案例2：自动智能代理

得益于高性能的运算，电子游戏中的智能代理能够根据状态做出反应，除了模拟出虚拟对手，还能虚拟代理角色，实现数量庞大的自动机。

- 《火箭联盟》（*Rocket League*）：AI代理的队友或对手，通过强化学习进行训练，在竞技比赛中以惊人的速度执行操作。
- 在桌面游戏中，无法实现对独立个体的快速实时的智能判断。

案例 3：物理模拟

电子游戏可以通过物理引擎模拟现实中的物理现象，例如重力、碰撞和弹性，从而进一步扩展想象空间，甚至模拟现实中不能发生的物理现象。

- 《愤怒的小鸟》（*Angry Birds*）：推力弹射可模拟现实中的物理现象，并基于该模拟进一步对轨迹进行精确计算，但对于障碍物被破坏后的还原效果，现实中无法实现模拟。
- 在桌面游戏中，真实的虚拟体验要强于电子游戏，但多样性的机制只能通过抽象化的卡牌或规则表述来实现。以现实物体配件创造出的物理游戏，其机制表现的丰富程度远不及电子游戏。

（2）玩家与机制的实时交互

电子游戏机制具有高度的实时性和互动性，玩家的每一个输入都会通过机制即时转化为游戏中的变化，进一步增强沉浸感。

动态反馈系统

- 在电子游戏中，机制可以立即对玩家的动作做出响应，比如角色的移动、环境的变化、敌人的反应。
- 《黑暗之魂》（*Dark Soul*）系列：玩家在战斗中学习敌人的攻击模式并及时调整策略，实时互动让每一次挑战都充满张力。

非线性玩法支持

- 许多电子游戏通过机制支持玩家自由探索，让玩家在规则框架内找到自己的游戏路径。
- 《塞尔达传说：旷野之息》（*The Legend of Zelda: Breath of the Wild*）：攀爬机制和滑翔机制相结合，让玩家能够自由选择如何到达目的地，而不需要遵循单一路径。

（3）数据驱动的复杂机制

电子游戏可以处理大量复杂的数据和逻辑，这使得一些在传统游戏中难以实现的机制得以完美呈现。

程序化生成

- 通过算法生成地图、任务或角色，电子游戏能提供丰富的随机性和重复可玩性。
- 《无人深空》（*No Man's Sky*）：庞大的宇宙和行星生态系统完全由算法生成，为玩家带来了几乎无限的探索可能。

高速运算和模拟

- 计算机能够高速完成数据运算任务，实时管理和调用庞大的游戏数据，创造不同于现实规则的玩法。
- 《炉石传说》（*Hearthstone*）："发现（discover）"或随机生成卡牌，能够瞬间从成百上千张卡牌的总卡池中完成筛选和随机化，为玩家提供即时的策略选择。

（4）超越现实物理限制

电子设备能够打破传统游戏的物理限制，实现各种"现实中不可能"的玩法。

- 时间操控：如《时空幻境》（*Braid*），玩家可以控制时间倒流，挑战线性逻辑。
- 维度切换：如《传送门》（*Portal*），玩家可以在两个空间之间自由移动，探索新的解谜方式。
- 跨地域连接：通过互联网，玩家可以随时随地与世界各地的对手或朋友共同游戏。

电子游戏机制的独特性源于技术、实时交互、数据驱动和网络支持等多重优势，它不仅继承了传统游戏的规则和框架，还在数字环境中实现了创新，使游戏体验更加丰富、动态和沉浸。

接下来，进一步探讨游戏机制如何影响玩家的体验，深入了解机制设计对玩家行为和情感的深远影响。

游戏机制和玩家体验的关系

在纷繁复杂的游戏世界中，玩家的每一次点击、每一次决策、每一次挑战与每一次由衷的喜悦，其根源来自游戏机制的设计。如何从根本上构建游戏机制并持续塑造玩家的体验，无疑是打造一款游戏作品的关键。

从宏观视角审视，游戏机制远非一套冰冷生硬的规则集合，它更像是一台精密运作的核心引擎，源源不断地为玩家的旅程注入活力。中国学者何威指出，游戏中的所有行为与体验，可以被归纳为三个核心维度。

“如果要问：‘在电脑游戏中我们能做些什么？’或者‘电脑游戏在对我们做什么？’不外乎三件事：竞争（contest）、叙事（narrative）、沟通（communication）。这三要素是电脑游戏作为场所、媒介、工具等能提供给人们的可能的活动的概括，也决定着人们在电脑游戏中的目的、需求、行为”①。

竞争、叙事、沟通三要素构成了玩家体验的基本框架，而游戏机制正是填充并实现这些体验的具体手段，它为玩家在游戏中行动赋予了可能性，清晰地界定了诸如移动探索、战斗解谜等一系列互动边界，使玩家能够积极地认知、探索并对游戏世界产生切实的影响。更为重要的是，游戏机制构建了一套即时且动态的反馈闭环，玩家的每一个输入操作，都会通过这套机制被即时转化为游戏世界中可感知的结果——可能是伴随华丽视听效果的成功嘉奖，也可能是引人反思的阶段性挫败。

以《节奏光剑》（*Beat Saber*）为例，当玩家挥舞光剑，富有节奏地切割迎面飞来的音乐方块时，游戏会立刻给予强烈的正反馈：炫酷的视觉粒子特效、与音乐节拍完美同步的切割音效，以及不断攀升的得分，这些即时反馈极大地强化了玩家操作的满足感。反之，如果一个游戏机制在反馈上表现得迟钝、含糊不清或与玩家直觉相悖，那么玩家在与游戏互动的过程中便很容易感到困惑、挫败甚至疏离。

既然游戏机制对玩家体验具有如此根本性的塑造作用，那么深入探究其具体的影响方式与作用原理便至关重要。接下来的内容将从两个核心维度展开：游戏机制究竟如何影响玩家的整体体验？机制又如何具体地塑造玩家的情感反应与互动模式？

（1）游戏机制如何影响玩家体验

游戏机制的本质在于通过设计的规则、挑战与互动模式，直接作用于玩家的心理与行为，为玩家提供持续的内在驱动力。每一种机制类型都着力于营造特定的情境，引导玩家采取行动，并在克服障碍的过程中体验情感的起伏与能力的成长。

以挑战与克服为核心的机制，通过设定高难度的障碍、严苛的惩罚及对玩家技巧与策略的极致要求，构建了一个充满张力的“试误—学习—精通”的循环，在《黑暗之魂》（*Dark Soul*）中展现得淋漓尽致。每一次微小的进步都需要玩家付出巨大的努力和专注。因此，当玩家最终克服重重困难，战胜强大的敌人或通过艰难的关卡时，所获得的成就感和满足感会得到极大的放大，这种体验恰好印证了心理学家米哈

① 何威. 建构与交互：对新媒介电脑游戏的研究. 北京：清华大学，2004.

里·契克森米哈赖的心流（Flow）理论[①]，当人们集中注意力以完全投入的心理状态完成合适的挑战后，会产生高度的兴奋及充实感。

而以探索与发现为驱动的机制，则致力于满足玩家的好奇心与对未知的向往，《塞尔达传说：旷野之息》（*The Legend of Zelda: Breath of the Wild*）通过赋予玩家极高的行动自由（如攀爬、滑翔等能力）和一个充满互动细节和广袤的世界，鼓励玩家自主设定目标、规划路线。每一次发现新的地理奇观、揭示隐藏的秘密或利用环境元素创造性地解决问题，都带来了强烈的探索乐趣与惊喜感。

在《文明》（*Civilization*）系列这类游戏中，资源管理与策略规划机制考验玩家的远见与决策能力，玩家需要在有限的资源（如粮食、金钱、产能、文化影响力等）和多维度的发展目标之间进行权衡与取舍。机制迫使玩家进行深度思考，制定长远规划，并在动态变化的环境中不断调整策略，最终看到自己在竞争中胜出，带来智力的满足和掌控感。

社交互动机制通过构建玩家间的合作、竞争、交流与情感联结，满足人类基本的社交需求。在《动物森友会》（*Animal Crossing*）中，无论是与其他玩家的角色进行物品交换、共同参与岛屿建设，还是仅仅是互相拜访、分享日常，这些机制都营造了一种轻松、友好的社区氛围，带来了陪伴感、归属感及人际互动所特有的乐趣与温暖。

（2）机制如何塑造情感互动

能够调动玩家的情绪不仅仅是游戏的叙事技巧，游戏机制的加入使体验更加深刻，就像一种强大的语言，直接与玩家的心理和行为模式对话。比如《超级马力欧兄弟》（*Super Mario Bros.*）中的倒计时，即将结束时直接在玩家心中注入紧迫感和焦虑感，迫使玩家在操作精度和前进速度之间做出权衡。还有有限资源机制，如《生化危机》（*Resident Evil*）利用稀缺性营造脆弱感的弹药限制，放大环境威胁，增强恐怖氛围，使玩家感到恐惧和不安。沙盒机制如《我的世界》（*Minecraft*）的自由建造，赋予玩家改造世界的能力，并设定自洽的物

① “心流”（Flow）理论由心理学家米哈里·契克森米哈赖（Mihaly Csikszentmihalyi）提出。其核心观点是，当一项活动的挑战性与参与者的技能水平相匹配时，人们会进入一种高度专注、充满乐趣并忘记时间流逝的心理状态。

理规则与生态规则，游戏营造出一种探索、建造、表达的乐趣。

机制不仅塑造玩家体验，还影响玩家的行为方式，玩家作为游戏系统的理性参与者，会自然地解读机制的规则、奖励与惩罚体系，从而选择最优化的行动策略以达成目标，趋利避害的适应性行为是游戏学习曲线的核心部分。玩家甚至还会主动探索机制的边界，尝试那些设计师未曾预料或“非标准”的玩法，玩家可能发现并利用机制设计中意想不到的“漏洞”或特性，创造出独特的玩法。这种由简单的游戏规则相互作用而产生的，设计师未直接预设的复杂策略或行为，在游戏设计理论中被称为“涌现式玩法”（emergent gameplay）。例如，在《塞尔达传说：旷野之息》（*The Legend of Zelda: Breath of the Wild*）中，玩家利用游戏复杂的物理引擎机制，开发出各种高超的滑翔、弹射、滞空技巧，在游戏外的社交媒体分享，这本身就成为一种原定目标以外的游戏乐趣和社群文化。

游戏机制构成了玩家在虚拟世界中行动的基础框架，通过规则的设立、资源的分配、挑战的构建及反馈的循环，不仅定义了玩家“能做什么”，更深刻地影响着玩家“想做什么”及“体验如何”。成功的机制设计，不仅能为玩家提供清晰的目标指引和即时的行动反馈，更能触发他们的策略思考、创造冲动和探索欲望，将玩家牢牢吸引在游戏世界之中。

下面将深入探讨游戏机制与游戏叙事的关系，了解机制如何为故事增色或成为叙事的另一种语言。

游戏机制和游戏叙事的关系

在游戏设计中，机制和叙事常常被视为两个独立的部分，前者负责规则和玩法，后者负责塑造故事和情感。但在游戏设计的世界里远非如此简单，实际上两者交织密切，机制与叙事彼此支持、互为补充，才能成就一款优秀的游戏。

机制与叙事在游戏设计中都非常重要，但在具体的游戏作品中的分量并非各占一半，而是取决于游戏类型和作者要表达的内容。在机制和叙事配合优秀的作品里，机制驱动玩家完成叙事目标，叙事赋予机制情感深度。当它们相互冲突时，玩家可能会感到脱节，当紧张的剧情被重复性任务破坏了节奏，玩家的情感投入就会被削弱。

例如《最后生还者》（*The Last of Us*）中，有限弹药机制与紧张的末世叙事相辅相成，让玩家切身感受到资源匮乏和生存的压力。相反，某些开放世界游戏中过多的支线任务和过于困难的挑战，会让主线叙事失去紧张感，削弱玩家的代入感。

（1）游戏机制如何服务于游戏叙事

游戏机制在虚拟世界中在多个层面上为游戏叙事服务，合适的游戏机制能够有效地推动故事进程，成为游戏叙事的驱动力，例如任务的完成、角色的对话或谜题的解决。在《塞尔达传说：旷野之息》（*The Legend of Zelda: Breath of the Wild*）中，林克的攀爬、滑翔等能力不仅是玩法的一部分，更是玩家探索故事线索的工具，攀登与滑翔都在配合着海拉鲁大陆的秘密揭示。

时间类机制可以塑造叙事所需的氛围，直接影响玩家对游戏世界的感受。慢节奏的机制可能传递出孤独感，而快节奏的战斗机制则可以营造紧张的氛围。比如在《死亡搁浅》（*Death Stranding*）中，与游戏的故事主题契合的负重机制，让玩家切身体会到角色的孤独与艰辛。

角色和玩家类机制还能强化角色的代入感，角色的特殊能力或限制通过机制直接体现，帮助玩家更深入地了解和感受角色的处境。生存冒险游戏《饥荒》（*Don't Starve*）的资源获取与生存管理成了玩家的根本逻辑：不间断地搜寻食物、对恶劣环境的抵御，以及对未知生物的应对，这一核心机制让玩家始终被饥饿、气候与潜伏的威胁所驱动，从而形成持续而真实的生存紧张感。

（2）游戏叙事如何反哺游戏机制

游戏叙事也可以反过来增强游戏机制的意义，游戏叙事为游戏机制赋予了背景和目的，使玩家的每个动作不仅是在执行规则，更是故事的一部分。在以杰洛特作为主角的《巫师3》（*The Witcher 3*）游戏中，怪物狩猎机制拥有丰富的背景故事和任务描述，玩家不仅是在击败敌人，更是在参与一段史诗般的冒险。

叙事还能够引导玩家的行为，通过叙事，游戏可以让玩家更自然地接受复杂的机制。教程部分如果通过故事来呈现，而不是直接罗列规则，玩家的学习过程将更加愉快。在《光之子》（*Child of Light*）游戏里，故事线带领玩家逐步掌握战斗和探索机制，学习过程如同冒险的一部分。

有些游戏的机制本身就构成了一种叙事方式，玩家通过与机制的互动来体验和解读故事，这被称为“机制叙事”（mechanic-based narrative）。《时空幻境》（*Braid*）的时间倒流机制不仅是通关的谜题，更是叙事的一部分，暗示角色的悔恨与救赎。玩家扮演的主角在操控时间的过程中，实际上是在体验角色内心的挣扎。

在《黑暗之魂》（*Dark Souls*）中，死亡机制让玩家反复经历探索与复仇的循环，这样艰难的旅程本身是一段不屈的叙事，对整个游戏体验而言，每一次失败都是故事的一部分。这种通过规则和过程来表达观点、传递信息的方式，也被称为“过程修辞”[①]，它认为游戏机制本身就是一种强有力的表达媒介。

①“过程修辞”（Procedural Rhetoric）理论由学者伊恩·博格斯特（Ian Bogost）在其著作《说服性游戏：电子游戏的表达力》（*Persuasive Games: The Expressive Power of Videogames*）中系统阐述。该理论认为，电子游戏通过其运行的规则和算法（即“过程”）来建构论点和表达思想，玩家通过与这些过程互动，亲身体验并理解游戏所内嵌的意识形态或观点。

（3）游戏机制和游戏叙事冲突

并不是所有的游戏都如《蔚蓝》（*Celeste*）一样，跳跃机制不仅是它的核心玩法，更是主人公克服内心障碍的象征。玩家在攀登山峰的过程中，体验角色的心理成长，游戏机制直接服务于叙事主题。

当游戏机制与游戏叙事脱节时，会严重影响玩家的体验，剧情急需玩家前进时，却被强制性的支线任务打断，这会削弱叙事的紧迫感，让玩家感到困惑和分心。如在《巫师3》（*The Witcher 3*）中，NPC会不顾危险和任务紧迫，和主角来一局昆特牌，虽然成就了这种无厘头玩法的热门，却也让深度沉浸游戏剧情的玩家感到困扰。

2013年的《古墓丽影》（*Tomb Raider*）重启版，最开始着重描绘了劳拉·克劳馥从一个初出茅庐、有些脆弱的年轻考古学生，在经历创伤性事件（第一次杀人时表现出极大的痛苦和挣扎）后被迫成长的过程。然而，在经历了这次创伤性事件后不久，游戏机制就要求并鼓励玩家非常熟练地操控劳拉，甚至可以说是冷酷地使用各种武器消灭大量敌人。从情感挣扎到高效杀手的转变在玩法层面上显得过于迅速和轻易，削弱了叙事想要表达的心理创伤和艰难成长的主题。

《北野武的挑战状》（たけしの挑戦状，Takeshi no Chōsenjō）被认为是游戏机制与游戏叙事，或者说与玩家的预期叙事和互动体验结合得非常糟糕的典型作品。它与之前讨论的那种“游戏玩法与叙事失调”（Ludonarrative Dissonance）有所不同，失调只是试图讲述一个严肃或连贯的故事，但核心玩法却与之矛盾[①]。而《北野武的挑战状》的情况更像是极其薄弱且荒诞的叙事，加上故意刁难和反直觉的游戏机制，例如，游戏中有一个“卡拉OK”环节，玩家必须对着Famicom 2P手柄的麦克风，持续唱歌一段时间才能过关——这在当时的游戏中是闻所未闻的交互方式，无数不知道这个秘技的玩家在此卡关。游戏中有一个谜题要求玩家放下手柄，在现实世界中等待一个小时且不进行任何操作。这些设计并非为了创造乐趣，而是故意挑战玩家的耐心和对“游戏”这一概念的传统认知，成为反游戏设计的典型符号。

游戏机制与游戏叙事的关系是游戏设计中的关键艺术。游戏机制为游戏叙事提供了行动的框架，让故事在玩家的互动中展开；游戏叙事为游戏机制赋予了情感的意义，使玩家的每一次操作都更具深度和代入感。一个优秀的游戏，不仅需要游戏机制的创新，更需要将其与游戏叙事紧密结合，才能创造出难忘的体验。

① “游戏玩法与叙事失调”（Ludonarrative Dissonance）一词由游戏设计师兼作家Clint Hocking在2007年提出，用于描述游戏通过其玩法（Ludo）讲述的故事与其通过剧本、过场动画等讲述的故事（Narrative）之间存在矛盾的现象。

第二章　游戏设计中的游戏机制

从游戏机制角度解析游戏

每一款游戏都是一个复杂的系统，而游戏机制则是这个系统的核心驱动力。通过从游戏机制的角度解析游戏，可以深入了解游戏是如何运作的、为何能够吸引玩家，以及如何优化游戏设计。以游戏机制为视角，剖析游戏的结构与运行逻辑，不仅有助于揭示其成功之处，还能发现改进的空间。

（1）什么是机制视角

机制视角是一种通过观察游戏的规则、反馈和动态来分析其运行方式的设计方法。作为游戏设计师，应该关注玩家的行为空间、游戏的响应系统，以及设计目标的实现等关键问题。

玩家的行为空间：玩家能做什么？有哪些选择和行动方式？

游戏的响应系统：游戏如何对玩家的行为做出反应？反馈机制是否及时有效？

设计目标的实现：游戏机制如何服务于游戏的主题或目标？是否强化了玩家的体验？

以《超级马力欧兄弟》（*Super Mario Bros.*）系列为例，跳跃机制是游戏的核心，这一机制不仅定义了玩家如何避开敌人、收集金币，还直接影响关卡的设计和目标的达成。

（2）游戏机制解析的四大要素

输入：玩家的行为自由度

优秀的游戏机制应为玩家提供足够的选择空间和可能性，避免过于单一的解决方案。高自由度能让玩家以更个性化的方式探索和体验游戏。在解析游戏机制时，首先要关注玩家能做什么、不能做什么。明确这些对玩家自由度的设定与限制，有助于我们理解游戏机制设计

的边界。值得注意的是，玩家的行为输入在某些游戏机制下并非总是即时的。例如，在一些具有长线结算类的游戏机制中，玩家在较早阶段的持续输入会累积并影响后续某个时刻游戏机制的触发与运转。

反馈：反馈与奖励的输出

游戏机制在接收到玩家输入后，会依据其内部设定的条件进行逻辑判断，并输出相应的结果，这就是反馈。反馈是游戏机制运行结果的外在表现，是玩家感知和体验机制存在的关键，如果一个游戏机制缺乏明确的输出反馈，玩家就无法理解其运作，也无法形成有效的互动策略。因此，分析游戏的各种反馈——包括奖励、惩罚、状态变化、数值增减、视听效果等，是反向推导和理解游戏机制内部逻辑与设计意图的有效方法。什么样的反馈形式通常对应什么样的游戏机制目的。

循环：运转与逻辑的节奏

游戏机制的运行都存在一个内在的循环（loop），这个循环构成了游戏机制的核心运转逻辑。无论是整个游戏的核心玩法循环，还是某个具体系统的运作，都遵循着“输入—处理—输出—状态变更—回到输入预备”的循环过程。过于简单或缺乏变化的循环容易导致游戏乏味，而过于困难或复杂的循环则可能给玩家带来挫败感。分析游戏机制的循环结构、运转节奏及其与其他游戏机制的嵌套关系，能够帮助我们了解游戏机制设计的底层逻辑、挑战的来源，以及其在维持游戏“心流”体验中的作用。

“核心玩法循环”（core gameplay loop）是游戏设计中的一个关键概念，指玩家在游戏中重复进行的最主要的一系列活动。它通常由三个基本阶段构成：行动（action）、奖励（reward）和进一步的目标/投资（investment）。例如，在《暗黑破坏神》中，核心循环就是“击败怪物（行动）→获得战利品和经验（奖励）→强化角色以挑战更强的怪物（投资）”。

融合：叙事与主题的体现

游戏机制不仅仅是规则和挑战的载体，它还服务于游戏的叙事表达和主题深度，目的是增强玩家的情感代入和沉浸感。当机制与故事背景、角色动机、主题思想融合时，能创造出更加深刻、有趣或发人深省的游戏体验，因此，在解析游戏机制时，不能将其与游戏叙事完全剥离。游戏叙事为游戏机制提供了情境和意义，可以说是游戏机制的“血肉”。分析游戏叙事与游戏机制如何相互影响、彼此成就，对于全面理解游戏设计是不可或缺的。

例如，《双人成行》（*It Takes Two*）这款游戏，其核心的合作机制就与故事主题紧密结合。每一个关卡的设计都对应了男女主角在现实关系中的某个矛盾冲突点。随着关卡的推进和合作机制的变化，玩家不仅需要在玩法上不断适应，而且和角色一起经历了情感的起伏与关系的成长变化。

从游戏机制角度解析游戏，是理解游戏设计的核心方法之一，游戏机制定义了玩家的行动范围和反馈，决定了游戏的深度和乐趣，通过剖析基础、复合和元机制，可以清晰地看到一款游戏的设计逻辑。解构游戏机制的时候，会发现不是所有的机制都是该游戏的核心，一些机制决定了游戏的整体结构和玩家的长期目标，进而影响游戏整体的规则和框架，例如回合制与实时制、胜负条件、奖励反馈等，因此在下一节我们要对核心和非核心的部分进行解读。

核心机制和非核心机制

每款游戏都由一系列机制构成，但并非所有机制对玩家来说同等重要，在游戏设计中，核心机制是驱动游戏玩法的主引擎，直接决定了主要体验和互动方式，非核心机制则为核心机制提供辅助和支持，作用主要为丰富游戏内容，增加深度和趣味性。核心和非核心的明确区分对大多数游戏来说都适用，游戏设计师能够明确主次关系，有利于设计出合理的游戏。

在游戏设计中，通常会从以下三个方面处理核心机制和非核心机制。

优先权重：核心机制需要优先投入时间和资源进行设计和测试，确保其流畅、有趣且符合游戏目标。非核心机制应被简化或模块化，便于调整和优化，不应干扰核心体验。

关注焦点：核心机制应引导玩家的主要行为和思考，成为玩家关注的焦点。非核心机制可以为玩家提供“喘息空间”，在核心体验之外增加额外的乐趣。

高度概括：核心机制的设计应简洁而深刻，易于上手但难于精通。非核心机制可以适当丰富，但应避免让玩家分心或感到困惑，保持游戏体验的连贯性。

（1）核心机制

核心机制定义了玩家在游戏中的主要互动方式和体验感受，是推动游戏目标实现的关键规则。具特点如下。

高使用频率：玩家在游戏过程中最常用的机制。

直接影响游戏目标：核心机制与游戏的主要目标和胜负紧密相关。

影响玩家的主要决策：玩家的策略和选择主要围绕核心机制展开。

案例一：跳跃机制——《茶杯头》（*Cuphead*）

在这款高难度的平台射击游戏中，跳跃机制是玩家避开敌人攻击、跨越障碍的关键手段。所有的关卡设计都围绕这一核心机制展开，玩家的胜负几乎完全取决于跳跃的精准度和对时机的掌握。

案例二：卡牌构筑——《昆特牌》（*Gwent*）

作为一款策略卡牌游戏，其核心机制是卡牌的选择与组合，玩家通过构筑卡组制定战术，并根据对手的策略进行实时调整。

（2）非核心机制

非核心机制是辅助游戏运作或增强体验的次要机制。它们通常不直接影响游戏的主要目标，但能够丰富玩法，为玩家提供额外的乐趣。其特点如下。

较低的使用频率：玩家偶尔使用，或者在特定的情境下使用。

间接影响游戏目标：对游戏进程的影响是辅助性的。

可选性：这些机制的存在与否不会改变核心体验。

案例一：收集机制——《塞尔达传说：织梦岛》（*The Legend of Zelda: Link's Awakening*）

在这款经典冒险游戏中，收集贝壳的机制并非完成主要目标的必要手段，但它为探索增加了奖励感，提供了额外的挑战和成就感，鼓励玩家更深入地了解游戏世界。

案例二：换装系统——《极限竞速：地平线》（*Forza Horizon*）

虽然这是一款竞速游戏，但它提供了玩家装扮角色的换装系统，提升了游戏的社交属性，机制不影响赛车比赛本身，却增加了玩家的个性化表达。

（3）核心与非核心机制的相互作用

尽管核心机制是游戏的主角，但是非核心机制的设计也至关重要。两者的良好搭配，可以显著提升游戏的深度和玩家的沉浸感。

增强体验

非核心机制可以丰富核心机制带来的体验，增加游戏的多样性和乐趣。

案例：在《刺客信条：奥德赛》（*Assassin's Creed Odyssey*）中，角色升级系统是非核心机制，但与核心的战斗和探索机制结合后，会让玩家在每次冒险中更深地感受到角色的成长与进步。

提供多样性

非核心机制为游戏增加了不同层次的乐趣，避免核心机制的重复性让玩家感到疲惫。

案例：在《空洞骑士》（*Hollow Knight*）中，收集护符的非核心机制为玩家提供了多种能力选择，增加了战斗策略的灵活性和探索的动力。

支持叙事

非核心机制可以为游戏的叙事增色，深化游戏的故事背景和世界观。

案例：在《控制》（*Control*）中，档案收集机制虽非核心，却为玩家揭示了游戏世界隐藏的背景故事，增加了叙事深度。

核心机制为玩家的基本行动提供了最紧要的动力和方向，而非核心机制则为游戏增添了趣味和多样性，丰富游戏的内容和层次，在游戏中为体验增添新颖口味或纵深维度。当设计者思考如何平衡两者时，需要思考如何让核心机制坚如磐石，却又不忘为游戏的整体生态增添适度的灵活与色彩，唯有如此方能创造出难以言喻的多层次享受，两者结合构成了一款游戏的完整系统。在接下来的探讨中，我们将更进一步地审视如何基于这些思考来选择与打造恰如其分的游戏机制。

第三章　选择游戏机制构建游戏

无论是从学术研究者的角度还是从产品商业化的角度，如何选择游戏机制构建游戏都谈到了——游戏机制的选择从来不是即兴而为的，它源于开发者对主题、受众与产品定位的深思熟虑，更要考虑玩家从中如何获得乐趣。纵观历史上成功的游戏设计，不难发现，那些令人难以忘怀的作品，往往在游戏机制上与自身的主题和文化完美贴合，同时又能呼应目标玩家群体的需求。

根据主题选择游戏机制，塑造核心体验

主题为游戏提供了精神内核，它不仅决定了故事背景和美学风格，更直接影响了游戏机制的选择。当年，卡普空（Capcom）团队在创作《生化危机》（*Resident Evil*）时，制作人三上真司（Shinji Mikami）和他的团队深谙恐怖叙事的关键在于张力与无力感。他们采用了有限资源、闭塞场景与错综迷宫式地图的机制，将“生存恐怖”推向极致。如果弹药无限或轻易击败敌人，那么这部经典之作便失去了恐怖的灵魂。

而在视觉艺术与空间解谜的世界中，Ustwo Games的《纪念碑谷》（*Monument Valley*）选择了通过旋转、透视与视觉错位的机制，为玩家营造出如同置身梦境般的体验。正是这些与主题高度契合的交互方式，使玩家在探索过程中，自然地感受到艺术的美感与空间的奇妙，因此游戏机制更是游戏主题的交互性体现。

根据受众选择游戏机制，设计适合的挑战

不同的玩家群体渴求不同的体验，休闲玩家并不总有精力与时间钻研复杂的系统，这类群体需要低门槛的体验入口。King在创造《糖

果粉碎传奇》（*Candy Crush Saga*）时，就把握了这一点：简单上手的三消机制，加上不断解锁的新关卡，在轻松愉悦的甜蜜氛围中满足了移动端玩家碎片化时间的娱乐需求。

与之形成鲜明对比的是FromSoftware的《黑暗之魂》（*Dark Souls*），宫崎英高坚持为核心玩家打造严苛的挑战，这款作品被视为硬核玩家的“魂”体验，高难度战斗、残酷的死亡惩罚机制，使无数征服逆境的爱好者们每次击败对手，都能获得无与伦比的成就感。

从心理学角度看，成功的游戏机制设计需要同时关照玩家的“内在动机”与“外在动机”①。内在动机源于玩家对活动本身的享受（如掌握技巧的成就感），而外在动机则来自外部奖励（如得分、徽章），平衡好两者，才能构建长久而健康的玩家参与感。

根据硬件选择游戏机制，深挖需求价值

有时游戏机制的选择还要看产品本身的定位和技术创新，任天堂在这方面提供了很好的例证。例如，在Wii时代，任天堂旨在打破传统主机用户的固有圈层，吸引更广泛的人群。为此，*Wii Sports*采用了直观的体感操作机制，摒弃了复杂的手柄按键，这不仅鲜明地展示了Wii在操控方式上的革新，更极大地降低了游戏门槛，让非传统玩家也能轻松享受乐趣，成功拓宽了用户边界。

将目光投向掌机领域，任天堂DS也是一个典范——创新性地引入了触摸屏和双屏幕设计。为了最大化这一技术创新并拓展“非传统玩家”市场，任天堂推出了《任天狗狗》（*Nintendogs*）和《脑锻炼》（*Brain Age*）系列。这些游戏将触摸、语音等直观交互作为核心机制，内容也并非传统的动作或角色扮演，而是更偏向生活模拟和益智。这种产品选择服务其市场定位，将硬件的技术创新转化为独特的用户体验，吸引了大量从未接触过游戏机的用户，取得了巨大的商业成功。

根据乐趣选择游戏机制，点燃玩家动力

不同的游戏机制服务于不同的乐趣追求，进而驱动玩家。然而，“乐趣”本身并非单一的体验。游戏设计师兼学者马克·勒布朗（*Marc LeBlanc*）提出的“趣味八角理论”②，将乐趣解构为八种不同的情感体验，为设计师选择和组合机制提供了宝贵的参考框架。例如，《动物森友会》（*Animal Crossing*）通过收集、建造和低压力的社交互动机制，构建了一个节奏舒缓的世界。玩家的满足感来源于持续的积累和

① 该理论源于心理学家爱德华·德西（Edward Deci）和理查德·瑞安（Richard Ryan）的“自我决定理论”（Self-Determination Theory）。内在动机（Intrinsic Motivation）指为了行为本身带来的快乐和满足而行动；外在动机（Extrinsic Motivation）指为了获得奖励或避免惩罚而行动。研究表明，过度依赖外在奖励可能会损害玩家的内在动机，因此优秀的游戏设计往往致力于通过提供自主性、胜任感和归属感来激发玩家的内在动机。

② 马克·勒布朗（Marc LeBlanc）的“趣味八角理论”（8 Kinds of Fun）是游戏设计中用于分析玩家乐趣来源的经典框架，包含八种类型：1.感官（Sensation）：由视听等感官带来的愉悦。2.幻想（Fantasy）：扮演异世界角色的乐趣。3.叙事（Narrative）：体验引人入胜的故事。4.挑战（Challenge）：克服障碍的成就感。5.伙伴（Fellowship）：社交合作与竞争。6.探索（Discovery）：发现未知领域的兴奋。7.表达（Expression）：创造和自定义的乐趣。8.投入（Submission）：作为消遣沉浸其中的放松感。

创造，而非激烈对抗，这吸引了寻求放松和归属感的玩家。

相比之下，《超级马力欧赛车》（*Super Mario Kart*）则聚焦于竞技和刺激，快节奏的比赛、充满变数的道具系统，以及让落后者有机会追赶的“橡皮筋机制”，共同制造了悬念，这些机制直接满足了玩家对于爽快竞争和社交同乐的需求。

组合多重游戏机制，机遇也是挑战

在复杂的游戏中，多元机制的叠加是常态，Sid Meier与Firaxis团队在设计《文明VI》（*Civilization VI*）时，将回合游戏机制发展到了极限，在城市发展、外交策略、军事扩张与科技树进化的外表下，融合事件触发、区域控制、资源点管理等游戏机制，让宏观策略如同宏大文明史的缩影。这种综合的游戏机制需要确保各系统良性运作，否则会让新玩家不知所措。Firaxis使用精简的界面、友善的指引和合理的难度曲线，让不同层次的玩家都能一步步入门，并逐渐领略回合制战略游戏的魅力。

CD Projekt Red在《巫师3》（*The Witcher 3*）的实时机制下，结合循环克制、谈判、连击、物品收集等机制，将战斗、探索与叙事紧密融合，使玩家在完成主线任务的同时，也能够通过支线探索和道具制作等方式了解世界观。

游戏机制创新

作为一种互动性媒介，电子游戏从未停止探索与演化的脚步，总在寻求突破固有的界限，而游戏机制创新，正是推动这一进程的核心驱动力。纵观游戏发展史，设计者们或通过融合现有元素，或在成熟的玩法上加以改良，抑或是借助新兴技术的力量，持续地拓展着游戏设计的维度。下面开始探讨游戏机制创新的几种关键路径，并剖析那些在实践中留下深刻印记的代表性作品。

（1）组合创新

当不同类型的游戏机制在同一游戏中相遇，往往能产生超乎预期的反应，组合创新不是简单地拼凑叠加，而是让各自独立的系统相互作用、彼此增强，从而构建出更为丰富的互动玩法。

《传送门》（*Portal*）是了解组合创新游戏机制的绝佳案例，开发者在第一人称射击（FPS）的操作框架的基础上，将瞄准机制与房间机制进行了前所未有的融合。玩家手中的“传送枪”并非用于射杀敌人，而是用来在墙壁、天花板和地板上开启两个相互连接的传送门，用门锁钥匙机制向玩家提出挑战。游戏的核心体验，不再是传统FPS的瞄准与射击，而是利用“所进即所出”的传送门规则，结合重力、动量守恒等物理法则，来解决一系列空间谜题，这种组合彻底颠覆了玩家对FPS游戏玩法的认知，创造出一种前所未有的、极富智力挑战的全新体验。

（2）渐进创新

并非所有的创新都来自天马行空的颠覆性重组。有时，一款游戏只需在已经成熟的机制的基础上稍作调整、增添巧思，便能令体验的广度和深度得以提升。渐进式创新正是这样一种迭代的创作过程，让经典元素在渐进创新中焕发新生。

20世纪90年代的《音速之翼》(*Sonic Wings*，又称*Aero Fighters*、四国战机)可视为渐进创新的典范。飞机类游戏机制普遍是“躲避伤害”，《音速之翼》则将该机制进行渐进式创新，以多角色、多飞机的设定，提供了多种躲避伤害的方法，当玩家根据不同角色的特性与专属武器选择进攻策略时，经典的射击躲避体验顿时丰富起来，不再仅是单调的子弹风暴，而是成为一套富有变化与重玩性的策略组合。

(3)技术创新

新技术的出现常常会为游戏设计带来突破性的契机，使开发者能够构筑出前所未有的互动方式，让玩家从新的维度感受游戏的魅力。

Niantic工作室的《精灵宝可梦GO》(*Pokémon GO*)把增强现实(AR)技术与GPS定位融合，将本是虚拟的怪兽收集活动延伸至现实街头。玩家不再局限于在屏幕前互动，而是亲自踏出家门，在城市的公园和街角与虚拟精灵不期而遇，这种因技术创新而产生的游戏机制，让真实世界与虚拟存在相交织，开启了全球范围内的社交潮流。

任天堂的《Wii运动》(*Wii Sports*)利用Wii主机的体感控制器，为人机互动模式带来了革命，以直观的肢体动作取代传统手柄的按键操作，让游戏初学者得以迅速融入体验。这一次技术领域的突破，将游戏机制“合拍”，得到了更广泛的创新，让更多的人在轻松的运动模拟中重拾久违的参与感。

游戏机制的创新呈现出多元化的发展路径，最容易的做法是通过将不同类型的机制进行跨界融合，创造出新颖复杂的体验，或者在成熟的玩法框架内进行调整与改良，以提升其深度与可玩性。而技术的发展更容易开拓出全新的互动领域，只需设计者们始终保持探索与实践，比如新型的输入设备、先进的输出设备。创新从来不止步于丰富游戏作为媒介的表现力，也为玩家提供了更多元的选择和更深入的沉浸感，游戏设计未来的发展仍然需要保持创新，不断拓展互动娱乐的边界。

第二部分

电子游戏机制

分类框架

在系统地探讨了游戏机制的定义、历史与创新路径之后，即将进入本书的核心：100个具体的电子游戏机制的深度剖析。为了帮助读者更好地理解和使用这个庞大的“设计手册”，本书并未将这100个电子游戏机制简单地按首字母顺序排列，而是将它们归纳为10个逻辑层级递进的类别。

这个分类框架的设计，旨在模拟一种从宏观到微观、从外部框架到内部细节、从整体规则到具体交互的思维路径。它将一个完整的游戏体验解构为不同层面的游戏机制集合，方便读者理解每个游戏机制在整个游戏中所处的位置和扮演的角色。

游戏机制分类框架

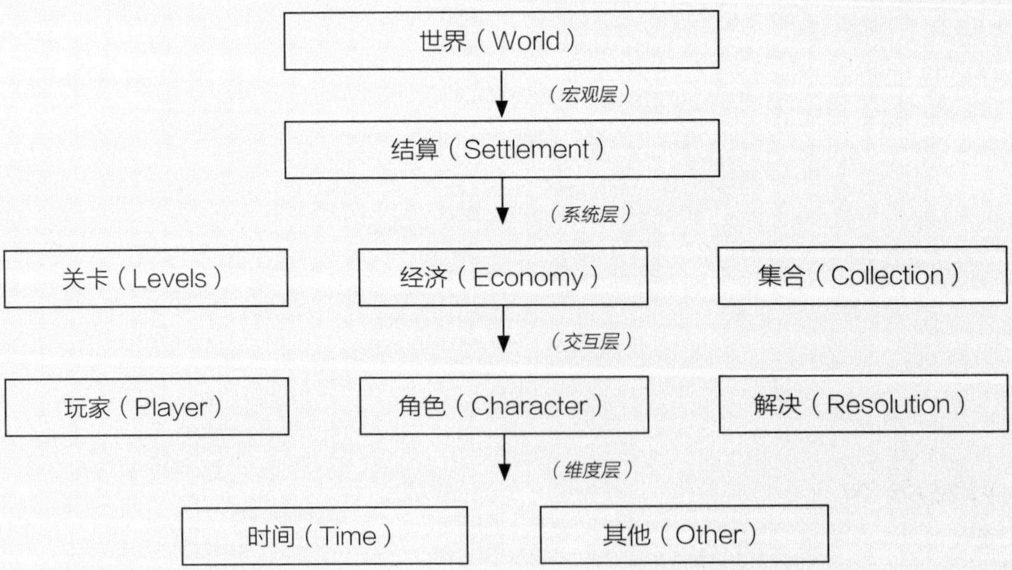

以下是每个分类的简要说明。

世界（World）：这是最宏观的分类，定义了游戏运行的基础规则和环境框架。它决定了玩家之间是合作还是竞争，游戏是实时进行还是按回合轮转。如同物理法则之于宇宙，“世界”类游戏机制是构建一切互动的前提。

结算（Settlement）：在确立了世界框架后，需要定义游戏的终极目标与结束方式。这类游戏机制关心的是“游戏如何结束”，诸如是通过率先到达终点、淘汰所有对手，还是在资源耗尽前存活。它为玩家的所有行为提供了最终的导向。

关卡（Levels）：目标确立后，玩家的游玩过程被组织在一系列的空间和场景中。本类机制关注关卡的构成，如房间、门锁、迷雾等，它们共同塑造了玩家探索和挑战的物理场域。

经济（Economy）：玩家在关卡中需要与各种价值与资源系统打交道。“经济”类游戏机制负责管理游戏内资源的生产、消耗、交易与分配，是驱动玩家进行长线规划和策略决策的核心引擎。

集合（Collection）：将分散的元素汇集起来，并按照特定规则将其组合成一个有意义的整体。无论是收集一套装备以激活强大的效果、构筑一副卡牌以施展战术，还是将破碎的线索拼凑成完整的真相，“集合”机制都利用了人类对“补全”和“秩序”的内在追求，为玩家提供了清晰的目标感和阶段性的成就回报。

玩家（Player）：将视角聚焦到玩家本身，这类游戏机制定义了玩家作为操作者，能以何种方式与游戏世界进行互动。它关乎玩家的行为方式、决策路径，如跟随、引领、指挥等，是玩家深入交互的直接体现。

角色（Character）：与“玩家”类游戏机制相对应，“角色”类游戏机制定义了玩家所操控的那个虚拟化身所拥有的内在能力与特征。如跳跃、变身、复制能力等，它们是角色与世界互动的具体“动作库”。

解决（Resolution）：当角色执行具体动作并与世界发生冲突或交互时，需要一套规则来判定该行为的结果。“解决”类游戏机制就负责这一环节，如通过数值比拼、随机投骰或有限选择来裁定一次攻击是否成功、一个决策是否有效。

时间（Time）：这是一个特殊的、可以渗透到以上所有层级的维度。“时间”类游戏机制通过对游戏内时间流逝的操控（如倒流、暂停、循环），或将其作为一种核心资源，为游戏体验引入了独特的节奏、压力和解谜方式。

其他（Other）：最后，将一些难以被简单归类，但富有创意或基于特定物理/认知原理的游戏机制收录于此。它们代表了游戏设计在各类领域的融合探索，是跳脱游戏内容维度的机制合集。

希望通过由外到内、逐层深入的框架，帮助读者在阅读后续章节时，始终对每类游戏机制在游戏设计全局中的位置有一个清晰的认识，从而更好地吸收和运用这些知识。现在，开始学习吧！

第四章
世界（World）

世界类游戏机制是构建整个虚拟世界底层规则与宏观框架的基础，它定义了游戏运行的基础结构、所有参与者的互动方式，以及游戏进程的根本走向。其核心在于设定游戏的宏观法则与互动范式：它不关注玩家单次的具体行动，而是为游戏世界建立一个整体性的运转环境，规定了玩家之间、玩家与非玩家角色（NPC）之间是对立竞争、协同合作，还是处于更复杂的动态关系之中。

世界类游戏机制的设计具备以下特征。

• 它们决定了游戏的整体框架或运转环境，对后续的所有游戏机制产生基础性影响。

• 具有全局性，通常涵盖玩家之间的关系、角色的存在方式，以及交互规则的根本走向。

• 这类游戏机制为玩家提供沉浸与探索的宏观环境，也为各类系统间的协同与平衡机制奠定基础。

1. 竞争（Competition）

竞争游戏机制是世界游戏机制中最基础、最常见的一种设计，参与者之间为了互斥的目标相互对抗，以取得胜利为最终目标。它指的是多个参与者或参与者群体之间，围绕有限的资源、领土、荣誉、成就、排名或其他形式的利益，展开的对抗性互动。

竞争游戏机制通过设定明确的胜利条件、竞争规则和奖励机制，驱动玩家积极参与游戏，并在与其他玩家的对抗中，提升自身实力、策略水平和团队协作能力。“竞争”为游戏世界注入了活力与动态性，很多游戏机制都是围绕着竞争展开的。

表现形式

竞争作为一种世界层面的游戏机制，在游戏中的表现形式多样，它会从多个角度影响玩家的体验，其中竞争的维度便是一个重要的方面。

竞争的维度首先体现为对资源的争夺。例如，在策略游戏中，玩家们往往需要围绕有限的资源展开博弈，以此壮大自身实力。进而，竞争的维度可能升级为对领土的掌控。典型的例子便是多人在线战术竞技游戏（MOBA）。在这类游戏中，胜利的目标直指摧毁敌方基地。当然，竞争并非总是围绕着有形的物质，它同样可以表现为对排行榜名次、成就积分乃至虚拟荣誉的不懈追求，这一点在大型多人在线角色扮演游戏（MMORPG）中尤为突出，玩家们常常通过参与竞技场角逐或冲击排行榜来证明自己的实力并赢取荣誉。

除了维度的多样，不同游戏中竞争的烈度也大相径庭，有些游戏营造的是一种相对平和的竞争氛围，并不刻意强调直接的武力冲突。例如，在模拟经营游戏中，玩家们或许都在暗自较劲，努力提升各自的经营业绩，以期获得更高的系统评价或排行榜名次，但他们之间可能并无直接的妨害或攻击行为。与此相对，另一些游戏则充满了激烈乃至残酷的对抗。在大多数第一人称射击游戏（FPS）中，竞争的核心就是直接消灭对手，以此来奠定胜局。

竞争的方式非常丰富，以《街头霸王Ⅱ》(*Street Fighter Ⅱ*)(1991)为代表的格斗游戏，就将竞争浓缩在一对一的即时较量之中，每一次操作都可能决定胜负。许多即时战略游戏（Real-Time Strategy Game，RTS）也采用实时对抗，要求玩家同步进行资源管理、基地建设和单位操控，与对手展开动态的博弈。相对回合制策略游戏（Turn-Based Strategy，TBS），则将竞争分布在轮流的行动回合里，玩家有更多的时间深思熟虑，通过精密的战略部署来逐步瓦解对手。更有一些游戏，特别是移动平台上的作品，会采用异步对抗的模式，比如玩家可以攻击其他玩家的离线基地，而被攻击方则在上线后才能做出回应和反击。

竞争机制的载体也会体现在游戏中的具体元素上。除了格斗和战略游戏中角色或单位的直接对抗，在卡牌对战游戏中，竞争是通过玩家的策略和决策来进行的，需要通过构筑卡组和制定计划来击败对手；在沙盒游戏中竞争则更为间接，通过玩家的创造力和影响力来进行，玩家在开放世界中建立强大的影响力，以此来吸引其他玩家的关注、认可与追随，这本身也是一种形式独特的较量。

**案例**

1972年的《乒》(*Pong*)被认为是电子游戏历史上第一款成功的商业游戏，也是竞争机制的早期代表。该游戏模拟了乒乓球比赛，两位玩家分别控制屏幕两侧的挡板，通过击打一个来回移动的小球来进行对抗。这种简单而直接的竞争方式，为后来的电子游戏竞争机制奠定了基础。

1980年的《吃豆人》(*Pac-Man*)虽然是一款单人游戏，但也引入了竞争元素。玩家需要操控吃豆人在迷宫中吃掉所有的豆子，并躲避幽灵的追捕。游戏结束后，会显示玩家的分数，这触发了玩家之间的竞争意识，促使他们不断挑战更高的分数。

1993年的《毁灭战士》(*Doom*)则将竞争机制引入了第一人称射击游戏（FPS）中。该游戏支持多人联机对战，玩家可以在同一个地图中相互厮杀。这种模式为FPS游戏开辟了新的方向，也为后来的电子竞技奠定了基础。

1998年的《星际争霸》(*StarCraft*)是即时战略游戏（RTS）竞争机制的代表作，玩家需要采集资源、建造基地、训练部队，并最终摧毁敌方基地。游戏支持多人对战，玩家可以选择不同的种族，每个种族都有独特的单位和能力。这种多样化的设计，使得游戏的竞技性非常强，也使其成为电子竞技的经典项目。

1999年的《反恐精英》（*Counter-Strike*）则将竞争机制与团队合作相结合。该游戏是一款第一人称射击游戏（FPS），玩家需要分为两个阵营（反恐精英和恐怖分子）进行对抗。游戏强调团队合作和战术配合，玩家需要与队友紧密配合才能取得胜利。这种团队竞技的模式，也为后来的许多FPS游戏所借鉴。

2003年上线的《魔兽争霸Ⅲ：冰封王座》（*Warcraft Ⅲ: The Frozen Throne*）中的自定义地图编辑器，催生了许多新的游戏模式，其中最著名的就是多人在线战术竞技游戏（MOBA）的雏形——*Defense of the Ancients*（DotA）。在DotA中，玩家被分为两个阵营，每个阵营有五名玩家，每个玩家控制一个英雄角色。游戏的目标是摧毁敌方基地。这种模式将竞争机制与角色扮演和团队合作相结合，创造了一种全新的游戏体验。

2009年的《英雄联盟》（*League of Legends*）和2013年的*DOTA 2*则将MOBA游戏发扬光大。这两款游戏都继承了DotA的核心玩法，并在此基础上进行了改进和创新。它们都拥有庞大的玩家群体和完善的赛事体系，成为当今最受欢迎的电子竞技项目之一。

2.合作（Cooperation）

合作指的是在游戏世界中，多个游戏参与者为了达成共同的目标，通过分工、协调、互助等方式，共同努力，以共享目标为目的，共同参与游戏进程，并最终实现共赢或共同达成游戏预先设定的目标。

这种游戏机制的核心在于构建玩家间的互赖关系，它不仅丰富了游戏体验的层次，显著增强了社交互动，更为重要的是，它能创造出一种独特的、围绕共同体奋斗的沉浸感与归属感。

表现形式

合作游戏机制的共同目标通常非常明确，能够显著促进玩家间的沟通、协作和策略配合，通常是战胜强大的敌人。这种强合作的机制在网络游戏中最为常见，例如在大型多人在线角色扮演游戏（MMORPG）中，玩家组队挑战高难度敌人或者完成任务。合作的目标也可能是完成特定的任务或挑战，例如在解谜游戏中，玩家需要共同寻找线索、破解机关。还有一些游戏的合作目标是创造或建设，例如在沙盒游戏中，玩家可以共同建造宏伟的建筑或改造游戏世界。

合作模式决定了玩家进行合作的具体方式，比如配合和分工强调紧密配合的合作模式，存在于许多游戏中，如在即时战略游戏（Real-time Strategy，RTS）的联网模式下，玩家实时操控自己的单位与其他玩家协同作战，共同对抗敌人。强调分工协作的合作模式常见于一些任务导向型游戏，玩家需要根据各自的角色定位或能力特点，分别执行不同的任务，最终共同完成目标。例如，在《盗贼之海》（*Sea of Thieves*）中，玩家们需要分工合作驾驶船只、寻找宝藏和对抗敌人。还有一些游戏允许多人控制一个角色进行合作，每个玩家负责控制角色的一部分，这需要极高的同步率和默契。

合作内容可以提高其他游戏机制的玩法丰富程度，解谜游戏设计了需要多名玩家配合才能解开的机关，甚至需要玩家们共同对抗强敌或迎接挑战，如在《怪物猎人》系列中，玩家们需要联手对抗强大的怪物，通过默契的配合和精湛的操作来取得胜利。建造游戏为玩家提供了共同创造和建设的平台，如在2011年的《我的世界》（*Minecraft*）中，玩家可以与其他玩家一起建造各种建筑或创造属于自己的世界。

需要特别说明的一个表现形式是《保持通话就没人爆炸》（*Keep Talking and Nobody Explodes*），这是一个极致的信息不对称合作的典范。它将合作机制的核心完全建立在玩家间的口头交流上。一名玩家（拆弹者）面对屏幕上的虚拟炸弹，而其他玩家（专家）则手持打印或在线的拆弹手册，双方看不见彼此的屏幕/资料。拆弹者必须准确描述模块，专家则要快速查找并给出指令。

案例

1987年的《双截龙》（*Double Dragon*）是一款经典的横版动作游戏，支持双人合作通关，两名玩家需要分别操控主角兄弟，一路过关斩将，最终击败敌人并救出女主角。

1996年的《暗黑破坏神》（*Diablo*）支持多人联机游戏。玩家通过战网（其官方在线服务游戏平台）可以与其他玩家组队，共同挑战游戏中的各种地下城和怪物，分享战利品和经验。合作使得挑战高难度内容成为可能。

2004年的《魔兽世界》（*World of Warcraft*）这款大型多人在线角色扮演游戏（MMORPG）拥有庞大的世界观和丰富的剧情任务。玩家可以与其他玩家组队，共同挑战副本、击败强大的Boss，并获得丰厚的奖励。游戏中的团队副本通常需要数十名玩家紧密配合才能完成，这使得团队合作成为游戏的核心体验之一。

2008年的《求生之路》（*Left 4 Dead*）系列是一款以合作对抗丧尸为主题的第一人称射击游戏。玩家需要组成四人小队，并互相掩护、治疗队友、分配弹药等，才能在丧尸的围攻中幸存，并在充满丧尸的末世中生存下来，强调玩家之间的配合和资源共享。

2011年的《我的世界》（*Minecraft*）是一款风靡全球的沙盒游戏，同样也支持多人合作模式。玩家可以在同一个世界中共同建造、探索和冒险。这种开放式的合作模式，为玩家提供了无限的创造空间，也催生了许多令人惊叹的玩家作品。

2015年的《火箭联盟》（*Rocket League*）将赛车和足球两种竞技元素融为一体。在游戏中，玩家们驾驶着赛车进行足球比赛。这款游戏不仅考验玩家的驾驶技巧，更强调团队合作，玩家们需要紧密配合，才能将球打入对方的球门。

2018年的《盗贼之海》（*Sea of Thieves*）是一款以海盗为主题的多人在线冒险游戏。玩家们需要扮演海盗，驾驶自己的船只在海上航行、寻找宝藏，与其他玩家或NPC敌人战斗。游戏强调玩家之间的分工合作，例如需要有玩家负责掌舵，有玩家负责操控船帆，有玩家负责使用火炮等。

2021年的《双人成行》（*It Takes Two*）是一款专为双人合作设计的冒险游戏。在游戏中，两名玩家分别控制一对被困在玩偶中的夫妻，需要通过紧密合作来克服各种障碍、解开各种谜题，并最终修复他们破裂的关系，其关卡设计将双人合作机制发挥到了极致。

3. 不对称（Asymmetry）

不对称游戏机制指的是在游戏世界中，玩家拥有不同的起始条件、能力或目标，游戏体验不平衡但通常具有策略性，不同的玩家阵营、角色或势力，在游戏开始时拥有不均等的资源、能力、目标、规则或信息，从而形成各具特色的竞争态势和游戏体验。

不对称游戏机制的核心在于“差异”与“平衡”：玩家不再处于同一起跑线，而是基于各自独特的优势和劣势，展开一场非对称的博弈。游戏设计者在设计该机制时，需要调整各种不对称元素的相对性，以确保游戏的整体平衡性和趣味性。不对称机制打破了传统游戏“公平竞技”的固有模式，在电子游戏设计中能够有效地丰富游戏的玩法和策略。

表现形式

在电子游戏中，不对称游戏机制主要体现在资源分配的不对称、角色能力的不对称、胜利目标的不对称、游戏规则的不对称及信息获取的不对称等方面。

例如，在即时战略游戏中，资源分配的不对称是最常见的一种不对称形式，不同的种族或阵营可能拥有不同的资源采集速度、资源消耗比例或资源利用方式。例如，自 1994 年起开发的《魔兽争霸》（*WarCraft*）系列中，各个阵营种族在资源采集和利用方面，就存在显著差异，除了战斗单位购买费用不一样，它们的数据和技能也不尽相同。

在多人对抗游戏中，角色能力的不对称是另一种常见的表现形式，不同的角色或职业可能拥有截然不同的技能、属性、攻击方式或移动方式。在以《守望先锋》（*Overwatch*）为代表的射击竞技游戏中，每个英雄都拥有独特的技能和定位，使得游戏角色的选择和团队构成充满了策略性。例如，在《黎明杀机》（*Dead by Daylight*）中，扮演屠夫的玩家拥有强大的能力和特殊技能，而扮演人类的玩家则需要通过合作和策略来对抗屠夫。

不同的阵营或角色可能拥有不同的胜利条件，因此胜利目标的不对称也是不对称游戏机制的一种体现。在以身份隐藏为代表的《太空杀》（*Among Us*）中，“内鬼”的目标是秘密地杀死所有船员或破坏飞船，而普通船员的目标则是完成所有任务或找出并放逐“内鬼”。

不对称游戏机制让不同的玩家群体受到不同游戏规则的约束，游戏规则的不对称则进一步加剧了不对称性。在一些非对称对抗游戏中，一方玩家可以建造防御设施，而另一方玩家则只能进行攻击；或者一方玩家可以拥有无限的生命，而另一方玩家则只有一条生命。

信息获取的不对称也是常用设计，不同的玩家可能掌握着不同的信息，例如地图信息、敌方情报、任务目标等，这种信息不对称的设计，使得游戏充满了策略性和悬念，也考验着玩家的沟通能力和推理能力。

案例

1998年的《星际争霸》（*StarCraft*）是一款经典的即时战略游戏，也是不对称机制的早期代表。游戏中的三个种族——人族、虫族和神族，在资源采集、单位生产、科技发展等方面都存在显著差异。人族拥有均衡的攻防能力和强大的机械化部队；虫族则依靠数量优势和快速的扩张能力；神族拥有强大的个体单位和先进的科技。这种种族间的显著差异，使得游戏的对战充满了策略性和变化性，也为电子竞技的发展奠定了基础。

2016年的《黎明杀机》（*Dead by Daylight*）是一款恐怖生存游戏，一名玩家扮演强大的屠夫，拥有各种特殊能力，例如追踪、陷阱、快速移动等；另外四名玩家扮演人类，需要修理发电机并逃离屠夫的追杀。屠夫和人类玩家在能力、目标和规则上都存在显著的不对称性。

2016年的《守望先锋》（*Overwatch*）是一款团队射击游戏，其中每个英雄都拥有独特的武器、技能和定位。例如，有的英雄擅长输出伤害，有的英雄擅长治疗队友，有的英雄擅长控制战场。这种角色能力的不对称性，使得游戏的团队构成和战术策略变得非常重要。

2016年的《进化》（*Evolve*）游戏由四名玩家扮演猎人，一名玩家扮演怪物，怪物可以不断进化并获得更强大的能力，而猎人则需要团队合作来对抗怪物。

2017年的《十三号星期五》（*Friday the 13th: The Game*）由一名玩家扮演杰森，七名玩家扮演逃生者，杰森拥有强大的能力，而逃生者则需要利用环境和道具来对抗杰森或逃脱。

2018年的《太空杀》（*Among Us*）是一款社交推理游戏，其中玩家被分为“内鬼”和普通船员两个阵营。“内鬼”的目标是秘密地杀死所有船员或破坏飞船，而普通船员的目标则是完成所有任务或找出并放逐“内鬼”。

4. 实时（Real-time）

实时游戏机制指的是游戏世界中的时间按照现实世界的流速持续前进，玩家在游戏中的行动与其他玩家或环境的互动都是同时进行的，没有回合制的交替或暂停的间断。

实时游戏机制在于“同步”与“持续”：游戏世界处于一种动态的变化之中，玩家的行动会即时地对游戏世界产生影响，而游戏世界的变化也会即时地反馈给所有玩家。这种游戏机制常见于即时战略游戏、大型多人在线角色扮演游戏、模拟游戏和动作游戏中，以紧张刺激的游戏节奏，展现游戏的沉浸感和真实感，同时对玩家的反应速度、决策能力和多任务处理能力提出了更高的要求。

表现形式

时间流逝是实时游戏机制最直观的体现，也是电子游戏独特的表现形式。在采用实时游戏机制的游戏中，时间通常以固定的速度持续前进，不受玩家行动的干扰，也可能和真实世界不对应。例如，在大多数游戏中，游戏世界并不会和现实世界中的时间对应，时间虽然会流逝，但永远在一个固定的时间刻度上。时间流速会根据游戏需要进行调整，在即时战略游戏中，时间的流逝速度会比现实世界快很多，以便在较短的游戏时间内展现完整的战争进程。

玩家行动的同步能力，是电子游戏实时机制的另一个重要体现。在实时游戏中，所有玩家的行动都是同时进行的，没有先后顺序的限制。这意味着玩家需要时刻关注游戏世界的变化，并根据当前的情况做出即时的决策和反应。例如，在即时战略游戏中，玩家需要同时管理基地建设、资源采集、部队生产和战斗指挥等多个方面，任何一个环节的疏忽都可能导致失败。

由于时间的持续流逝和玩家行动的同步性，游戏世界会不断地发生变化，在大型多人在线角色扮演游戏中，玩家的行动会影响游戏世界的经济、政治格局等，游戏世界的环境、资源等会随着时间的推移而发生变化。

实时游戏机制的特点是策略的即时性，即玩家没有充足的时间来仔细思考每一步的行动，需要在短时间内做出决策并付诸实施。这要求玩家具备快速的反应力、良好的判断力和一定的预见能力。尤其是在第一人称射击游戏中，玩家需要在瞬息万变的战场环境中迅速做出决策，如躲避对手、使用技能、搜寻装备等，任何延迟或失误都可能导致战局的逆转。

实时性还体现在用户界面的动态反馈上。技能冷却时间的倒计时图标、持续变化的生命与资源条、不断更新的小地图信息，都是实时游戏机制在玩家感官层面的延伸。这些界面元素共同构成了一个信息流，要求玩家具备持续的信息处理能力，并对资源和能力的再生循环形成精确的时间预判。在竞技性强的实时游戏中，这种对时间的管理能力甚至催生了“每分钟操作数（APM）”等衡量玩家水平的指标。

案例

1978年的《太空侵略者》（*Space Invaders*）是早期街机游戏的代表，玩家需要实时操控炮台左右移动，躲避外星侵略者持续且同步发射的子弹，并伺机反击，整个过程毫无间断。

1980年的《吃豆人》（*Pac-Man*）中，玩家与四个幽灵在迷宫中同时进行着不间断的追逐与被追逐，所有的移动、吃豆和躲避行为都必须即时发生，不存在回合或暂停。

1991年的《街头霸王Ⅱ》（*Street Fighter Ⅱ*）：两名玩家操控各自选择的角色进行一对一实时格斗，所有攻防、移动、招式输入和反击都必须在持续流动的时间中即时完成。

1992年的《沙丘Ⅱ》（*Dune Ⅱ*）开创了即时战略游戏（RTS）的先河。玩家需要实时采集资源、建造基地、训练部队，并与其他玩家或电脑控制的敌人进行对抗。游戏中的时间持续流逝，玩家的行动都是同时进行的，这使得游戏充满了紧张感和策略性。

1997年的《网络创世纪》（*Ultima Online*）是最早的大型多人在线角色扮演游戏（MMORPG）之一。游戏构建了一个庞大的虚拟世界，成千上万的玩家可以同时在线，进行互动、交易、战斗等。游戏中的时间与现实世界同步流逝，玩家的行为会对游戏世界产生持久的影响。

1999年的《虚幻竞技场》（*Unreal Tournament*）是一款第一人称射击游戏，作为《虚幻》（*Unreal*）的多人增强版，专注于多人游戏的设计，提供了对决、团队对决等对抗形式，以及抢旗子、最后的生存者等玩法，玩家可实时和其他玩家或电脑对手展开对抗。

2004年的《魔兽世界》（*World of Warcraft*）将大型多人在线角色扮演游戏推向了新的高峰。游戏世界中的时间持续流动，为玩家打造了一个充满生机的虚拟世界。玩家可以在这个世界中自由探索、完成任务、参与副本战斗，并与其他玩家进行互动。

2011年的《我的世界》（*Minecraft*）是一款高自由度的沙盒游戏。游戏世界中的时间会持续流逝，并存在昼夜循环。玩家需要在这样的环境中收集资源、建造设施，抵御夜晚出现的怪物。

2016年的《胡闹厨房》（*Overcooked*）中，多名玩家需要在混乱且动态变化的厨房中实时协作，完成食材的切配、烹饪、上菜、清洗等一系列任务，是典型的强调实时协作与时间管理的团队游戏。

5.回合（Turn–based）

回合游戏机制指的是游戏进程被划分为一系列独立的行动单元，各参与者（玩家或电脑对手）按照预设的顺序轮流执行操作，而非同时行动。需要注意的是，电脑对手甚至游戏环境均属于游戏的参与者，遵循回合游戏机制的运行逻辑。

回合游戏机制的核心在于“轮替”与“等待”：玩家需要在自己的回合内完成所有操作，然后等待其他参与者完成其回合，如此循环往复，直至游戏结束。这种游戏机制常见于策略游戏、棋牌类游戏、角色扮演游戏等类型的游戏。回合游戏机制为游戏增添了策略规划的深度，降低了操作的复杂性，也为玩家提供了更充足的思考和决策时间。

表现形式

不同的游戏对玩家在回合内可以执行的行动内容有不同的规定，行动内容的差异体现了回合游戏机制的策略性。一些游戏允许玩家在一个回合内自由地执行多种行动，例如移动、攻击、使用道具、使用技能等，只要这些行动符合游戏规则即可。例如，在 1997 年的《辐射》（*Fallout*）中，玩家在一个回合内可以执行多个动作，直到行动点数耗尽。战棋类游戏则对玩家在一个回合内可以执行的行动数量或类型进行了限制。例如，在《火焰之纹章》（*Fire Emblem*）系列中，玩家控制的角色在自己的回合内，只能进行移动行动和攻击、魔法、道具等任选其一的主要行动。

在传统游戏中，回合宣告结束需要游戏参与者主动声明，而电子游戏能够自动进行是否结束的判定，这一特性为回合游戏机制设计增加了多阶段。回合结构设计通常会定义一个回合内包含多个阶段，如准备阶段、行动阶段、结束阶段等，每个阶段都有特定的规则和限制，这虽然不会直接体现在游戏界面中，但内部的运转仍然在进行。例如，在 1995 年的《魔法门之英雄无敌》（*Heroes of Might and Magic: A Strategic Quest*）系列中，每个回合的开始会结算资源产出、战斗单位生产、城堡刷新等，开始阶段结束后，才是玩家的行动阶段，当确认回合结束的时候，计算机会结算结束阶段的数据或规则。

为了避免部分玩家长时间不进行操作，影响其他玩家的游戏体验，对延迟行为的约束是回合游戏机制中保证游戏流畅进行的方法，许多回合制游戏引入了倒计时或超时惩罚机制。尤其是在在线棋牌游戏中，如果玩家在规定的时间内没有进行操作，那么系统会自动判定为超时，跳过回合阶段。在2014年的《炉石传说》（*Hearthstone*）中，每个回合都有时间限制，玩家需要在规定时间内完成操作，否则回合会自动结束。

案例

1986年的《勇者斗恶龙 》（*Dragon Quest*）作为早期JRPG（日式角色扮演游戏）的奠基作品之一，其战斗系统采用了经典的回合机制。玩家在自己的回合内，通过菜单选择角色的攻击、魔法、道具使用或防御等指令，选定后角色执行相应的动作，随后敌人行动。这种清晰的"我方回合—敌方回合"交替模式，允许玩家有充足的时间思考策略，并成为后续诸多JRPG回合制战斗的基础框架。

1991年的《文明》（*Civilization*）系列是回合制策略游戏的标杆之作。玩家需要在一个回合内管理自己的文明，包括建造城市、研究科技、发展经济、组建军队、进行外交等。当所有操作完成后，玩家结束回合，然后其他玩家或AI控制的文明依次行动。这种回合机制的设计，使得玩家有充足的时间来思考和规划自己的发展策略。

1994年的《幽浮》（*X-COM: UFO Defense*）是一款融合了经营管理和回合机制战术战斗的游戏，在遭遇外星人的战斗中，玩家控制的每个作战队员都拥有一定数量的行动点，这些行动点可以用来移动、射击、使用道具等。每个行动消耗的行动点数根据行动类型和距离而有所不同，例如移动较长的距离或使用重型武器会消耗更多的行动点数。

1995年的《魔法门之英雄无敌》（*Heroes of Might and Magic: A Strategic Quest*）系列是一款回合机制策略游戏。玩家控制英雄在地图上探索、收集资源、占领城镇、招募部队，并与其他玩家或电脑控制的势力进行战斗。游戏的大地图探索和战斗都采用回合机制，玩家需要在每个回合内，合理安排英雄的行动路线和战斗策略。

1997年的《辐射》（*Fallout*）是一款经典的后启示录风格回合机制角色扮演游戏。游戏采用了一种特殊的"行动点数"系统，不同的行动会消耗不同数量的行动点数，玩家需要根据当前的情况来合理分配行动点数。

2014年的《炉石传说》（*Hearthstone*）是一款集换式卡牌游戏，玩家需要在每个回合内使用有限的法力水晶，召唤随从、使用法术，并攻击对手的英雄或随从。每个回合都有时间限制，玩家需要在规定的时间内完成操作，否则回合会自动结束。

2017年的《神界：原罪2》（*Divinity: Original Sin 2*）是一款深受好评的回合机制角色扮演游戏。游戏的战斗系统非常自由，玩家可以利用环境中的各种元素来制造战术优势，如用油桶制造火焰陷阱、用水来导电等。游戏的回合机制战斗系统强调策略性和角色之间的配合，玩家需要根据每个角色的能力和特点来制定战术。

6. 匹配（Matchmaking）

匹配游戏机制是指游戏系统依据一套既定的规则或算法，对参与者（玩家群体）或游戏环境本身进行动态调整与组合的过程。其目的有两个方面：一方面，为多人游戏中的玩家筛选并组织实力、等级或其他维度上相对均衡的对手或队友，以创造公平且富有挑战的竞技环境；另一方面，在单人或合作游戏中，游戏环境能够根据玩家的实时表现和水平，动态调整挑战难度与资源供给，以吸引玩家持续参与。

此机制的核心在于“评估”与“调适”：系统通过持续监测玩家数据（如胜率、反应时间、资源存量、行为模式等）或分析玩家池的特征，并运用特定算法来调整游戏参数或构建对局。无论是将水平相近的玩家匹配到一起，还是让游戏挑战“恰到好处”地适应玩家的当前能力，其最终目标都是优化整体的游戏体验，避免因实力悬殊导致的挫败感或因挑战过易产生的乏味感。尤其是在竞技类游戏中，如多人在线战术竞技游戏（MOBA）、第一人称射击游戏（FPS）、卡牌对战游戏等，匹配游戏机制解决了传统游戏中玩家水平参差不齐、游戏体验难以保证的问题。

表现形式

匹配游戏机制最早是电子游戏的一种动态难度调整设计，一些游戏如果发现玩家总是失败，会自动调整难度以匹配玩家的水平。在《神秘海域》（*Uncharted*）系列中，存在不易察觉的动态难度调整。例如，在特定战斗场景中，如果玩家反复失败，游戏可能会略微减少敌人的数量、降低其攻击精准度或增加可用的掩体，以帮助玩家克服难点，保持游戏流程的顺畅。

在网络游戏时代，目标从NPC转换成玩家后，其表现形式就发生了巨大变化。在许多竞技类游戏中，基于玩家的游戏水平，匹配的维度多种多样，系统会根据玩家的胜率、段位、匹配等级分（match makingrating，MMR）等数据来匹配实力相当的对手。此外，也可以基于玩家的游戏行为进行调整。例如，在一些游戏中，系统会根据玩家的游戏风格（激进或保守）来匹配合适的队友或对手。在2012年的《英雄联盟》（*League of Legends*）中，系统会根据玩家的MMR值来匹配对手，使双方队伍的平均实力尽可能接近。

匹配算法的设计直接影响游戏的公平性和玩家的游戏体验，因此一直是游戏开发者关注的重点。不同的游戏会采用不同的匹配算法，但通常都会考虑多个因素，例如玩家的胜率、游戏时长、角色使用情况、近期表现等。一些游戏还会引入人工智能技术来优化匹配算法，使其更加精准和高效。

对局的形式也受到匹配游戏机制的影响，匹配游戏机制用于创建临时的游戏对局。例如，在多人在线战术竞技游戏中，系统会将十名玩家匹配到一场对局中，对局结束后，玩家之间的联系也随之结束。在另一些游戏中，匹配游戏机制则用于构建更持久的游戏环境。例如，在大型多人在线角色扮演游戏中，系统可能会根据玩家的等级、阵营等因素将玩家分配到不同的服务器或游戏世界。

案例

1992年的《超级马力欧赛车 》（*Super Mario Kart*）中的“橡皮筋效应”是动态难度调整的早期知名案例。当玩家大幅领先时，由电脑控制的对手会获得速度提升，追赶上来；而当玩家落后时，对手则可能表现出失误或速度减缓，以此保持比赛的激烈程度和玩家的参与感。

2008年的《求生之路 》（*Left 4 Dead*）核心的“AI导演（AI Director）”系统是动态匹配游戏环境的杰出代表。导演系统会根据玩家团队的实时表现、当前位置、健康状况及游戏节奏，动态调整普通感染者的刷新数量、特殊感染者的出现时机与种类，以及关键物品（如急救包、弹药）的分布，确保每次游戏体验都充满变数且强度适中。

2009年的《英雄联盟》（*League of Legends*）进一步完善了匹配游戏机制，引入了MMR（匹配等级分）系统，系统会根据玩家的游戏表现来计算其MMR值，并在匹配时将MMR值相近的玩家匹配到一起。此外，游戏还引入了排位赛系统，玩家可以通过赢得排位赛来提升自己的段位，从而与更高水平的玩家进行匹配。这种匹配机制使得游戏的竞技性更强，也激励玩家不断提升自己的技术水平。

2013年正式发布的*DOTA 2*也采用了匹配游戏机制，并在此基础上进行了一些创新。例如，游戏引入了行为评分系统，系统会根据玩家在游戏中的行为（例如举报、挂机等）来调整其行为评分，并将行为评分相近的玩家匹配到一起。这种机制有助于改善游戏环境，减少不良游戏行为的发生。

2012年的《反恐精英：全球攻势》（*Counter-Strike: Global Offensive*），在2015年引入了“信任模式”，根据一系列因素来评估玩家的匹配优先级，旨在将积极的玩家尽可能匹配在一起。除了游戏内的行为，也可能会考虑用户 Steam 账号的使用时长，以及该账号上其他游戏的游戏时间等要素来提升匹配质量。

7.沙盒（Sandbox）

沙盒游戏机制是指在游戏世界中，玩家不受限于固定的剧情线或预设的任务目标，而是被赋予极高的自由度，在遵守游戏基础规则的前提下，可以自由地探索环境、与世界互动、定义自身目标、创造等。

沙盒游戏机制的核心在于“自由”与“创造”：玩家不再被动地接受游戏内容的灌输，而是能够主动地选择自己的游戏方式，甚至可以改造游戏世界本身，创造属于自己的故事和挑战。沙盒游戏机制设计理念也被越来越多地融入其他类型的游戏，如角色扮演游戏、模拟游戏等。沙盒游戏机制极大地拓展了游戏的边界，将游戏从一种线性的娱乐体验转变为一种开放式的、充满可能性的创造性活动。需要注意的是，开放世界很容易被误认为是一种沙盒，其实开放世界只是在原有的剧情或目标下，允许玩家自由选择路径达成目标，机制赋予的创造力非常有限。

表现形式

沙盒游戏通常提供一个广阔且完整的游戏世界供玩家探索，这个世界可能包含各种不同的地形、环境、资源和生物。与开放世界游戏不同，沙盒游戏的开放性主要体现在玩家与游戏世界互动方式的多样性上。玩家可以自由地前往任何地点，不受任务或剧情的限制。2011 年的《我的世界》（*Minecraft*）的玩家可以自由地探索无限生成的游戏世界，从高耸的山峰到深邃的洞穴，从茂密的森林到广阔的海洋。

沙盒游戏通常只设定一些基础的游戏规则，而将更多的空间留给玩家去自由发挥。规则的简约性是沙盒游戏机制的一大特点，例如物理引擎、物品合成规则等。这种简约的规则设计为玩家的创造力和想象力提供了广阔的舞台。例如，在《异星工厂》（*Factorio*）中，玩家只需要掌握一些基本的流水线规则，就可以利用游戏中的各种建筑建造出任何他们能够想象到的生产线。

沙盒游戏提供了各种各样的工具和手段，允许玩家以多种方式与游戏世界进行互动，如采集资源、建造建筑、种植作物、驯养动物、制造工具、发明装置等。这种丰富的交互性使得玩家可以根据自己的喜好和目标来塑造游戏世界，创造属于自己的独特体验。2015年的《泰拉瑞亚》（*Terraria*）的玩家可以挖掘各种矿物、建造房屋、制作武器和工具、与各种怪物战斗等。

沙盒游戏通常没有强制性的主线任务或固定的游戏目标，玩家的游戏目标完全由自己设定，有较强的目标自驱性。这种设计可以触发玩家的内在驱动力，促使他们主动探索、发现和创造。例如，在《我的世界》（*Minecraft*）中，一些玩家可能热衷于建造宏伟的建筑，一些玩家可能喜欢探索未知的洞穴，还有一些玩家可能喜欢挑战极限生存模式。

案例

1984年的*Elite*是一款经典的太空模拟游戏，也被认为是沙盒游戏的早期代表。玩家可以扮演一名太空飞行员，在广阔的宇宙中自由探索，进行贸易、战斗或从事走私活动。游戏没有固定的剧情线，玩家可以根据自己的喜好来选择游戏方式。

2004年的《盖瑞模组》（*Garry's Mod*）本身没有预设玩法，而是一个利用Valve的Source引擎，让玩家可以自由调用引擎内所有游戏的素材，进行场景搭建、机械建造、动画制作甚至创造全新游戏模式的平台。

2011年的《我的世界》（*Minecraft*）将沙盒游戏机制发扬光大，成为该类型游戏的一个里程碑。该游戏提供了一个由方块构成的无限世界，玩家可以在这个世界中自由地采集资源、建造建筑、合成物品、抵御怪物等。游戏几乎没有任何限制，玩家可以根据自己的想象力创造出任何东西，例如城堡、城市、雕塑甚至是复杂的红石电路。

2011年的《泰拉瑞亚》（*Terraria*）是一款2D沙盒游戏，融合了探索、建造、战斗等多种元素。游戏世界中充满了各种各样的怪物、资源和宝藏，玩家可以自由地探索这个世界，并利用收集到的资源建造自己的基地、制作武器和装备，挑战强大的Boss。

2016年的《废品机械师》（*Scrap Mechanic*）是一款以机械建造为主题的沙盒游戏。玩家可以收集各种废品零件，并利用这些零件建造出各种各样的机械装置，例如汽车、飞机、机器人等。游戏的物理引擎非常出色，玩家可以充分发挥自己的想象力，创造出各种奇特的机械装置。

2016年的《无人深空》（*No Man's Sky*）是一款以太空探索为主题的沙盒游戏。游戏提供了一个程序生成的宇宙，玩家可以驾驶飞船在不同的星球之间穿梭，探索星球上的各种资源和生物。游戏的宇宙非常广阔，几乎没有边界，玩家可以自由地探索和发现。

8. 非线性（Nonlinearity）

非线性游戏机制使游戏进程不再局限于单一的、预设的线性流程，而是呈现出网状或树状的结构，玩家的选择、行动或游戏中的特定事件会影响游戏的进程和结局。

非线性游戏机制的核心在于“选择”与“后果”：玩家被赋予了更多的自主权，可以自由选择前进的路径、探索的区域、完成任务的方式，以及与其他角色互动的方式等，而这些选择将会产生实质性的影响，塑造出独特的游戏体验和个性化的故事结局。非线性游戏机制常见于角色扮演游戏、冒险游戏、开放世界游戏等类型的游戏，它极大地提升了游戏的重玩价值，也使得游戏世界更加真实和充满变数。

表现形式

叙事结构的非线性：游戏故事不再是一条直线，而是呈现出分支状或网状的结构，玩家的选择会将其导向不同的剧情分支和结局。例如，在2012年的《行尸走肉》（*The Walking Dead*）中，对话选择和行动会影响玩家与其他角色的关系，进而影响后续剧情的发展和结局。这种非线性的叙事结构增强了游戏的代入感，也使得每个玩家都能体验到独一无二的故事。

任务设计的非线性：游戏中的任务不再是固定的、必须按顺序完成的清单，而是可以由玩家自由选择接受或拒绝、优先完成或暂时搁置。玩家可以根据自己的喜好和游戏风格来选择完成任务的方式，如是用武力解决问题，还是用外交手段进行斡旋，抑或是用潜行的方式避开冲突。例如，1998年的《博德之门》（*Baldur's Gate*）的玩家可以自由选择加入不同的阵营，接受不同的任务，这些选择会对游戏世界和剧情产生深远的影响。

角色发展的非线性：玩家可以通过多种途径来提升角色的能力和技能，如学习不同的技能树、选择不同的装备、加入不同的派系等。这些选择不仅会影响角色的战斗风格，还可能影响其在游戏世界中的声望及与其他角色的关系等。在2010年的《辐射：新维加斯》（*Fallout: New Vegas*）中，玩家可以自由选择角色的技能、属性和阵营倾向，这些选择会影响游戏的剧情发展和结局，也决定了玩家与其他角色的互动方式。

世界探索的非线性：玩家不再受限于预设的路线，而是可以自由地探索游戏世界的各个角落，发现隐藏的地点、任务和秘密。这种非线性的探索方式鼓励玩家进行自主探索和发现，使得游戏世界更加生动和有趣。在2015年的《巫师3：狂猎》（*The Witcher 3: Wild Hunt*）中，玩家可以在广阔的游戏世界中自由探索，发现各种支线任务、隐藏地点和宝藏。

案例

1997年的《辐射》（*Fallout*）是一款经典的后启示录风格角色扮演游戏，以其高度的非线性而闻名。玩家可以自由选择角色的出身、属性、技能和道德倾向，这些选择会对游戏的剧情发展和结局产生重大影响。玩家可以自由选择加入不同的阵营，接受或拒绝不同的任务，并以各种方式解决问题，如战斗、潜行、外交等。

1998年的《博德之门》（*Baldur's Gate*）系列将非线性游戏机制提升到了一个新的高度。游戏基于“龙与地下城”规则，拥有庞大的世界观和复杂的剧情。玩家可以创建自己的角色，并招募各种各样的队友。游戏中的任务设计非常开放，玩家可以自由选择任务的执行顺序和解决方法，这些选择会对游戏世界和剧情产生深远的影响。

2007年的《质量效应》（*Mass Effect*）系列以其丰富的剧情分支和道德选择而备受赞誉。玩家在游戏中所做的每一个决定，无论大小，都会对游戏世界和剧情产生影响，并最终导向不同的结局。

2010年的《辐射：新维加斯》（*Fallout: New Vegas*）进一步强化了非线性游戏机制。游戏拥有庞大的、分支众多的剧情，玩家的选择会对游戏世界产生显著的影响，如不同势力的兴衰、NPC的生死等。此外，游戏还提供了多种解决问题的方式，玩家可以通过战斗、潜行、外交、科技等多种途径来完成任务。

2011年的《上古卷轴Ⅴ：天际》（*The Elder Scrolls V: Skyrim*）是一款开放世界角色扮演游戏，以其极高的自由度著称，玩家可以在广阔的游戏世界中自由探索，接受各种各样的任务，并以自己喜欢的方式进行游戏。游戏的主线任务并非强制性的，玩家可以完全忽略主线任务，专注于探索世界、发展角色或体验各种支线剧情。

2012年的《行尸走肉》（*The Walking Dead*）是一款以剧情选择为核心的冒险游戏。玩家在游戏中需要做出各种各样艰难的抉择，这些抉择会对游戏的剧情发展和结局产生重大影响。游戏的剧情分支众多，每个玩家都能体验到独一无二的故事。

2015年的《巫师3：狂猎》（*The Witcher 3: Wild Hunt*）将非线性游戏机制与开放世界探索完美结合。该游戏拥有庞大的、充满细节的世界，玩家可以在其中自由探索，并发现各种各样的支线任务和隐藏地点。游戏的主线剧情和支线任务都充满了选择和分支，玩家的决定会对游戏世界和角色的命运产生深远的影响。

9. 无终点（Endless）

无终点指的是游戏没有预设明确的胜利条件、固定的结局或强制性的结束状态，玩家可以无限期地在游戏世界中进行探索、建设、经营、互动或其他形式的游戏行为，直到玩家主动选择退出或游戏因外部因素终止。

无终点游戏机制的核心在于“持续”与“开放”：游戏世界处于不断发展和变化的状态，为玩家提供了一个可以长期投入、自由探索且没有终极目标的虚拟空间。这种机制常见于单一机制小游戏、模拟经营游戏、沙盒游戏、大型多人在线游戏等类型的游戏。无终点游戏机制打破了传统游戏“通关即结束”的模式，将游戏的重点从达成预设目标，转变为持续的过程体验和玩家的自我驱动，游戏没有明确的胜利条件或结束状态，玩家可以无限期地继续玩下去。

表现形式

游戏通常不会设定一个明确的、强制性的最终目标，而是提供一系列开放式的、可选的甚至是可重复的目标或挑战，如提升角色等级、收集资源、建造设施、发展经济、探索世界、解锁成就等。这些目标更多地起到引导和激励的作用，而非游戏结束的标志。如《花园银河》（*Garden Galaxy*）就是一款以建造和摆设为核心的手机游戏，玩家可以在游戏中无限期地进行花园建设和装饰。

为了保持游戏长久的吸引力和新鲜感，开发者通常会定期为游戏添加新的内容，游戏内容的更新迭代，是无终点游戏机制得以持续运行的重要保障，如新的地图、新的任务、新的角色、新的物品、新的玩法等。这种持续的内容更新，使得游戏世界始终处于动态的变化之中，为玩家提供了持续探索和挑战的动力。例如，2013年的《侠盗猎车手Online》（*Grand Theft Auto Online*）就通过不断更新任务、载具、武器和游戏模式，吸引玩家长期留在游戏中。

由于缺乏明确的结束目标，玩家在无终点游戏中的动力更多地来自内在的驱动力，如探索的欲望、创造的冲动、社交的需求、自我实现的追求等。游戏通常会提供丰富的玩法和自由度来满足玩家的这些内在需求，例如，提供广阔的地图供玩家探索、提供丰富的工具和素材供玩家创造、提供多样化的社交系统供玩家互动等。在2011年的《我的世界》（*Minecraft*）中，玩家可以自由地探索、建造、合成、创造属于自己的世界，这种创造的乐趣和成就感是驱动玩家长期进行游戏的主要动力。

游戏世界的持续演变是本机制的魅力所在。在一些游戏中，游戏世界会随着时间的推移而发生变化，如季节的更替、生态环境的变化等。玩家的行为会对游戏世界产生持久的影响，如玩家建造的建筑、开垦的土地、建立的势力等都会成为游戏世界的一部分，并可能对其他玩家产生影响。例如，网络游戏*EVE*中的大量星系空间站是由玩家建造的，各种公司、组织由真实玩家运营。

案例

1978年的《太空侵略者》（*Space Invaders*）中，玩家的目标是尽可能获得高分，抵抗一拨又一拨难度逐渐递增的敌人，直到所有生命耗尽。

1978年，罗伊·特鲁布肖（Roy Trubshaw）和理查德·巴特尔（Richard Bartle）在埃塞克斯大学开发的*MUD1*，通常被认为是历史上第一款真正意义上的MUD游戏（多用户地下城），它没有明确的结局，玩家可以在游戏中扮演不同的角色，通过文字指令进行交互、探索和战斗。

1984年的*Elite*是一款经典的太空模拟游戏。玩家可以扮演一名太空飞行员，在广阔的宇宙中自由探索，进行贸易、战斗或从事走私活动。游戏没有固定的剧情线，玩家可以无限期地在宇宙中冒险，积累财富和声望。

2003年的《星战前夜》（*EVE Online*）是一款以太空为背景的大型多人在线游戏。游戏拥有庞大的世界观和极高的自由度，玩家可以扮演各种角色，如商人、矿工、海盗、舰队指挥官等。游戏世界中的经济、政治格局完全由玩家的行为来驱动，玩家可以通过战争、贸易、结盟等方式来影响游戏世界的进程。游戏没有明确的结束状态，玩家可以无限期地在游戏世界中发展自己的势力，并与其他玩家进行互动。

2011年的《我的世界》（*Minecraft*）将无终点游戏机制与沙盒玩法完美结合。游戏提供了一个由方块构成的无限世界，玩家可以在这个世界中自由地采集资源、建造建筑、合成物品、抵御怪物等。游戏没有固定的目标，玩家可以根据自己的想象和创造来构建属于自己的世界，并在这个过程中获得乐趣和成就感。

*Unbounded*是一款由谷歌和北卡罗来纳大学教堂山分校开发的无限人生模拟游戏。游戏的核心机制是基于AI生成的动态世界和角色模拟，玩家可以创建并自定义角色的外观和个性，游戏会根据玩家的行为和选择实时生成新的场景、故事和挑战。

除了以上提到的几款游戏，还有许多其他游戏也采用了无终点游戏机制，如《模拟城市》系列、《文明》系列、《泰拉瑞亚》（*Terraria*）、《星露谷物语》（*Stardew Valley*）等。这些游戏都通过各自的玩法设计，为玩家提供了一个可以长期投入、自由探索的虚拟世界。

10. 嵌套（Nesting）

嵌套游戏机制是所有游戏机制中一种特殊的结构性设计，其核心表现为“在游戏中玩另一个游戏”。它指的是在主游戏流程中，嵌入一个或多个具有独立规则、目标和玩法的子游戏（sub-game）或微型游戏循环。这些被嵌套的子游戏，既可以作为主世界的补充，提供与核心玩法无关的娱乐调剂，也可以作为主游戏某个复杂行为（如破解密码、说服NPC、生产制作）的功能性抽象体现，其成功与否直接影响主游戏的进程。

嵌套游戏机制的核心在于“层级切换”与“功能封装”：玩家在特定时刻会暂时脱离主游戏循环，进入一个规则和交互方式都截然不同的子游戏循环中，完成子游戏后返回主游戏世界。这种机制通过将多个独立的玩法循环整合在一个统一的体验中，极大地丰富了游戏的内容、节奏和互动维度，体现了电子游戏作为数字媒介的强大承载能力。

表现形式

嵌套游戏机制在游戏中的表现形式根据其与主游戏的关系和功能，主要可以分为叙事/娱乐型和功能/抽象型两大类。

叙事/娱乐型嵌套机制的主要目的是丰富世界观、为玩家提供消遣或增强玩家的沉浸感，其玩法本身通常与主角的核心能力成长或主线剧情的推进没有直接的、强制性的关联。在以《荒野大镖客：救赎2》（*Red Dead Redemption 2*）为代表的开放世界游戏中，玩家可以在酒馆里随时坐下来玩一局完整的德州扑克或21点，这些牌局拥有自己独立的规则和胜负结算。同样，在《如龙》（*Yakuza*）系列中，游戏厅里更是直接内置了多款可完整游玩的经典世嘉街机游戏，为玩家提供了一种主线之外的调剂。

功能/抽象型嵌套机制则将主游戏中的某个复杂动作或抽象过程，转化为一个具体的、规则清晰的子游戏。子游戏的胜负直接决定了主游戏中该动作的成败。在以《生化奇兵 》（*BioShock*）为代表的游戏中，“骇客”系统被设计成一种“管道连接”式的益智小游戏，玩家需要在有限的时间内连通水管，成功后即可破解炮塔或保险箱。在《辐射》（*Fallout*）系列中，破解电脑终端则被表现为一个在大量字符中找出正确密码的文字解谜游戏，这种设计将原本可能单调的交互（如“按E破解”）变得更具技巧性和趣味性。

从更宏观的结构角度看，机制的嵌套也是游戏设计复杂化的体现，一个大型游戏机制往往由多个小型游戏机制组合而成。嵌套游戏机制本身就是一个框架，其内部的子游戏则是由其他基础机制（如消除、连接、合拍、对齐等）构成的。以《瓦力欧制造》（*WarioWare*）系列或《马力欧派对》（*Mario Party*）系列为代表的游戏，则将这种嵌套结构作为整个游戏的核心框架，游戏本身就是一个由大量规则各异、快速切换的微型游戏（小游戏）集合而成的大型游戏。

案例

1982年的《创》（*TRON*）街机游戏，其本身就是由多个不同玩法的子游戏（如光循环、坦克战等）集合而成的，是早期嵌套机制的代表。

1993年的《疯狂时代》（*Day of the Tentacle*）中藏有一个著名的彩蛋，玩家可以在游戏中的一台电脑上，完整地游玩其前作《疯狂大楼》（*Maniac Mansion*）。这种将整个前作游戏作为彩蛋完全嵌入续作的设计，在当时被认为是电子游戏界的首创，是嵌套游戏机制中一种极具深度的娱乐性应用。

自1998年起开发的《马力欧派对》（*Mario Party*）系列，将大富翁式的棋盘移动与海量的小游戏相结合，每一回合的结束或对特定格子的触发都会将玩家带入一个独立的、规则各异的四人小游戏中。

1999年的《莎木》（*Shenmue*）在其开放世界中内置了多种小游戏，包括可完整游玩的世嘉街机游戏。

2007年的《生化奇兵》（*BioShock*）中的“骇客”系统，将破解行为抽象为一个连接水管的益智小游戏。

2015年的《巫师3：狂猎》（*The Witcher 3: Wild Hunt*）中内置的“昆特牌（Gwent）”是一个完整的、具有深度策略的集换式卡牌游戏，玩家可以在游戏世界中与NPC对战并收集卡牌。

在2015年的《辐射4》（*Fallout 4*）中，玩家可以在找到的Pip-Boy上游玩多款致敬经典街机游戏的、可独立运行的小游戏，如仿《大金刚》的*Red Menace*。

在2018年的《天国：拯救》（*Kingdom Come: Deliverance*）中，玩家可以在酒馆里与其他NPC玩一种名为“Farkle”的骰子游戏。

在2018年的《荒野大镖客：救赎2》（*Red Dead Redemption 2*）中，玩家可以参与扑克、21点、多米诺骨牌、五指刀等多种桌上游戏，都制作得极为精良，拥有逼真的物理效果、流畅的动画和符合角色性格的AI，用这种方式补全西部世界观的叙事。

2019年的《无主之地3》(*Borderlands 3*)在避难所飞船上设有一个游戏机，玩家通过交互可以进入《无主之地科考》(*Borderlands Science*)子游戏，这是一项名为“公民科学”(Citizen Science)的创举，由游戏开发商Gearbox、麦吉尔大学、大型在线科学平台Massively Multiplayer Online Science(MMOS)及The Microsetta Initiative的研究人员合作推出。该项目旨在帮助科学家绘制人类肠道微生物组的图谱，是一个将真实世界公民科学项目与游戏娱乐相结合的典型案例。

第五章
——结算（Settlement）

结算类游戏机制聚焦游戏何时及如何终结，关注的是整体进程结束后的汇总或胜负判定。无论是一局对战的终结，还是完整剧情的完结，都属于结算机制。结算可能采用计分、判定条件或时间限制，当达到特定状态时宣告游戏结束。

凡负责确定游戏何时结束、如何确认最终结果，并为玩家提供明确收尾的规则，都属于结算游戏机制，无论是一局对战的终结，还是完整剧情的完结，这类机制都聚焦于整体进程结束后的汇总或胜负判定。

结算类游戏机制的核心在于目标达成与终局判定，为玩家的所有行为提供最终的导向和结果裁定。这些规则通常围绕胜负条件、完成度或时间限制而设置，优秀的结算游戏机制能在高潮或关键时刻结束游戏，为玩家留下一种圆满或意犹未尽的余韵。

11. 到达（Arrival）

到达游戏机制为游戏进程划定了一个明确的终点，并为玩家的努力提供了清晰的目标指引。它指的是在游戏过程中，玩家操控的角色（或多个角色、单位等）通过移动、探索、解谜、战斗或其他方式，到达游戏设定的特定地点、完成特定目标、满足特定条件，从而触发游戏结束的判定。

到达游戏机制的核心在于“目标”与“达成”：游戏通过设定一个具有象征意义或实际意义的终点，为玩家提供一个明确的前进方向和努力的目标；而当玩家历经挑战，最终达成这一目标时，游戏即宣告结束，并通常伴随着胜利的宣告、剧情的收束或某种形式的奖励。这种游戏机制在各种类型的游戏中非常常见，从平台跳跃游戏终点的旗杆，到赛车游戏中赛车冲过终点线，再到角色扮演游戏中最终Boss战所在地，都可以看作是到达游戏机制的不同表现形式。

表现形式

最常见的是玩家需控制角色从起点移动至终点，抵达后游戏立即结束。例如，在平台跳跃游戏中，玩家需跳跃、攀爬或滑行至关卡出口；在迷宫类游戏中，玩家需找到出口并成功逃离。

此类设计通常以明确的视觉标志（如旗帜、门、光柱）提示终点位置，强化目标感。例如，在1985年的《超级马力欧兄弟》（*Super Mario Bros.*）中，每个关卡的终点都有一根旗杆，玩家控制马力欧触碰到旗杆即算过关。

有的游戏对玩家的到达方式没有限制，玩家可以自由选择到达目标的路径和方法；有的游戏则对玩家的到达方式进行了限制，例如只能通过特定的路线到达目标，或者需要满足特定的条件才能到达目标。例如，在《纪念碑谷》（*Monument Valley*）中，玩家需要通过操控角色在充满视觉错觉和几何谜题的环境中移动，最终到达指定的目标位置。

许多游戏将到达目标与游戏的剧情发展紧密结合，例如《风之旅人》（*Journey*）中玩家操控的角色通过穿越广袤的沙漠、废墟和雪山，在旅途中经历孤独、合作与自我超越，最终抵达远方的山顶，完成一段象征性的旅程，整个游戏进程被划分为了若干个不同阶段的关卡，玩家只有通过它们方能到达目的地。

案例

1981年的《大金刚》（*Donkey Kong*）中，马力欧需要到达顶层平台才能从大金刚手中救出宝琳。

1985年的《超级马力欧兄弟》（*Super Mario Bros.*）每个关卡的终点都有一根旗杆，玩家控制马力欧触碰到旗杆即算过关，旗杆的高度和位置会影响玩家获得的额外分数。

1991年的《刺猬索尼克》（*Sonic the Hedgehog*）系列中，每个关卡的终点都有一个标志性的旋转目标牌，索尼克冲过目标牌即算过关。

1996年的《古墓丽影》（*Tomb Raider*）系列，玩家操控劳拉·克劳馥在世界各地进行冒险，每个关卡的目标通常是到达某个特定的地点或找到某个特定的物品。

2007年的《传送门》（*Portal*）中，每个测试室的终点都有一个出口，玩家需要利用传送枪创造传送门，到达出口才能进入下一个测试室。

2017年的《塞尔达传说：旷野之息》（*The Legend of Zelda: Breath of the Wild*），虽然游戏的世界是一个开放世界，但最开始就告诉玩家，最终目标是到达海拉鲁城堡，挑战最终Boss盖侬。

2022年的《艾尔登法环》（*Elden Ring*）以“抵达黄金树”为核心终局目标，玩家需击败半神、收集大卢恩并穿越禁域，最终选择修复法环或开启新律法时代。

12. 竞赛（Racing）

竞赛游戏机制指的是多个玩家或队伍（或玩家与预设的非玩家）在相同的规则和条件下，围绕同一目标或任务展开竞争，并通过比较时间、距离、分数、排名或其他量化指标来决定胜负，并在达到特定条件时触发游戏结束机制。

竞赛游戏机制的核心在于“同场竞技”与“结果导向”：玩家在相同的游戏环境中，面对相同的挑战，通过各自的技巧、策略和团队协作，来争夺最终的胜利，而游戏则根据玩家竞争的数据指标，给出明确的胜负判定和相应的奖励或惩罚。本机制广泛应用于体育类游戏、竞速类游戏、射击游戏、多人在线战术竞技游戏等类型中，它通过构建一种公平、公开、公正的竞争环境，触发玩家的斗志和潜力，也为游戏带来了紧张刺激的观赏性和竞技性。

表现形式

获得胜利的竞赛目标通常是具体的数据。例如，在赛车游戏中，目标是率先冲过终点线；在射击游戏中，目标是在规定的时间内消灭更多的敌人或达到更高的分数；在体育游戏中，目标是在比赛结束时获得更高的得分。

竞赛游戏机制的规则通常包括参与者的数量、行动的限制、资源的分配、得分的计算方式、犯规的判定等。例如，在1972年的《乓》（*Pong*）中，规则简单明了：两名玩家分别控制一个挡板，将球击回对方的区域，未接住球的一方失分，当达到一定分数后游戏结束。

使用竞赛游戏机制的游戏大多采用“先到先得”的方式，即第一个达到特定分数或指标的玩家或队伍获胜，例如在《文明》（*Civilization*）系列中的文化胜利、科技胜利。另一些游戏则采用“积分制”的方式评判胜负，在达到特定条件时触发游戏结束，例如在*FIFA*系列或*NBA 2K*系列中，比赛时间结束时，得分更高的一方获胜。

设计竞赛游戏机制最重要的一点是通过清晰的界面、醒目的提示、明确的音效等方式来宣告比赛的结束和胜负的判定。如果游戏加入了“评估”游戏机制，则还会提供详细的比赛数据统计，如得分、排名、击杀数、助攻数等，供玩家分析自己的表现和制定后续策略。

竞赛游戏机制还体现在其多样的对抗结构上。最直接的形式是同步竞赛，所有参与者在同一时间、同一游戏实例中直接对抗，胜负即时产生。与之相对的是异步竞赛，常见于排行榜挑战或计时赛中，玩家并非直接对抗，而是与他人留下的数据记录（如最快圈速、最高分数）进行比拼。在这种模式下，排行榜、幽灵车（ghost car）或得分记录成为连接不同时空玩家进行竞赛的桥梁，极大地拓展了竞赛游戏机制的应用场景。

案例

1972年的《乒》（*Pong*）作为电子游戏的早期作品，两名玩家分别控制一个挡板，目标是将球击回对方的区域，率先获得一定分数的玩家获胜。

1990年的*F-Zero*是一款科幻竞速游戏，玩家驾驶着未来风格的赛车，在各种复杂的赛道上与其他赛车手进行竞赛，率先冲过终点线的玩家获胜。

1994年的《极品飞车》（*Need for Speed*）中，玩家的目标就是在赛道中与其他赛车手竞争，并争取以最短的时间完成比赛，率先冲过终点线。

1998年的*FIFA 99*中，玩家的目标就是在足球比赛中进球得分，并在比赛时间结束时比对方获得更多的进球数赢得比赛。

2000年的《帝国时代Ⅱ：征服者》（*Age of Empires II: The Conquerors*）中，除了常规的消灭所有敌人，游戏还提供了“奇迹胜利”和“圣物胜利”等特殊的竞赛胜利方式。“奇迹胜利”要求玩家建造一个“世界奇观”并保持一段时间不被摧毁；“圣物胜利”则要求玩家收集地图上的所有“圣物”并将其运回自己的基地，并保持控制一段时间。

2010年的《文明Ⅴ》（*Civilization V*）中，除了传统的军事征服胜利，游戏还提供了“文化胜利”“科技胜利”“外交胜利”等多种竞赛胜利方式。“文化胜利”要求玩家积累足够的文化点数并完成特定的文化政策；“科技胜利”要求玩家率先完成太空竞赛项目；“外交胜利”则要求玩家在联合国中获得足够多的选票。这些胜利方式都需要玩家在与其他文明的竞争中，在特定领域达到领先地位。

2015年的《喷射战士》（*Splatoon*）系列中，玩家的目标是通过喷射颜料来占领更多的地面，并在比赛时间结束时比对方占领更多的地面，从而赢得比赛。

13.淘汰（Elimination）

淘汰游戏机制是指参与者（包括玩家、NPC或玩家/NPC组成的队伍）会因为达到特定条件或受到其他参与者的攻击等原因，被逐出游戏，失去继续参与游戏进程的资格，直到只剩下一名参与者或一支队伍，或达到预设的淘汰条件，游戏即宣告结束。

淘汰游戏机制的核心在于，游戏通过设定明确的出局规则，迫使参与者为了生存和胜利而展开竞争，而最终的胜利者，则是坚持到最后的幸存者。这种机制常见于大逃杀类游戏、棋牌类游戏、竞技类游戏等类型的游戏，通过构建一种"零和博弈"的局面，极大地提升了游戏的紧张感、挑战性。

表现形式

无论哪种淘汰规则，游戏中表现的形式均以减少竞争对手为目的，参与者在游戏进行中，为己方造就更大的竞争优势，例如，在策略游戏中尽可能地积累资源，生产更多的对抗单位，将对手击败使其出局。

因此淘汰的触发条件的设计影响游戏的节奏和玩家的策略选择，以2017年的《绝地求生：大逃杀》（*Playerunknown's Battlegrounds*）为代表的大逃杀游戏，将"淘汰"机制作为核心玩法。百名玩家空降到一个岛屿上，收集武器和补给，并相互厮杀，直到只剩下最后一名玩家或一支队伍为止。游戏中不断缩小的"安全区"进一步加剧了玩家之间的竞争，并推动了淘汰的进程。在《饥荒》（*Don't Starve*）中，玩家的饥饿值、生命值或精神值降至零会导致角色死亡，从而被淘汰。以《Apex 英雄》（*Apex Legends*）为代表的英雄射击游戏，在保留了大逃杀游戏核心机制的基础上，引入了具有不同技能的英雄角色，并允许玩家在特定条件下复活被淘汰的队友。

被淘汰的玩家通常不会立即离开游戏，有些游戏允许被淘汰的玩家以旁观者的身份继续观看比赛。例如，在*Among Us*中，被淘汰的玩家可以变成幽灵，继续完成任务，但无法与其他活着的玩家互动。

淘汰游戏机制的表现形式还体现在其“临时性”与“最终性”的区分上。在许多基于回合或轮次的多人竞技游戏中，如《反恐精英》或《战争机器》的特定模式，玩家被淘汰后会在当前回合出局，但在下一回合可以重新加入战斗，这是一种临时性淘汰，旨在增加单局内的紧张感。而在大逃杀或某些生存游戏中，淘汰则是最终性的，一旦出局则意味着整场游戏的结束。此外，淘汰游戏机制也不仅限于战斗，在一些派对游戏或解谜竞赛中，未能按时完成任务或得分最低的玩家也会被淘汰出局。

案例

1973年的*Gotcha*中，两名玩家操控角色在迷宫中追逐，先触碰到对方的玩家获胜，被触碰到的玩家则被淘汰。

1980年的《吃豆人》（*Pac-Man*）中，玩家操控吃豆人躲避幽灵，一旦被幽灵抓住，则损失一条生命，生命耗尽则游戏结束。

1981年的《大金刚》（*Donkey Kong*）中，玩家操控的马力欧如果碰到障碍物或敌人，或者掉下平台，就会损失一条生命，生命耗尽则游戏结束。

1984年的《俄罗斯方块》（*Tetris*）中，方块堆叠到屏幕顶端则游戏结束，玩家的目标是尽可能地消除方块，坚持更长的时间。

1993年的《超级炸弹人》（*Super Bomberman*）中，玩家在竞技场中放置炸弹来消灭对手。被炸弹击中的玩家会被淘汰，最后幸存的玩家获胜。

1999年的《雷神之锤3：竞技场》（*Quake III: Arena*）引入了“死亡竞赛”模式。玩家在竞技场中相互厮杀，被击杀的玩家会在一段时间后复活，在规定的时间内获得击杀数最多的玩家获胜，或率先达到指定击杀数的玩家获胜。

2001年的《光环：战斗进化》（*Halo: Combat Evolved*）的多人模式“杀戮之王（Slayer）”，其核心目标就是通过不断击杀（淘汰）对手来获得分数，率先达到分数线或时间结束时分数最高的队伍获胜。

2009年的《英雄联盟》（*League of Legends*）中，虽然英雄死亡后可以重生，但“击杀”本身就是一种临时的淘汰机制。通过击败（淘汰）敌方英雄，可以使其在一段时间内无法参与战斗，从而为己方创造推进、夺取资源或摧毁建筑的战略优势。

2020年的《糖豆人：终极淘汰赛》（*Fall Guys: Ultimate Knockout*）中，玩家需要在一系列小游戏中与其他玩家竞争，每一轮都会淘汰一定数量的玩家，直到决出最后的胜者。

14. 耗尽（Depletion）

耗尽，作为“结束”类游戏机制中一种带有紧迫感和资源管理意味的设计，为游戏进程设定了一个明确的、可量化的失败条件。它指的是在游戏过程中，某一特定的、对玩家或游戏世界至关重要的资源、数值或计量单位，在玩家的行为、时间的推移、环境的影响或其他游戏机制的作用下，逐渐减少直至完全耗尽，从而直接触发游戏结束。

耗尽游戏机制的核心在于“有限”与“流逝”：游戏通过设定一种或多种关键资源的有限性，并使其随着游戏进程的推进不断消耗，迫使玩家在资源耗尽之前达成特定目标或维持生存；而一旦该资源归零，游戏立即宣告失败。这种机制常见于生存游戏、策略游戏、模拟经营游戏等类型的游戏，它通过构建一种“资源危机”的局面，提升了游戏的挑战性、策略性和紧迫感，也促使玩家更加注重资源的获取、分配和利用效率。

表现形式

被耗尽资源的类型，可以是玩家角色的生命值、体力值、精神值等，以《饥荒》（*Don't Starve*）为例，角色的生命值、饥饿度和理智值（Sanity）是核心生存指标，任何一项耗尽都可能导致角色死亡并结束游戏；也可以是游戏世界中的某种关键资源，如时间、氧气、燃料、食物、资金等，在生存游戏《这是我的战争》（*This War of Mine*）中，食物、药品等生存资源的耗尽，可能导致角色死亡或游戏失败；还可以是某种抽象的数值或计量单位，如支持度、稳定度、士气等。

资源消耗的速度和方式决定了游戏的节奏和挑战难度。一些游戏中的资源消耗速度是恒定的，例如，在生存游戏中，角色的饥饿值会随着时间的推移而匀速下降；另一些游戏中的资源消耗速度则会受到玩家行为的影响，如快速移动、使用技能、受到攻击等都会加速资源的消耗；还有一些游戏中的资源消耗速度会随着游戏进程的推进而逐渐加快，或者受到环境因素的影响，在《冰汽时代》（*Frostpunk*）中，资源的消耗速度会受到天气、政策等因素的影响。

当关键资源接近耗尽时，游戏通常会通过视觉（如资源条变红闪烁、角色状态异常）、听觉（如心跳声、警报声）或文字提示来警告玩家。在《森林》（*The Forest*）中，当玩家的饥饿度和口渴度过低时，屏幕会出现模糊、体力下降等负面效果，临界状态的警示是游戏给予玩家的重要反馈。

耗尽游戏机制的核心作用是对玩家策略的根本性制约，玩家的一切行动都必须围绕着避免关键资源的耗尽来展开。在《缺氧》（*Oxygen Not Included*）中，殖民地内的氧气、食物和清洁水源是有限的，玩家必须不断建设和维护生命支持系统，否则殖民地将因资源耗尽而崩溃。

案例

1994年的《幽浮》（*X-COM: UFO Defense*）中，如果资金耗尽，或者所有国家都退出了X-COM项目，游戏会结束。

2008年的《死亡空间》（*Dead Space*）中，主角艾萨克在某些真空环境下活动时，其氧气储备会持续消耗，氧气耗尽会导致死亡。

2011年的《黑暗之魂》（*Dark Souls*）中，主角的生命值耗尽会导致角色死亡，并返回上一个篝火处，这可以看作是一种局部的“耗尽”。

2013年的《请出示文件》（*Papers, Please*）中，玩家扮演一名边境检查人员，每天需要在有限的工作时间内处理尽可能多的入境申请，同时还要养家糊口。如果玩家因为收入不足而无法支付账单（食物、暖气、房租等），会导致家人死亡，游戏也会以悲剧收场，这是一种家庭生存资源的耗尽。

2014年的《漫漫长夜》（*The Long Dark*）是一款纯粹的生存游戏，玩家需要管理卡路里、体温、疲劳度、口渴度等多种生理指标，任何一项的完全耗尽都可能导致死亡。

2015年的《这是我的战争》（*This War of Mine*）中，玩家控制的角色如果在战争中死亡，或者士气低落到极点，都可能导致游戏结束。

2018年的《冰汽时代》（*Frostpunk*）中，玩家作为城市的领导者，需要管理城市的各种资源，如煤炭、食物、木材等。如果这些资源耗尽，或者人民的希望值降至零，游戏会结束。

15. 连接（Connecting）

连接指的是在游戏过程中，玩家通过直接或间接的操作，将游戏内的特定元素（通常是点、线、管道、电路、符号等）按照一定的规则和目标连接起来，形成一个完整的回路、通路、网络或特定图案，从而触发游戏结束的判定。

连接游戏机制的核心在于“构建”与“闭合”：玩家需要通过策略性的操作，逐步构建出满足特定条件的连接关系；而当这种连接关系达到预设的目标状态（例如形成闭环、连通所有关键点等）时，游戏即宣告结束。这种机制常见于益智、解谜、建造等游戏类型。

表现形式

连接游戏机制在游戏中主要体现在连接对象的类型、连接方式的差异、连接目标的设定，以及与游戏玩法的结合等方面。

连接对象的类型有很多种，可以是具象的管道或电线，如在1989年的《管道工》（*Pipe Mania*）中，玩家需要旋转和放置不同形状的管道，将水流从起点正确引导至终点；也可以是抽象的符号或能量流，如在一些逻辑解谜游戏中，玩家需要连接具有特定属性的节点，形成符合规则的能量通路，如符号、能量流、信息流等，*while True: learn()*游戏则是搭建程序步骤，让各种信息块到达准确的服务器。

在《桥梁建筑师》（*Bridge Constructor*）系列中，玩家需要利用有限的材料和预算，在不同的支点间搭建桥梁结构，连接两岸，并确保其能够承受车辆通过的压力。而以《粘粘世界》（*World of Goo*）为代表的游戏，则允许玩家通过拖拽和组合具有黏性的“黏黏球”，形成各种不规则但稳固的结构，以连接到目标管道。

连接游戏机制会在游戏的各个阶段有所体现，并不是只有在结束阶段。独立游戏《迷你地铁》

（*Mini Metro*）中，虽然游戏没有明确的结束状态，但线路规划中的“连接”是核心要素，玩家需要不断地连接新的站点，并调整线路，以应对不断增长的客流量。

案例

1989年的《管道工》（*Pipe Mania*）是连接机制的早期代表作。玩家需要在一个网格状的地图上，使用不同形状的管道，将起点和终点连接起来，让液体能够顺利流通。游戏的关键在于玩家需要在液体开始流动之前，快速而准确地规划好管道的连接方式。

1991年的《旅鼠总动员》（*Lemmings*）中，虽然主要机制不是直接连接，但是玩家通过为小旅鼠们赋予不同的能力，如搭桥、挖洞等，间接地实现“连接”路径，引导它们到达终点。

2000年左右出现的电路连接类游戏中，玩家需要连接电路元件，使电流能够从电源顺利到达目标点。这类游戏通常会提供各种不同的电路元件，如电阻、电容、二极管等，玩家需要根据电路原理来连接这些元件。

2008年的《粘粘世界》（*World of Goo*）中，玩家需要利用具有黏性的“黏黏球”来搭建结构，将一定数量的黏黏球连接到管道出口，游戏的物理引擎模拟了黏黏球之间的相互作用力，使得搭建结构的过程充满了乐趣。

2011年的《太空化学》（*SpaceChem*）是一款以化学工程为主题的益智游戏，玩家需要设计和建造化学反应器，将输入的分子转化为目标产物。游戏的核心机制是通过连接各种管道和反应单元，来实现分子的传输和转化。

2012年的《桥梁建筑师》（*Bridge Constructor*）系列中，玩家需要利用各种建筑材料，如钢材、木材、索道等，来建造能够承受一定重量的桥梁。游戏的物理引擎会模拟桥梁的受力情况，玩家需要合理设计桥梁的结构，才能使其不至于坍塌。

2015年的《迷你地铁》（*Mini Metro*）是一款模拟地铁线路规划的游戏。玩家需要连接不同的站点，构建高效的地铁网络，以满足不断增长的乘客需求。游戏的挑战在于如何利用有限的资源，合理规划线路，避免站点拥堵。虽然游戏没有明确的“结束”状态，但线路规划中的“连接”是核心要素。

2016年的《见证者》（*The Witness*）中，玩家要把特定符号或图案连接起来的一笔画玩法也是连接游戏机制的一种表现形式。

16. 对齐（Positioning）

对齐游戏机制是将一个或多个游戏元素（例如物体、图案、符号等）移动、旋转或调整到特定的位置、方向或状态，以达成特定目标或触发特定事件的游戏机制。

对齐游戏机制的核心在于“位置”与“匹配”：玩家需要通过观察和操作，使游戏元素在空间上与预设的目标位置或状态相契合，从而形成一种视觉上或逻辑上的对齐关系。对齐游戏机制广泛应用于解谜类游戏、益智类游戏，也常见于一些动作游戏、冒险游戏中的机关或谜题设计，通过创造一种空间上的挑战和视觉上的满足感，为玩家带来独特的解谜乐趣和成就感。

表现形式

玩家需要对齐的对象可以是现实中的物体，也可以是抽象的图案或符号；可以是二维图形，也可以是三维模型；可以是静态元素，也可以是动态元素。在拼图游戏中，玩家需要将散乱的拼图碎片拼接成完整的图案；在以机关谜题为主的游戏中，玩家需要将多个机关部件对齐到正确的位置才能触发机关；在符号解谜游戏中，玩家需要将特定的符号或图案对齐到正确的位置才能解开谜题。

玩家可以通过拖拽、旋转、缩放、翻转等多种操作来对齐游戏元素，在一些游戏中还引入了重力、磁力等物理效果，使对齐过程更具挑战性和趣味性，并且对齐还需要考虑多个元素之间的关系，如对称性、互补性等。玩家可以通过旋转整个画面来改变重力的方向，从而使游戏元素对齐到特定的位置，比如2013年的《桥》（*The Bridge*）。

在一些游戏中，成功对齐可以解锁新的区域、触发剧情事件或获得奖励。在另一些游戏中，对齐本身就是解谜的核心，玩家需要通过对齐特定的元素来发现隐藏的线索或规律。例如，在2014年的《纪念碑谷》（*Monument Valley*）中，玩家需要通过旋转和移动场景中的机关，将看似不可能连接的路径对齐，从而使主角能够到达目的地。对齐还可以与视觉错觉相结合，玩家需要从特定的角度观察才能发现对齐的关系。比如2020年的《笼中窥梦》（*Moncage*），玩家需要旋转一个立方体，并将不同面上的场景元素对齐，从而触发事件或解开谜题。

案例

1989年的《俄罗斯方块》（*Tetris*）是对齐游戏机制的经典应用之一，玩家需要通过旋转和移动不同形状的方块，将它们严丝合缝地对齐并消除，以获得分数并避免方块堆积到顶部。这种简单而富有挑战性的玩法，使得《俄罗斯方块》成为电子游戏历史上最受欢迎的游戏之一。

2013年的《桥》（*The Bridge*）受到荷兰艺术家莫里茨・科内利斯・埃舍尔（Maurits Cornelis Escher）的启发，将对齐游戏机制与黑白艺术风格和超现实主义的关卡设计相结合。游戏的核心机制是玩家可以通过旋转整个画面来改变重力的方向，从而使主角能够在墙壁、天花板等各种表面上行走。玩家需要利用这种机制将主角移动到特定的位置，或将游戏元素对齐到特定的位置，从而解开谜题。例如，玩家可以将画面旋转90°，使原本垂直的墙壁变成水平的地面，从而让主角能够走到原本无法到达的地方。

2014年的《纪念碑谷》（*Monument Valley*）系列将对齐游戏机制与视觉错觉相结合，创造了一种独特的解谜体验。游戏中的关卡大量运用了不可能的图形和空间错位，玩家需要通过旋转和移动场景中的机关，将看似不可能连接的路径对齐，从而使主角能够到达目的地。例如，玩家可以通过旋转一个看似断开的阶梯，使其在视觉上与其他部分连接起来，从而形成一条完整的通路。

2016年的《见证者》（*The Witness*）将对齐游戏机制与开放世界探索相结合。游戏的核心玩法是“一笔画”谜题，玩家需要通过一笔画的方式将线条对齐到特定的路径上，并遵循一定的规则。这些谜题分布在游戏世界的各个角落，玩家需要通过探索和观察来发现它们，并利用环境中的线索来解开谜题。

2020年的《笼中窥梦》（*Moncage*）将场景分布在一个立方体的各个面上，玩家需要通过旋转立方体，来观察不同侧面的场景，并找到可以拼接的元素，对齐机制与旋转的立方体相结合，创造了一种新颖的解谜体验。玩家可以将一个面上的半截桥梁与另一个面上的半截桥梁对齐，从而形成一座完整的桥梁；或者将一个面上的齿轮与另一个面上的齿轮啮合，从而启动机关。

17.统治（King of the Hill）

统治即“占山为王”，通过设立明确的地理目标和控制权争夺，为游戏带来了激烈的对抗性和持久的目标感。它指的是在游戏过程中，存在一个或多个具有特殊意义的区域或地点（即“山头”），玩家或队伍需要通过战斗、占领、防守或其他方式来争夺这些区域的控制权，并在满足特定条件，如控制所有目标点、在目标点坚守一定的时间、在目标点积累足够的分数等后，触发游戏结束机制，控制者或控制时长/分数达标者即宣告胜利。

该机制的核心在于“争夺”与“据守”：游戏通过设定具有战略价值的区域，促使玩家围绕这些区域展开激烈的对抗，而成功占领并守住这些区域，则成为通往胜利的关键。“占山为王”机制常见于多人在线战术竞技游戏（MOBA）、第一人称射击游戏（FPS）、即时战略游戏（RTS）等类型的游戏中，它通过构建一种“据点争夺”的模式，提升了游戏的竞技性、策略深度和团队协作的重要性。

表现形式

目标区域的设定可以是地图上的一个固定点，如旗帜、基地、资源点等；也可以是一个具有一定范围的区域，如山头、建筑物、战略要地等；还可以是某种可移动的目标，如运载工具、特殊物品等。在以《守望先锋》（*Overwatch*）为代表的团队射击游戏中，目标区域通常被设定为地图上的特定地点，并以醒目的标志进行标记。

控制权的争夺方式决定了玩家获取目标区域控制权的具体方式，在以《使命召唤》（*Call of Duty*）系列为代表的第一人称射击游戏中，玩家通常需要进入目标区域并消灭区域内的所有敌人，或者在区域内停留一定的时间来占领该区域。如《战地》系列需要玩家在目标区域内保持比敌方更多的兵力才能逐渐获得控制权。

驱动玩家争夺目标区域的关键是如何设计好控制收益。控制目标区域可以为玩家带来各种形式的奖励，例如持续的资源收入、分数增长、战略优势（如更开阔的视野、更安全的重生点等）、特殊能力或单位的使用权等。在网络游戏《传奇2》（*The Legend of Mir 2*）中，“沙巴克”可以被玩家所属的行会通过城战，争夺沙巴克城的控制权，成功占领后可获得丰厚奖励和全服荣耀。

在《战地》（*Battlefield*）系列的“征服”模式中，占领更多控制点的一方会持续获得分数，当一方分数达到预设值或游戏时间耗尽时，游戏结束，分数高的一方获胜，与游戏进程高度关联。也有游戏将本机制与其他游戏机制相结合，如与“淘汰”机制结合，即只有占领了特定区域才能复活队友，或者与“建造”机制结合，即只有占领了特定区域才能建造特定的建筑。

案例

2002年的《战地1942》（*Battlefield 1942*）引入了“征服”模式，成为“占山为王”机制的经典案例。在游戏中，双方玩家需要争夺地图上的多个控制点，占领控制点可以为团队带来分数，并作为己方玩家的重生点。率先达到指定分数或在时间耗尽时分数更高的一方获胜。

在2008年的《战争机器2》（*Gears of War 2*）及其后续作品中，开创了“持久战（Horde Mode）”，要求最多5人玩家团队在一个固定的防御阵地内，合作抵御一拨又一拨数量和强度都逐渐递增的兽族敌人。

自2011年起，在《兽人必须死！》（*Orcs Must Die!*）系列中，玩家扮演战斗法师或英雄，需要在敌人一拨又一拨的进攻中，通过策略性地布置陷阱和亲自上阵战斗，阻止它们到达并进入地图另一端的“裂隙（Rift）”。玩家必须“据守”所有通往裂隙的路径，保护裂隙这个最终的“山头”不被突破。

在2012年的《英雄联盟》（*League of Legends*）和2013年的*DOTA 2*等MOBA游戏中，除了摧毁敌方基地这一主要目标，地图上的中立资源点（如巨龙、峡谷先锋、纳什男爵/肉山）的控制权也成为双方争夺的焦点，成功控制这些区域可以为团队带来显著的优势。

在2015年的《彩虹六号：围攻》（*Rainbow Six: Siege*）中，进攻方通常需要占领特定的区域或解救人质，而防守方则需要阻止进攻方的行动。这种设计使得游戏充满了战术性和对抗性。

2016年的《守望先锋》（*Overwatch*）中的“控制区”模式，要求玩家占领并守住地图上的特定区域。这些区域通常位于地图的中央或关键位置，成为双方玩家激烈争夺的焦点。

18.状态评估（State Evaluation）

在游戏过程中，当到达特定的时间节点、触发特定的事件或满足特定的条件后，游戏系统会对玩家（或多个玩家、阵营等）在游戏中的表现、状态或所达成的成果，按照预设的规则和指标进行评估和判定，并根据评估的结果，来决定游戏的胜负、进程的走向（如是否继续游戏、进入下一阶段等）、奖励的发放或其他形式的反馈。

状态评估游戏机制的核心在于“量化”与“裁决”：游戏通过设定一系列可量化的指标来衡量玩家的表现，并在特定时刻对这些指标进行评估，而评估的结果则直接决定了游戏的结局或后续的发展。这种机制常见于模拟经营游戏、策略游戏、角色扮演游戏乃至一些休闲游戏中，它通常为玩家提供阶段性的目标和反馈。

表现形式

评估时机有以下几种类型。

周期性：例如，每隔一段时间、每个回合结束、每个季度结算等。

触发式：例如，当玩家完成特定的任务、达成特定条件或触发特定的剧情时。

主动式：例如，玩家可以选择随时进行自我评估或提交阶段性成果。

游戏会根据自身的类型、玩法和目标，设定一系列能够反映玩家表现的量化指标。常见的有明确的计分板、排行榜、等级评定（如S/A/B/C级），或者更具沉浸感的叙事性反馈（如NPC的赞扬或批评、剧情过场的不同演绎）。评估结果往往直接导向实际的游戏影响：决定胜负（如多人竞技中得分高者胜）、发放奖励（金钱、经验、稀有物品、解锁新技能或内容）、施加惩罚（扣除资源、能力下降、任务失败），或推动游戏进入新的阶段、解锁新的挑战。

在以《奇迹暖暖》（*Miracle Nikki*）为代表的装扮游戏中，系统会根据玩家为角色搭配的服装，

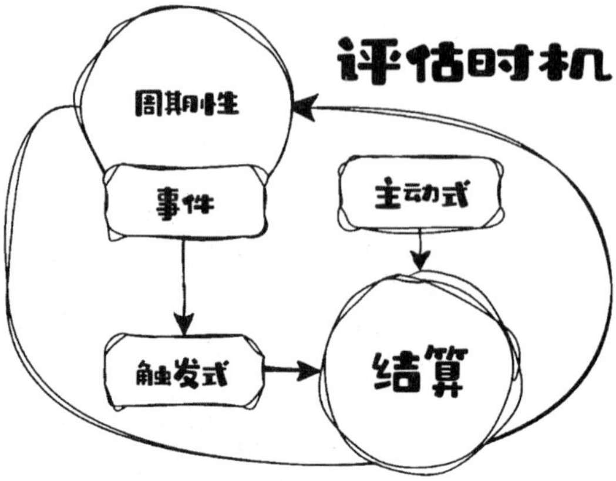

在多个维度（例如华丽、简约、活泼、成熟等）上进行评分，并根据综合得分来决定胜负。

评估的结果可以直接决定游戏的胜负，在一些竞技类游戏中，系统会根据玩家的得分或排名来决定胜负；也可以影响游戏的后续发展，如在一些模拟经营游戏中，评估的结果会影响公司的声誉、融资能力或可解锁的新内容；还可以为玩家提供奖励或惩罚，如根据评估的结果给予玩家金钱、经验值、道具等奖励，或者对玩家施加某种限制。

案例

1991年的《文明》（*Civilization*）系列中，游戏会在特定年份或达成特定条件时对各个文明的发展状况进行评估，并给出排名。虽然这不直接导致游戏结束，但影响着玩家之间的竞争态势。

1999年的《过山车大亨》（*RollerCoaster Tycoon*）中，玩家建造的游乐园会定期接受评估，评估指标包括游客数量、满意度、盈利能力等。这些评估结果会影响游乐园的声誉和进一步发展的潜力。

2005年的《偶像大师》（*THE IDOLM@STER*）中，玩家作为制作人需要培养偶像，并定期参加各种演出和比赛。这些演出和比赛的结果会根据偶像的能力和玩家的表现进行评估，并影响偶像的人气和职业生涯。

2011年的《足球经理》（*Football Manager*）系列中，玩家作为足球俱乐部的经理，需要管理球队的训练、比赛、转会等事务。董事会和球迷会对玩家的表现进行评估，评估结果会影响玩家的帅位是否稳固。

2015年的《喷射战士》（*Splatoon*）中，比赛结束时，系统会根据双方队伍涂抹的地面面积进行评估，并判定胜负。

2016年的《女神异闻录5》（*Persona 5*）中，玩家扮演的主角需要在有限的时间内提升自己的各项能力，并与各种角色建立关系。游戏会在特定的时间点对玩家的行动进行评估，并根据评估结果来推进剧情。

19. 永久死亡（Permadeath）

永久死亡游戏机制是指在游戏过程中，玩家操控的角色一旦死亡，则该角色的游戏进度将被完全清除，玩家必须从头开始游戏，或者使用一个全新的角色继续游戏，而无法通过读档、复活等方式恢复到死亡前的状态。

永久死亡游戏机制的核心在于“不可逆”与“高风险”：玩家的每一次行动都具有生死攸关的意义，任何失误都可能导致之前的所有努力付诸东流，而这种高风险的设计，迫使玩家更加谨慎地对待每一次选择和行动。常见于Roguelike类游戏、生存游戏和一些硬核的角色扮演游戏中，通过模拟现实世界中生命的脆弱和死亡的不可逆，为玩家带来了独特的挫败感、紧张感和成就感。

表现形式

从死亡的触发条件来说，可以是玩家角色的生命值归零，例如，在大多数动作游戏中，当玩家角色受到过多伤害时就会死亡；也可以是任务失败，例如，在一些潜行游戏中，如果玩家被敌人发现，可能会导致任务失败并触发永久死亡；还可以是资源耗尽，例如，在一些生存游戏中，如果玩家的食物、水或氧气耗尽，可能会导致角色死亡。

在永久死亡游戏机制下，死亡后的处理方式在各种游戏中不尽相同。一些游戏在角色死亡后会完全重置游戏进度，玩家需要从头开始游戏；还有一些游戏允许玩家创建新的角色来继承部分遗产，如将部分物品或属性转移给新的角色。例如，在1980年的*Rogue*中，玩家角色死亡后，游戏进度将被完全清除，玩家需要重新开始游戏。早期游戏设计都遵循“不可逆”的失败后果，使得每一次失误的代价都极为高昂，非常接近“一命通关”的挑战体验。

游戏都可以重玩，但并非没有只玩一次的电子游戏。2010年的《只有一次机会》（*One Chance*）则将永久死亡机制与叙事和玩家选择进行了捆绑，玩家扮演的科学家只有六天时间来面对自己创造的世界末日。玩家在这六天内做出的每一个选择，都将导向一个唯一的、不可逆转的结局。无论玩家如何刷新页面或重启游戏，都无法重新开始，只能永远面对自己那“一次机会”所造就的结果。

相比之下，在Roguelike类游戏中，永久死亡通常与随机生成的地牢、回合制战斗和丰富的道具系统相结合，为玩家带来高度的挑战性和重玩价值。例如，2018年融合了Roguelike元素的卡牌游戏《杀戮尖塔》(*Slay the Spire*)，每次挑战一旦玩家死亡，所有的卡牌、遗物全部归零，游戏玩家不得不从头开始选择角色开始游戏，而新的关卡路线和之前完全不一样。

案例

1980年的*Rogue*是永久死亡游戏机制的开创者。在游戏中，玩家扮演一名冒险者，在随机生成的地牢中探索、战斗和收集宝藏。玩家角色一旦死亡，游戏进度将被完全清除，玩家需要重新开始游戏。这种设计极大地提升了游戏的挑战性和重玩价值，也成为Roguelike类游戏的标志性特征。

1985年的《魔界村》(*Ghosts 'n Goblins*)以极高的难度和严苛的死亡惩罚著称。玩家操控的主角亚瑟只有非常有限的生命次数，且在大多数版本中，生命耗尽后通常需要从关卡起点甚至整个游戏的较早阶段重新开始。

2011年的《以撒的结合》(*The Binding of Isaac*)采用了核心的永久死亡游戏机制。玩家在随机生成的多层地牢中探索，每次游戏开始都操控一个初始状态的角色。一旦角色死亡，该次“一轮游戏(run)”便彻底结束，所有在当轮游戏中获得的道具、饰品和能力提升都会消失。

在2012年的《FTL：超越光速》(*FTL: Faster Than Light*)中，玩家指挥一艘星际联邦的飞船执行关键任务。在这款Roguelike策略游戏中，如果玩家的飞船在战斗中被摧毁，则本次航行(即一局游戏)宣告彻底失败，所有船员、飞船系统升级、武器装备和航行进度都会丢失。玩家只能选择一艘新的(或已解锁的)飞船，从头开始一次全新的宇宙冒险。

在2012年的《XCOM：未知敌人》(*XCOM: Enemy Unknown*)中，玩家指挥的士兵如果在战斗中阵亡，则会永久死亡，无法复活。这种设计使得玩家需要更加谨慎地制定战术，并珍惜每一个士兵的生命。

2015年的《火焰之纹章：命运》(*Fire Emblem Fates*)在经典模式下，角色一旦在战斗中被击败，就会永久死亡，无法复活，这个设定是该系列长久以来的特色。这种设计增加了游戏的策略性和情感投入，玩家需要谨慎地指挥每一个单位，避免其阵亡。

在2018年的《陷阵之志》(*Into the Breach*)中，玩家的机师如果在战斗中阵亡，则会永久死亡，虽然玩家可以通过时间回溯来避免机师死亡，但这通常需要付出一定的代价。

第六章 关卡（Levels）

此类游戏机制统筹游戏的路径探索、空间布局、环境变化与难度层级，为玩家提供探索与挑战的场域。它决定了在何种顺序与结构下开启新区域，以及如何设定地形、障碍或道具分布。此类游戏机制通常通过逐渐提升的难度或多样情境维持玩家的兴趣，箱庭中的门、锁、钥匙是典型的关卡类机制。

凡与路径通过、空间规划、层级渐进和环境障碍布置相关的规则，均可纳入关卡游戏机制。它们多强调地图或情境的独特性，通过有序增加难度、主题变化或探索要素，来持续维持玩家的兴趣，良好的关卡游戏机制还会在路径引导与自由探索之间保持平衡。

关卡类游戏机制是容纳性较强的机制类别，同时和游戏主题高度融合，与其他机制相协调，如角色与时间类别的游戏机制。关卡类游戏机制在游戏设计中用于组织、分隔、挑战玩家及推动游戏进程的各种规则和元素，它们直接影响玩家在游戏空间内的体验和互动。

20. 房间（Chambers）

房间游戏机制作为“关卡”类游戏机制的微观体现，是构成游戏空间的基本单元，也是组织游戏进程和构建挑战的核心要素。在电子游戏中，房间通常指的是一个具有相对独立性和封闭性的区域，它通过明确的边界（例如墙壁、门、地形过渡等）与其他区域分隔开来，并在内部承载一系列特定的游戏内容，如战斗、解谜、探索、叙事等。

房间游戏机制的核心在于“分隔”与“承载”：将游戏关卡划分为一个个独立的单元，每个单元都具有自身独特的功能和挑战，同时也为游戏内容的呈现和玩家体验的塑造提供了一个独立的舞台空间。房间游戏机制广泛存在于各类游戏中，特别是动作冒险游戏、角色扮演游戏、解谜游戏等，通过灵活的空间组合和内容配置，为游戏关卡设计带来无限的可能性。

表现形式

房间作为构成游戏空间的基础单元，其规模多变，可大可小，既可呈现为小巧的密室，也可拓展为广阔的区域。房间的实际大小往往由游戏类型、特定关卡的设计意图，以及其承载的游戏内容共同决定。在以解谜为核心的游戏中，房间常被塑造为精致机关的封闭空间；而在角色扮演游戏中，一个“房间”的概念，则可能延展为一个包含多个子区域的复杂迷宫或广阔地下城。

清晰的边界是区分不同房间并引导玩家探索与行动的关键，这些边界既有物理形态，如可见的墙壁、门扉或栅栏，也可能以虚拟形式存在，如无形的空气墙或明确的区域过渡点。游戏中的房间边界并非一成不变的，部分边界是固定且不可逾越的，而另一些游戏则允许玩家通过特定行为，如破坏墙体、开启或关闭门户来主动改变，从而影响空间的可达性。

在游戏设计中，不同的房间承载着不同的功能，竞技场或特定的遭遇战区域主要用于展开战斗，带有叙事推进功能的房间是触发关键剧情的场景或NPC角色所处的特定地点，解谜挑战则会使用机关房间或充满线索的空间。此外，还有提供资源补给或特殊服务的房间，如商店或安全屋。以1996年开始的《生化危机》(*Resident Evil*)系列为例，其中的安全屋就是一个典型，它通常是一个没有敌人威胁、提供物资补给和存档功能的小型房间，为玩家在紧张的游戏进程中提供了一个宝贵的喘息与休整空间。

房间之间的连接方式构成了关卡的整体结构和玩家的探索路径。在某些游戏中，房间采用线性的连接方式，即玩家需要按照一定的顺序逐一通过各个房间，如《杀戮尖塔》(*Slay the Spire*)的每个关卡可视为一个房间。而以2011年《黑暗之魂》(*Dark Souls*)为代表的复杂关卡设计，则更多地采用非线性的连接方式，各个可视为宏观意义上的“房间”的区域，通过复杂通道、隐藏门和捷径相互交织，形成一个庞大的网状或树状关卡结构，玩家拥有高度的探索自由度和路径选择权。

案例

1981年的《德军总部》(*Castle Wolfenstein*)被认为是第一人称射击游戏的鼻祖，它也可以被看作是由一系列房间组成的。每个房间都有门作为出入口，玩家需要在不同的房间中消灭敌人并找到通往下一个区域的钥匙或开关。

1986年的《银河战士》(*Metroid*)是一款经典的动作冒险游戏。游戏世界由多个相互连接的房间组成，每个房间都包含不同的敌人、机关和隐藏的道具。玩家需要在这些房间中探索，并利用获得的新能力来打开新的区域。这种“银河城”式的关卡设计成为后续许多游戏的标杆。

自1996年开始的《生化危机》(*Resident Evil*)系列运用了房间机制来营造恐怖氛围和解谜乐趣。游戏中的洋馆或警察局被划分为一个个独立的房间，每个房间都可能隐藏着敌人、谜题或重要的道具。“安全屋”的设定为玩家提供了一个暂时的庇护所，也成为该系列的一个标志性元素。

1998年的《塞尔达传说：时之笛》(*The Legend of Zelda: Ocarina of Time*)中的迷宫设计也大量使用了房间机制。每个迷宫都由多个房间组成，房间中充满了各种机关、谜题和敌人，玩家需要利用获得的道具和能力来解开谜题，打败敌人，并最终到达迷宫的深处。

2007年的《传送门》(*Portal*)系列将房间机制与传送门机制相结合，创造了一种独特的解谜体验。游戏中的每个关卡都是一个由多个房间组成的测试室，玩家需要利用传送枪在墙壁、地板和天花板上打开传送门，并在不同的房间之间穿梭，从而解开谜题并到达出口。

2011年的《黑暗之魂》(*Dark Souls*)系列以其关卡设计而闻名，地图中充满了各种隐藏的区域和秘密，鼓励玩家反复探索。游戏中的每个区域都由多个房间或空间组成，这些房间或空间通过复杂的通道、隐藏的门或捷径相互连接。

2017年的《塞尔达传说：荒野之息》(*The Legend of Zelda: Breath of the Wild*)虽然是一款开放世界游戏，但也运用了房间机制来设计迷宫和神庙。游戏中的神庙可以看作是一个个独立的房间，每个神庙都有独特的谜题和挑战，玩家需要利用林克的各种能力来解开谜题并通过神庙。

21.门、锁、钥匙（Gating）

门、锁、钥匙机制是构建游戏进程、驱动玩家探索，并设置挑战与解谜元素的常用设计手段。它指的是在游戏关卡中，设置具有特定开启条件的“门”，作为连接或分隔不同区域的通道，同时将开启这些门的“钥匙”隐藏或放置在游戏世界的某个角落，需要玩家通过探索、解谜或完成特定任务才能获得，而“锁”则作为“门”与“钥匙”之间的关联，明确告知玩家需要寻找对应的“钥匙”来解除“门”的封锁状态。

门、锁、钥匙游戏机制的核心在于“阻隔”与“启封”：游戏设计者通过“门”来阻碍玩家自由行动，触发玩家探索的欲望；通过“锁”来提示玩家需要寻找特定的“钥匙”，并通过“钥匙”的获取过程来设计谜题、战斗或其他挑战，从而推动游戏进程。这种机制广泛应用于冒险游戏、解谜游戏、角色扮演游戏中，它通过构建一种“发现—获取—解锁”的循环，有效提升了游戏的探索乐趣和目标感。

表现形式

“门”的表现形式多种多样，可以是现实中的门、窗、入口，也可以是抽象的能量屏障、传送门、结界等。一些“门”具有明显的视觉特征，例如上锁的门、需要特定道具才能打开的机关门等；另一些“门”则可能隐藏在环境之中，如需要特定操作才能显现的隐藏门、需要满足特定条件才能通过的区域等。

“锁”的存在通常是为了告知玩家当前无法直接通过“门”，需要寻找对应的“钥匙”来解锁，因此提示方式是引导玩家的关键。提示可以是直观的视觉表现，如门上的锁孔、门边的机关装置等，也可以是间接的提示信息，如NPC的对话、场景中的文字记录等，甚至可以是某种游戏玩法，如需要按照一定顺序点亮符文的魔法封印。

“钥匙”可以是具体的物品，例如钥匙、卡片、徽章等，玩家需要在游戏世界中寻找或通过击败敌人、完成任务来获得。“钥匙”也可以是一种抽象的概念，如某种能力、信息、密码等，玩家需要通过解谜、探索或与NPC互动来获得这些关键信息或能力。例如，在1998年的《塞尔达传说：时之笛》（*The Legend of Zelda: Ocarina of Time*）中，玩家需要在一个迷宫中找到小钥匙来打开上锁的门，并最终找到Boss房间的钥匙来挑战Boss。

三者之间的关联逻辑是构建谜题和挑战的基础，除了采用简单的“一一对应”关系，即一把钥匙只能打开一扇门，还可以采用更复杂的“多对多”关系，例如一把钥匙可以打开多扇门，或者需要多把钥匙打开一扇门。在《银河战士》（*Metroid*）中，主角萨姆斯·阿兰可以通过获取新的能力，来打开之前无法通过的门或障碍。例如，获得“导弹”能力后，可以摧毁某些特定的墙壁，这里的墙壁相当于“锁”，摧毁墙壁的能力是通用的“钥匙”。

案例

1986年的《塞尔达传说》（*The Legend of Zelda*）系列是门锁钥匙机制的集大成者。在游戏的迷宫中，充满了各种上锁的门，玩家需要通过探索、解谜、击败敌人等方式来获取钥匙，这样才能打开这些门并继续前进。游戏中的“钥匙”形式多样，既有传统的小钥匙，也有Boss房间的大钥匙，还有一些特殊的能力或道具，例如，炸弹可以炸开隐藏的入口，钩爪可以帮助玩家越过障碍等。

自1996年开始的《生化危机》（*Resident Evil*）系列中的谜题设计将钥匙的获取与环境探索和剧情推进相结合，玩家需要在复杂的环境中寻找各种钥匙或道具来打开上锁的门。这些钥匙可能是普通的钥匙，也可能是特殊的卡片、徽章等。

1998年的《合金装备》（*Metal Gear Solid*）将潜行和解谜元素融合在一起，玩家需要通过各种方式获取敌人的身份卡，以此打开特定的门禁。

2000年的《杀出重围》（*Deus Ex*）中，玩家可以通过多种方式来打开门锁，例如使用开锁器、寻找密码、黑客入侵等。这种设计体现了游戏的高自由度和角色扮演的特点。

2007年的《传送门》（*Portal*）系列中，传送门本身就可以被视为一种特殊的“门”，而传送枪则是打开这些“门”的“钥匙”。玩家需要利用传送枪在不同的空间之间建立连接，从而到达原本无法到达的区域或触发机关。

2013年的《路易吉洋馆2》（*Luigi's Mansion: Dark Moon*）将角色的能力和解谜元素结合在一起，路易吉可以使用吸尘器来吸取钥匙或其他关键道具，随着房间和楼层的推进，获得更多能力和道具以开启更多的门锁。

2017年的《塞尔达传说：旷野之息》（*The Legend of Zelda: Breath of the Wild*）中，虽然开放世界的引入使得“门”的概念变得更加模糊，但游戏中的神庙和一些迷宫仍然运用了门、锁、钥匙的游戏机制。例如，玩家需要利用希卡之石的磁力、时间停止等能力来解开机关，打开通往新区域的门。

22. 迷雾（Fog of War）

迷雾游戏机制将“信息不对称”作为核心，在游戏关卡中通过视觉遮蔽来限制玩家的视野范围，以此构建探索的驱动力、策略的深度，以及特定情境下的紧张感。它指的是在游戏关卡中，系统通过运用战争迷雾、动态阴影、环境遮蔽（如浓雾、黑暗）等手段，隐藏部分游戏区域、单位、资源或其他关键信息，玩家必须通过主动探索或特定行动才能逐步揭开这些被遮蔽的内容。

迷雾游戏机制的核心在于“遮蔽”与“显现”：游戏通过限制玩家对关卡信息的即时获取，来鼓励探索、营造悬念，并在多人对抗中形成重要的战略层面；而玩家通过派遣单位、点亮区域或利用特定技能来驱散迷雾、获取视野的过程，本身就构成了游戏体验的重要组成部分。这种机制广泛应用于即时战略游戏、冒险游戏、角色扮演游戏及许多竞技类游戏中，它通过控制信息的流向与可见性，提升了探索游戏的乐趣、策略博弈的复杂性。

表现形式

迷雾游戏机制在游戏中主要体现在迷雾的类型与视觉呈现、迷雾的清除与再生机制、迷雾对游戏元素的影响，以及迷雾与核心玩法的深度融合等方面。

在即时战略游戏中，以《星际争霸》（*StarCraft*）为代表，经典的“战争迷雾”系统将地图划分为已探索可见区、已探索但当前无视野的阴影区和完全未探索的黑暗区，玩家单位的移动是驱散迷雾的主要手段。而在冒险解谜游戏中，如《寂静岭》（*Silent Hill*）系列，浓雾或黑暗则更多地作为营造氛围、限制可见距离、隐藏环境信息和潜在威胁的手段，玩家需要依靠手电筒等有限光源进行探索。

迷雾的动态性决定了信息获取的持续交互行为，在《魔兽争霸Ⅲ》（*Warcraft Ⅲ*）中，不仅存在需要探索的战争迷雾，即使是已探索区域，若无友方单位或建筑提供视野，也会被战场阴影覆盖，无法观察到敌方单位的实时动态。许多Roguelike游戏，如《以撒的结合》（*The Binding of*

Isaac），其迷雾与房间探索紧密关联，每进入一个新房间就会揭示其内部布局和敌人配置，保持了探索的未知性。某些游戏还设计了可被玩家主动利用的迷雾，如《刺客信条》（*Assassin's Creed*）系列中的烟雾弹，可以暂时制造小范围的迷雾来干扰敌人的视线，辅助潜行或逃脱。

在信息获取与对抗层面，迷雾直接影响玩家的决策，在多人在线战术竞技游戏（MOBA）如《英雄联盟》（*League of Legends*）和*DOTA 2*中，战争迷雾是核心战略元素，双方队伍需要通过布置视野道具（如侦察守卫）、利用英雄技能侦察，以及预判敌方在迷雾中的动向来进行Gank（游走偷袭）和反Gank。视野的控制与反控制构成了游戏博弈的重要一环。

迷雾机制通常不是主要的核心机制，其与核心玩法的融合程度决定了其机制深度。例如，在《幽浮：未知敌人》（*XCOM: Enemy Unknown*）中，战场迷雾不仅隐藏了外星人的位置，还影响了射击的命中率，迫使玩家谨慎推进，步步为营。在《神偷》（*Thief*）系列中，阴影（一种形式的迷雾）是主角潜行的重要保障，玩家需要利用环境中的暗处来躲避守卫的侦察。

案例

1987年的《迷宫骇客》（*Nethack*）是最早使用迷雾机制的游戏之一，玩家只能看到角色周围有限的区域，迷雾之外的区域都是未知的。

1992年的《沙丘Ⅱ》（*Dune Ⅱ*）将战争迷雾概念引入了即时战略游戏，这一设计使得侦察和信息获取成为游戏的重要组成部分。在游戏的初始状态下，整个地图都被战争迷雾覆盖，玩家只能看到自己单位和建筑周围的一小块区域。随着玩家派遣单位进行探索，战争迷雾会逐渐消散，显露出地形、资源和敌人的信息。

1998年的《星际争霸》（*StarCraft*）进一步完善了战争迷雾机制，并将其与不同的单位视野相结合，使得游戏的战术深度大大提升，玩家需要根据不同单位的特点来制定侦察和进攻策略。例如，一些单位拥有较大的视野范围，可以更有效地驱散战争迷雾，而另一些单位则拥有隐形能力，可以在战争迷雾中隐藏自己的行踪。

2003年的《魔兽争霸Ⅲ：冰封王座》（*Warcraft Ⅲ: The Frozen Throne*）则在战争迷雾的基础上引入了“阴影”的概念，即使是已经被探索过的区域，如果没有玩家单位或建筑提供视野，也会被阴影笼罩。这种设计使得玩家需要更加注重视野的控制，并催生了许多与视野相关的战术，例如利用阴影进行伏击或偷袭。

在《文明》（*Civilization*）系列中，战争迷雾隐藏了未探索区域的地形、资源和敌对势力，玩家需要派遣单位进行探索才能获取信息。

在多人在线战术竞技游戏（MOBA）中，如2009年的《英雄联盟》（*League of Legends*）和2013年的*DOTA 2*，迷雾游戏机制也扮演着重要的角色。在游戏中，只有己方单位、建筑和侦察守卫（俗称“眼”）周围的一小块区域是可见的，其他区域都被战争迷雾所笼罩，玩家需要通过插眼、排眼和游走来控制视野，获取敌方信息，并制定相应的战术。

23. 传送门（Portals）

传送门游戏机制是指在游戏关卡中，存在着一种特殊的、能够将游戏元素（包括玩家角色、NPC、物体甚至是游戏机制本身）从一个位置瞬间转移到另一个位置的通道或装置，为游戏空间的构建和玩家的行动方式带来革命性的变化。

传送门游戏机制的核心在于“跨越”与“连接”：它打破了传统游戏空间中的线性移动规则，允许游戏元素在不同的地点之间进行非连续性的跃迁，从而创造出独特的关卡结构、解谜挑战和战斗策略。

表现形式

传送门游戏机制在游戏中主要体现在传送门的外观和触发方式、传送规则的设计、传送对象的类型，以及传送门与其他游戏机制的结合等方面。

传送门可以是具象的门、洞穴、魔法阵等，也可以是抽象的光束、能量场等。一些传送门需要玩家主动触发，如按下按钮、使用特定道具或技能等；另一些传送门则是被动触发的，例如，当玩家角色或特定物体进入传送门的作用范围时，就会自动被传送。例如，在《暗黑破坏神》（*Diablo*）系列中，回程卷轴会创造一个回到营地的传送门魔法实体，玩家点击传送门，就可以在战斗区返回营地，在该游戏中也存在传送阵，用于传送到游戏世界中其他传送阵的位置。

一些游戏中的传送门是单向的，即只能从入口传送到出口；另一些游戏中的传送门则是双向的，既可以从入口传送到出口，也可以从出口传送回入口。传送门的连接方式可以是固定的，如一个传送门总是连接到另一个固定的传送门，也可以是动态的，如玩家可以自由地创建和改变传送门的连接关系。例如，在《传送门》（*Portal*）中，玩家可以自由地在墙壁、地板和天花板上创建传送门，并通过改变传送门的位置来解决谜题。

除了传送玩家角色，许多游戏还允许传送门传送其他游戏元素，如敌人、NPC、物体甚至是光线、能量等。这种设计为游戏的解谜和战斗带来了更多的可能性。例如，在2011年的《传送门2》(*Portal 2*)中，玩家可以利用传送门来传送激光、炮塔甚至是自己发射的抛射物。

解谜类游戏利用传送的特性，构建复杂的空间谜题。同样，在探索游戏中，传送门可以用于连接不同的区域或发现隐藏的地点，如《我的世界》(*Minecraft*)中的下界传送门。在战斗游戏中，传送门可以用于快速移动、伏击敌人或躲避攻击。例如，《守望先锋》(*Overwatch*)中的秩序之光，能够创建一个连接两个位置的传送面板；《雷神之锤Ⅲ竞技场》(*Quake III Arena*)及其后续作品（如《*Quake Champions*》）中，传送门通常为发光的圆形平台或拱门，玩家踏入后会被立即传送到地图上的另一个固定点。

案例

1980年的《吃豆人》(*Pac-Man*)的关卡中，两侧的通道可以被看作是一种原始的传送门，允许吃豆人和幽灵从一边穿梭到另一边。

1986年的《银河战士》(*Metroid*)中，不同区域之间通过特定房间中的门进行连接，这些门在某种意义上可以看作是固定的传送点，连接不同的游戏区域。

1996年的《毁灭公爵3D》(*Duke Nukem 3D*)中出现了可供玩家使用的传送装置，允许玩家在关卡的不同地点之间快速移动。

1999年的《雷神之锤Ⅲ竞技场》(*Quake III Arena*)的多人对战地图中，传送门是至关重要的战术元素，它们允许玩家在地图上的不同战略点之间快速移动，进行突袭、逃跑或快速支援。

2007年的《传送门》(*Portal*)的关卡设计利用了传送门的特性，创造出了许多令人拍案叫绝的谜题。游戏的核心玩法是利用一把可以创建传送门的“传送枪”，在墙壁、地板和天花板上打开入口和出口，并通过这两个传送门来实现各种目标。传送门可以用来解决谜题、躲避敌人、到达原本无法到达的区域等。

2011年的《传送门2》(*Portal 2*)进一步拓展了传送门机制的应用，游戏引入了更多类型的传送对象，如激光、炮塔、光桥等，玩家可以利用传送门来引导这些元素，创造出更复杂的解谜方案。游戏还引入了双人合作模式，两名玩家需要分别控制一个角色，并利用各自的传送枪来协作解谜。

2017 年的《掠食》(*Prey*)游戏的后期，玩家可以通过安装“灵能冲击波”技能，学习外星生物的能力，利用这种能力，可以创造出连接不同地点的传送门，用于快速移动或躲避敌人。

24. 多维度（Multi-dimensional）

多维度游戏机制设计指的是在游戏关卡中，玩家可以在多个不同的维度或视角之间切换，或者游戏世界本身是由多个维度交织构成的，从而改变玩家对游戏空间的感知、影响角色的行动方式，并创造出不同于常规感官的谜题和探索体验，为游戏世界的空间结构和玩家的交互方式带来革命性的突破。

多维度游戏机制的核心是玩家通过主动或被动的方式，在不同的维度或视角之间切换，以全新的视角观察和理解游戏世界。游戏世界本身也可能由多个维度构成，不同维度之间相互影响、相互作用，构成一个复杂的关卡结构。

表现形式

应用多维度游戏机制的游戏允许玩家主动控制维度的切换。例如，玩家通过按下特定按钮或使用特定道具来改变角色的维度或视角。此外，维度切换也可能是被动触发的。例如，当玩家进入特定区域或触发特定事件时，游戏会自动切换维度或视角。例如，在2021年的《艾玛和泰迪熊：影子历险记》（*Tandem: A Tale of Shadows*）中，玩家可以交替控制小女孩艾玛和泰迪熊芬顿，在2D和3D视角之间切换来解开谜题。在2021年的《图迪和托蒂》（*Toodee and Topdee*）中，玩家可以随时切换游戏视角，将关卡从2D平台跳跃模式转变为俯视角的推箱子模式。

不同的维度或视角通常具有不同的规则、属性或交互方式，不同的维度可能具有不同的物理规则，不同的视角可能会影响玩家的视野范围或可互动的对象。例如，在2012年的《菲斯》（*Fez*）中，玩家可以通过旋转视角来改变关卡的空间结构，原本在2D视角下无法通过的区域，在旋转视角后可能会出现新的通路。

一些游戏允许不同维度的空间相互影响，如在一个维度中进行的操作可能会改变另一个维度的状态或布局；另一些游戏则将不同维度作为独立的解谜元素，玩家需要在不同的维度之间切换，并利用各个维度的特性来解决谜题。例如，在2013年的《对照物》(*Contrast*)中，玩家需要利用光影的变化来改变影子的形态，从而创造出新的平台或通路。

在解谜游戏中，多维度游戏机制可以创造出更复杂、更具挑战性的空间谜题；在动作游戏中，多维度机制可以丰富玩家的战斗策略和移动方式；在冒险游戏中，多维度游戏机制可以增强游戏的探索感和沉浸感。

案例

2012年的《菲斯》(*Fez*)是一款经典的独立游戏，它运用了摄像机视角的切换来创造出独特的游戏体验。游戏的世界看似是一个2D像素世界，但实际上是一个3D世界。玩家可以通过按下按钮来旋转视角，每次旋转90°，从而改变关卡的空间结构。

2013年的《塞尔达传说：众神的三角力量2》(*The Legend of Zelda: A Link Between Worlds*)游戏中，主角林克可以在墙壁上变成壁画，并在壁画的状态下进行移动。这种设计不仅为游戏带来了新的解谜方法，也为玩家提供了探索游戏世界的新方式。游戏的世界地图分为光明世界和黑暗世界，这两个世界在地形上是相似的，但又存在一些差异。玩家需要在两个世界之间穿梭，利用不同世界的特性来解开谜题或到达原本无法到达的区域。

2013年的《对照物》(*Contrast*)利用光影变化来创造独特的解谜体验。玩家可以在3D现实世界和2D影子世界之间切换，通过调整现实世界中物体的位置和光源的方向，来改变影子世界中的地形和通路，从而解开谜题。

2017年的《超级马力欧：奥德赛》(*Super Mario Odyssey*)的一些关卡中，马力欧可以进入墙壁成为壁画，变成2D形态进行移动和解谜。

2020年的*5D Chess With Multiverse Time Travel*是一款国际象棋游戏，它引入了时间旅行和多维度的概念。

2021年的《艾玛和泰迪熊：影子历险记》(*Tandem: A Tale of Shadows*)是一款运用多维度游戏机制的解谜游戏。玩家交替控制小女孩艾玛和泰迪熊芬顿，艾玛在一个俯视角的3D世界中行动，可以推拉物体并产生影子；芬顿则在一个横向卷轴的2D影子世界中行动，可以利用影子作为平台。玩家需要在这两个维度之间切换，并利用艾玛的灯光和行动来改变芬顿所处的影子世界的形态，从而解开谜题，共同冒险。

2021年的《图迪和托蒂》(*Toodee and Topdee*)是一款融合了平台跳跃和推箱子玩法的解谜游戏。玩家可以随时在主角图迪和托蒂之间切换。图迪处于一个2D平台跳跃的世界中，可以跳跃和移动；而托蒂则处于一个俯视角的推箱子世界中，可以推动物体。游戏的谜题设计利用了这种维度切换机制，玩家需要在两个维度之间来回切换，并利用两个主角的不同能力来解决谜题。

25.时空切换（Time Shifting）

时空切换游戏机制指的是在游戏过程中，玩家能够在同一个或多个核心地点，于不同时间线、平行世界或不同状态之间进行切换，通过观察和改变不同时间的状态和事件，来推进游戏进程、解开谜题或体验多分支剧情。因其以关卡承载的空间环境为主体的主要特征，将其分在关卡类别中。

时空切换游戏机制的核心在于“穿越”与“影响”：玩家跨越时间或空间的界限，在同一个空间环境的不同时间中探索和互动，并通过在某个时间的行为对其他时空产生影响，从而揭示隐藏的线索、改变角色的命运或推动故事的发展。

时空切换游戏机制与“时点回溯”机制相似，都涉及对时间的操控，但时空切换更强调不同时间线或平行世界的并存与交互，而时点回溯更侧重于回溯和修正单一时间线上的事件。时空切换游戏机制利用有限的空间资源，增强游戏的叙事手段和解谜维度的丰富程度，带来了更具科幻色彩和戏剧张力的游戏体验。

表现形式

时空切换的触发方式可以是玩家主动控制的，如通过使用特定道具、触发特定机关或选择特定选项来切换时空，也可以是被动触发的，如当玩家进入特定区域或满足特定条件时，游戏会自动切换时空。在《时间之谜3：最终谜团》（*Time Mysteries 3: The Final Enigma*）中，玩家需要通过特定的信件来触发时间旅行，在伦敦老宅的过去与现在之间切换。

不同时空之间的差异可以体现在场景的布局、环境的状态、NPC的行为、可用物品的变化等方面，其时空差异表现了时空切换机制的核心魅力。在《沉默年代》（*The Silent Age*）中，同一房间在1972年和未来废墟中呈现出截然不同的景象，玩家需要利用这些差异来解开谜题。

一些游戏允许玩家将在一个时空中获取的物品或信息带到另一个时空中使用，例如，在《塞尔达传说：时之笛》（*The Legend of Zelda: Ocarina of Time*）中，玩家可以用童年时期获得的神奇果实，在成年时用于恢复体力或解开某些机关。另一些游戏则强调玩家在一个时空的行为对另一个时空产生影响，例如，在《时空之轮》（*Chrono Trigger*）中，如果要修复费欧娜的森林，需要玩家在过去打败怪物并让机器人长时间照料。

在众多解谜游戏中，时空切换游戏机制可以创造出更复杂、更具挑战性的谜题，玩家需要在不同的时空中寻找线索、触发机关或改变环境状态。冒险游戏的时空切换可以丰富游戏的探索元素，让玩家在同一个地点发现不同的秘密和故事；角色扮演游戏的时空切换游戏机制用来塑造更具戏剧张力的剧情，展现角色的成长和命运的变迁。

案例

1995 年的《时空之轮》（*Chrono Trigger*）是时空切换的代表作，其中的时间旅行是在同一个世界、不同时代的“同一地理位置”或其演变形态之间进行的，可以穿越远古（恐龙时代）、中世纪、现代、被毁灭的未来及时间尽头，最终目标是阻止来自外太空的寄生生命体“拉沃斯”在未来毁灭世界。

在 1998 年的《塞尔达传说：时之笛》（*The Legend of Zelda: Ocarina of Time*）中，林克通过拔起或插回退魔之剑，可以在少年和成年两个不同时间点的海拉鲁大陆之间进行切换。同一地点在不同时代下，其环境、NPC 状态、可进入区域及谜题的解法均会发生显著变化，玩家需利用这种时空切换来推进剧情和解开谜题。

2009年的视觉小说《命运石之门》（*Steins;Gate*）中的主角冈部伦太郎通过发送D-Mail（发送至过去的短信）或进行时间跳跃，能够将世界线（即现实状态）切换至因过去事件被微小改变，而产生的不同平行时空。玩家通过在特定“时点”做出发送D-Mail的选择，来探索不同的世界线分支，体验多样化的剧情发展和结局。

2012年首章发行的《沉默年代》（*The Silent Age*）中的主角乔拥有一台便携式时间旅行装置，可以让他瞬间在1972年的“现在”与数十年后荒凉的“未来”废墟之间，于同一物理地点进行切换。许多谜题的解决依赖于玩家在两个时空中穿梭，例如在过去获取一个在未来已不存在的物品，或在未来发现因过去某个行为而产生的变化。

2012年的《时间之谜3：最终谜团》（*Time Mysteries 3: The Final Enigma*）中，玩家扮演的角色常常需要借助特定道具或能力，在同一场景的过去、现在甚至未来等不同时间层面之间进行切换。通过观察不同时期的环境变化、收集线索，以及在一个时期改变物体状态以影响另一时期的布局，来解开复杂的谜题，并推进家族历史或神秘事件的调查。

2014年的《伊森卡特的消失之谜》（The Vanishing of Ethan Carter）是一款以故事和氛围驱动的第一人称悬疑探索游戏，玩家扮演一名拥有超能力的侦探，通过探索、解谜和重现事件来揭开一个男孩失踪背后的真相。主角的超能力能够看到与事件相关的几个关键瞬间的“灵魂剪影”，把所有瞬间都按正确的顺序排列后，以一段完整的过场动画形式，展示事件的真实经过。

2016年的《泰坦陨落2》（*Titanfall 2*）在其名为“效果与成因（Effect and Cause）”的关卡中，主角杰克·库柏获得了一个腕戴装置，允许他在同一研究设施完整、运作中的“过去”和残破、废弃的“现在”，两个时间状态之间进行即时、自由的切换。这种能力是该关卡核心的平台跳跃、战斗和解谜手段，玩家需要利用不同时态下的环境差异来规避障碍、消灭敌人或启动机关。

2017年的《迷人的残酷》（*The Sexy Brutale*）中，玩家被困在一座发生连环谋杀案的庄园里，玩家可以通过佩戴不同的面具获得特殊能力，并在每次循环中，通过观察不同时间点发生的事件、NPC的行动路线，以及利用在一个循环中获得的知识去干预另一个（后续）循环中的事件，从而在不直接与受害者或凶手互动的情况下，改变环境或NPC的行为，以阻止谋杀的发生。

26. 环境改变（Environmental Change）

环境改变游戏机制为游戏世界注入了动态性和交互性，也为谜题和关卡设计带来了更丰富的变化。它指的是在游戏过程中，游戏关卡内的场景元素、地形结构、物理规则或环境状态会随着玩家的行为、特定事件的触发或时间的推移而发生改变，这些改变不仅仅是视觉上的变化，更会对玩家的行动方式、策略选择和游戏进程产生实质性的影响。

玩家通过与游戏环境的交互，如操作机关、使用道具甚至是自身的行动，来触发环境的变化，而这些变化后的环境，又会反过来影响玩家的行动，形成新的挑战或提供新的解谜思路。环境改变游戏机制使得游戏关卡不再是静态的、固定的背景，而成为一个可以被玩家主动影响和塑造的动态空间。

表现形式

环境改变的触发方式多种多样，通常是玩家主动触发的，如通过操作机关、使用道具、攻击特定目标等方式来改变环境，也可以根据事件被动触发，如随着游戏剧情的推进，环境会自动发生改变，或者根据游戏中的时间、天气等因素的变化而发生改变。

环境改变的类型丰富多彩，包括但不限于以下几种。

- 物体变化：如地形的升降、桥梁的架设、墙壁的倒塌、物体的破坏等。例如，在《塞尔达传说：旷野之息》（*The Legend of Zelda: Breath of the Wild*）中，玩家可以使用炸弹摧毁某些墙壁或障碍物，从而开辟新的道路。
- 形态变化：如水体的冻结与融化、植物的生长与枯萎、物体的变形等。例如，在《奥日与黑暗森林》（*Ori and the Blind Forest*）系列中，玩家可以通过改变水位来影响环境，例如使某些区域可以通行或触发某些机关。

- 规则变化：如重力方向的改变、元素属性的改变等。例如，在《重力眩晕》（*Gravity Rush*）系列中，玩家可以改变重力的方向，从而在墙壁甚至天花板上行走。
- 视觉变化：光影的变化、物体的视觉变化等，通过视觉上的改变创造独特的游戏玩法，有时候也会成为解谜的关键。例如，在超现实主义游戏《超阈限空间》（*Superliminal*）中，玩家利用视觉错位和空间转换，直接改变关卡环境。

在解谜游戏中，玩家需要通过观察环境的变化来寻找线索，并通过特定的操作来触发环境的改变，从而解开谜题。动作冒险游戏中的环境改变可以用来创造新的路径、设置陷阱或触发剧情。环境改变游戏机制在角色扮演游戏中应用广泛，可以用来营造氛围、塑造世界观或影响角色的状态。

案例

《魔域Ⅰ》（*Zork I*）是一款20世纪80年代的文字冒险游戏，玩家通过输入文字指令来与游戏世界互动，解决谜题。游戏中的环境会根据玩家的指令发生变化，如打开一扇门、拿起一个物品等，这些操作会改变游戏场景的状态，这些变化是永久的改变。

1995年起的《百战天虫》（*Worms*）系列中，玩家使用各种奇特的武器互相攻击，这些武器（如火箭筒、炸药、钻地攻击）会对2D的像素地形造成即时且永久性的破坏，形成坑洞、改变地貌，从而影响虫子们的移动和射击掩护。

2009年的《红色派系：游击战》（*Red Faction: Guerrilla*）的核心特色在于可高度破坏的环境。玩家可以使用各种武器和工具（如大锤、炸药）摧毁游戏场景中几乎所有的建筑物和结构，这些破坏是基于物理的、即时的，并直接改变了战斗的掩体、路径和策略。

2017年的《塞尔达传说：旷野之息》（*The Legend of Zelda: Breath of the Wild*）中的环境改变机制使游戏世界更加真实和动态，也为玩家提供了丰富的解谜和战斗策略。玩家使用各种能力来改变环境，如使用磁力这种能力来移动金属物体，使用时间停止能力来固定物体，使用制冰能力在水面上制造冰柱等。此外，游戏中的天气系统也会对环境产生影响，如雨天会让岩壁变得湿滑，雷电会引燃草地等。

2019年的《控制》（*Control*）中的游戏环境会随着剧情的推进而发生剧烈的变化。例如，某些区域会被“希斯”控制，导致地形发生扭曲、重力发生异常等，玩家需要利用主角杰西的能力来应对这些环境变化，并在战斗和探索中利用这些变化。

2019年的《超阈限空间》（*Superliminal*）中，玩家需要打破常规思维，利用错觉和纵深感完成一系列复杂的谜题，通过视角的切换和维度观察，利用透视和光学错觉元素，改变物体的大小和形态，从而在看似不可能的空间中创造出新的通路。

27. 移动障碍（Block Pushing）

移动障碍游戏机制指的是在游戏关卡中，存在着可以被玩家通过某种方式（通常是推、拉、举起、滚动等）改变位置的障碍物，玩家需要通过移动这些障碍物，开辟新的通路、触发机关、构建解谜方案或改变游戏进程。

移动障碍游戏机制的设计核心在于“位移”与“互动”：玩家通过直接或间接的操作，使原本静止的障碍物发生位置上的变化，而这种变化会直接影响玩家在关卡中的行动路线、可探索区域和解谜策略。移动障碍游戏机制广泛应用于益智游戏、平台跳跃游戏、动作冒险游戏中，它通过构建一种“改变位置以改变格局”的挑战，提升了游戏的趣味性和策略深度。

虽然移动障碍也会导致关卡环境的变化，但它与环境改变游戏机制有着本质的区别：移动障碍游戏机制的核心在于障碍物位置的变化，而环境改变游戏机制的核心在于环境元素或状态的变化。移动障碍通常只影响其自身的位置和与之直接相关的区域，而环境改变则可能影响更大范围的环境元素，甚至改变游戏规则或物理特性。移动障碍游戏机制主要用于构建路径选择、空间谜题和行动挑战，而环境改变则更多地用于创造动态环境和丰富解谜维度。

表现形式

障碍物的类型多种多样，可以是箱子、石块、木桶等常见的物体，也可以是特殊的机关装置、可移动的平台甚至是游戏中的角色或NPC，障碍物的形状、大小、重量等属性会影响其移动的难易程度和可移动的范围。

最常见的移动方式是推、拉。例如，在经典的推箱子游戏中，玩家只能推动箱子而不能拉动箱子，一些游戏允许玩家举起或搬运障碍物。在《塞尔达传说》（*The Legend of Zelda*）系列的大部分作品中，林克可以举起石头或罐子。还有一些游戏引入了更复杂的移动方式，如利用重力、磁力、风力等来移动障碍物。

一些游戏对障碍物的移动方向和范围进行了严格的限制，如只能沿着特定的轨道移动，或者只能移动到相邻的格子；另一些游戏则允许玩家更自由地移动障碍物，如可以在任意方向推动或拉动障碍物；一些游戏还引入了障碍物之间的相互作用，如多个障碍物可以堆叠、碰撞或相互影响。

案例

1982年的《仓库番》（*Sokoban*）是“推箱了”类游戏的鼻祖。玩家需要在一个仓库中将箱子推到指定的目标位置。游戏规则简单，但关卡设计极具挑战性，需要玩家进行精密的规划和操作。

1986年的《塞尔达传说》（*The Legend of Zelda*）中存在一些可以推动的石块，玩家需要按照特定的方式，推动石块解开谜题或开辟道路。

1989年的《奇普的挑战》（*Chips Challenge*）中包含大量需要玩家推动冰块或箱子来解决的谜题，玩家需要在由网格构成的复杂关卡中将这些物块推向指定位置。

1996年起的《古墓丽影》（*Tomb Raider*）系列中，主角劳拉·克劳馥在探索古墓和遗迹时，频繁需要与各种可移动的石块、箱子或机关部件互动。玩家需要将这些重物推、拉到特定位置，以压住压力板、填补沟壑、垫高跳跃点或组成解谜图案。这是该系列经典的环境解谜要素。

2010年的《超级食肉男孩》（*Super Meat Boy*）中的某些关卡会出现可推动的石块，玩家需要利用这些石块来阻挡激光、尖刺等危险物，或者作为垫脚石跳到更高的平台。

2010年的《地狱边境》（*Limbo*）这款以黑白剪影风格著称的横版解谜游戏中，大量谜题的解决依赖玩家对环境中可移动物体的精确操作。例如，玩家需要推动箱子来垫脚或躲避陷阱、拖拽绳索来摆荡或改变平台位置、滚动巨石来压毁障碍或触发机关，这些互动都围绕着“移动障碍物以创造通路或改变环境状态”的核心。

2011年的《凯瑟琳》（*Catherine*）的推箱子解谜的噩梦关卡里，玩家扮演的文森特需要在不断崩塌的方块塔上向上攀爬，可以通过推、拉不同类型的方块，将它们排列成阶梯状路径。

2017年的《塞尔达传说：荒野之息》（*The Legend of Zelda: Breath of the Wild*）中，玩家可以利用磁力这一能力来移动金属物体，如将金属箱子吸起来作为垫脚石，或者将金属板搭成桥梁。

28. 控制区（Zone of Control）

控制区游戏机制指的是在游戏关卡中，存在着一个或多个具有特殊意义的区域，玩家需要通过某种方式（通常是战斗、占领、驻守或完成特定任务）来控制这些区域，从而获得资源、分数、战略优势或其他形式的奖励。

控制区游戏机制的核心在于“争夺”与“控制”：游戏通过设定具有明确边界和特殊功能的区域，将玩家的注意力、行动力和战略目标聚焦于这些区域，从而引发玩家之间的对抗、合作或博弈，而控制这些区域所带来的收益，则进一步强化了玩家争夺的动机，并推动游戏进程的发展。控制区游戏机制常见于即时战略游戏、射击游戏、多人在线战术竞技游戏（MOBA）中，它通过构建一种“寸土必争”的战略态势，提升了游戏的竞技性、策略深度和紧张感。

表现形式

控制区的形态可以是地图上的一个特定地点、一个建筑物、一片区域，甚至是一个移动的空间。游戏通常会通过明显的视觉标志来标明控制区的范围和归属，如使用特定的颜色、图标、旗帜等。例如，在2016年的《守望先锋》（*Overwatch*）中，控制区通常是一个圆形或方形区域，并以醒目的颜色和图标来标明其归属。

一些游戏采用“占领”的方式，即玩家需要在控制区内停留一定的时间，或者消灭区域内的所有敌人，才能获得控制权，控制方式的差异决定了玩家争夺控制区的具体方法。另一些游戏则采用“争夺”的方式，即双方玩家需要在控制区内进行持续的对抗，根据双方在区域内的兵力对比或造成的伤害量来决定控制权的归属。还有一些游戏采用“任务”的方式，即玩家需要在控制区内完成特定的任务（如安装炸弹、收集资源等）才能获得控制权。在2007年的《使命召唤4：现代战争》（*Call of Duty 4: Modern Warfare*）中，玩家需要在指定的区域内坚守一段时间才能占领该区域。

控制区可以为玩家提供各种形式的奖励，如持续的资源收入、分数增长、战略优势（如更开阔的视野、更安全的重生点等）、特殊能力或单位的使用权等。例如，在2012年的《英雄联盟》（*League of Legends*）中，击杀特定的中立生物（如峡谷先锋、巨龙、纳什男爵等）可以为团队提供增益效果，这些中立生物所在的区域也成为双方争夺的焦点，这些收益的设计直接影响着玩家的争夺意愿和策略选择。

控制区的归属通常不是固定的，而是随着游戏进程的推进和玩家之间的对抗而不断变化。这种变化可以是瞬间的，如一方玩家消灭了另一方玩家在控制区内的所有单位；也可以是渐进的，如一方玩家在控制区内的兵力逐渐超过另一方玩家。控制状态的变化通常会伴随着视觉和听觉的反馈，如控制区的颜色变化、旗帜的更换、特殊的音效等。这种动态变化的设计，使得游戏充满了变数和紧张感，也要求玩家时刻关注控制区的状态，并根据情况调整自己的策略。

案例

1997年的《横扫千军》（*Total Annihilation*）中的地图上存在金属点，玩家需要建造特定的建筑来获取资源。这种设计促使玩家争夺地图上的关键位置，并围绕这些位置展开激烈的战斗。

2007年的《使命召唤4：现代战争》（*Call of Duty 4: Modern Warfare*）中的“占领”模式，要求玩家占领并守住地图上的特定区域。这些区域通常位于地图的中央或关键位置，成为双方玩家激烈争夺的焦点。

2012年的《英雄联盟》（*League of Legends*）和2013年的*DOTA 2*等多人在线战术竞技游戏（MOBA）中，玩家除了摧毁敌方基地这一主要目标外，地图上还存在着一些中立的生物和资源点。击杀这些中立生物可以为团队提供增益效果，如增加攻击力、防御力或视野等。这些中立生物所在的区域也成为双方玩家争夺的焦点，并经常爆发激烈的团战。

2015年的《彩虹六号：围攻》（*Rainbow Six: Siege*）中，进攻方通常需要占领特定的区域或解救人质，而防守方则需要阻止进攻方的行动。

2016年的《守望先锋》（*Overwatch*）中的“控制区”模式，要求玩家占领并守住地图上的特定区域。这些区域通常位于地图的中央或关键位置，成为双方玩家激烈争夺的焦点。游戏还引入了“加时”机制，当一方即将占领控制区时，如果另一方有玩家进入控制区，则会触发加时，直到一方完全控制该区域为止。这种设计增加了游戏的紧张感和戏剧性。

2017年的《北境之地》（*Northgard*）是一款以维京文化为背景的策略游戏，游戏中的地图被划分为多个区域，玩家需要占领这些区域才能获取资源、扩张领土和发展经济，每个区域都有不同的资源和特性，玩家需要根据自己的发展策略来选择占领哪些区域。

29. 造物主（User-Generated Content）

造物主游戏机制指的是在游戏中，玩家可以使用游戏提供的编辑器或工具，创造自定义的游戏关卡、地图、场景、任务或其他形式的游戏内容，并将其分享给其他玩家进行体验、挑战或互动，将游戏世界的构建权从开发者手中，部分地转移到玩家手中，开启自建创意与个性化表达的游戏方式。

造物主游戏机制的核心在于“创造”与“分享”：玩家不再仅仅是游戏内容的消费者，而是可以成为游戏内容的生产者，将自己的创意、想法和设计理念融入游戏世界中，其他玩家则可以体验这些由玩家创造的内容，形成一个充满活力和多样性的游戏社区。造物主游戏机制常见于沙盒游戏、平台跳跃游戏、射击游戏中，极大地拓展了游戏的可玩性和生命周期，为玩家提供了展现自身创造力和分享乐趣的平台。

表现形式

带有造物主游戏机制的游戏，通常提供图形化编辑器，在某些游戏中可以通过有关功能快速创建和编辑关卡。例如，在2015年的《超级马力欧制造》(*Super Mario Maker*）系列中，玩家可以使用触控屏或手柄来创建自己的马力欧关卡。另一些游戏则提供了更高级的编辑器，允许玩家对游戏元素进行更精细的调整和控制。例如，《魔兽争霸Ⅲ》(*Warcraft Ⅲ*）的地图编辑器，不仅能够对场景内容进行编辑，还可以对规则进行修改，从而创造了盛极一时的自建地图玩法热潮。

纯粹以造物主游戏机制为核心的游戏，会提供各种各样的地形、建筑、道具、角色、机关等素材供玩家选择和使用，游戏还会提供自定义素材功能，允许玩家导入自己的图片、模型或音频等，进一步拓展创作，用户的体验就是在创造自己的独特内容。例如，在网络游戏《第二人生》

（*Second Life*）中可以上传自己的作品，自行创建虚拟乐园。

作品分享的便捷性是造物主游戏机制得以蓬勃发展的关键，这类游戏通常会提供内置的分享平台，允许玩家上传、下载、浏览和评价其他玩家创作的作品。分享设计不仅为玩家提供了一个展示自己舞台，也为其他玩家带来了源源不断的新鲜游戏内容。例如，在2020年的《罗布乐思》（*Roblox*）中，玩家可以使用Roblox Studio来创建自己的游戏，并将其发布到平台上供其他玩家体验。

案例

1983年的《淘金者》（*Lode Runner*）允许玩家创建和分享自己的关卡。

1984年的《越野机车》（*Excitebike*）是一款运行在NES上的越野赛车游戏，允许玩家使用游戏内置的编辑器来设计自己的赛道。

1994年的《毁灭战士》（*Doom*）系列，其关卡编辑器和活跃的模组社区为游戏带来了持久的生命力。

2003年林登实验室推出《第二人生》（*Second Life*），这款游戏当时被报道为自由度最高的游戏，官方允许玩家制作、上传并出售自己的模型，而出售所获的林登币又能与美元兑换，玩家可以自定义相当多的游戏元素，如人物形象、服饰装饰、房屋建设、室内装修等。

2006年的《罗布乐思》（*Roblox*）不仅是一款游戏，更是一个庞大的用户生成内容（UGC）平台。玩家可以使用Roblox Studio来创建自己的游戏，并将其发布到平台上供其他玩家体验。Roblox上的游戏类型丰富多样，涵盖了角色扮演、模拟经营、射击、竞速等类型。

2008年的《小小大星球》（*LittleBigPlanet*）系列以其强大的关卡编辑器和“创造、分享、游玩”的理念而闻名，玩家可以使用游戏中提供的各种工具和素材来创建自己的关卡，并将其分享给其他玩家。

2011年的《我的世界》（*Minecraft*），虽然它的核心玩法并非关卡创造，但其极高的自由度和丰富的模组资源，使玩家在社区中创造出各种各样的自定义地图和游戏模式，其中不乏精彩的使用模组（Mod），制作优秀的关卡内容供其他玩家游玩。

2014年的《超级马力欧制造》（*Super Mario Maker*）系列允许玩家使用触屏或手柄来轻松地创建自己的马力欧关卡，并将其分享给全球玩家。游戏提供了丰富的关卡元素和简单易用的编辑器，使得任何玩家都可以轻松上手，创造出属于自己的马力欧世界。

2020年的《梦想大创造》（*Dreams Universe*）提供了一套强大的创作工具，玩家可以使用这些工具来创建游戏、动画、音乐、艺术作品等各种类型的内容，并将其分享给其他玩家。

第七章
——经济（Economy）

游戏经济涵盖游戏内资源的获取、分配和流通。无论是货币体系、物品交易还是战略性投资，都可被视为游戏经济的一部分，以此影响玩家的决策与发展进程。

凡与资源分配、交易流程或消费产出循环相关的规则，均属于经济游戏机制。经济类游戏机制是指游戏中与资源（包括虚拟货币、物品、点数等）的生产、分配、消费和交易相关的规则和系统，它们驱动玩家进行策略规划、风险评估和长期发展。此类机制关注供需平衡与动态调控，常在数值设计与策略决策中扮演关键角色。成功的经济游戏机制既能产生持久的可玩性，也需要防止通货膨胀或资源失衡带来的负面影响。

30.资源点（Currency）

资源点游戏机制指的是在游戏中玩家可获取、积累、分配和消耗的具有特定功能和价值的各种具象或抽象的资源，这些资源通常以数值的形式呈现，并对玩家的行为选择、角色成长、势力发展或其他游戏进程产生直接的限制或推动作用。

资源点游戏机制的核心在于“获取”与“消耗”的循环：玩家通过各种方式获取有限的资源点，并在游戏进程中策略性地消耗这些资源点，以达成特定的目标或应对挑战。这种机制广泛存在于各种类型的游戏中，从角色扮演游戏的属性点、技能点，到策略游戏的行动点数、金钱、物资，再到模拟经营游戏中的劳动力、资金、原材料等。

表现形式

资源点的类型取决于游戏的类型、背景设定和玩法设计。常见的资源点类型如下。

- 属性点/技能点：在角色扮演游戏中，玩家通常可以通过升级或完成任务来获得属性点或技能点，用于提升角色的基础属性（如力量、敏捷、智力等）或学习新的技能。
- 行动点数：在策略游戏或回合制游戏中，玩家在每个回合内可执行的行动通常受到行动点数的限制，玩家需要合理分配行动点数来执行移动、攻击、使用技能等操作。
- 金钱/货币：在许多游戏中，金钱是一种通用的资源，可以用于购买物品、雇佣单位、升级建筑等。
- 物资/材料：在策略游戏或生存游戏中，玩家需要采集各种物资或材料，例如木材、矿石、食物等，用于建造建筑、制造工具或维持生存。

- 魔法值/能量值：在许多游戏中，角色释放技能或使用特殊能力需要消耗魔法值或能量值。
- 时长：在某些游戏中，时间本身也是一种宝贵的资源，玩家需要一定的时间消耗，才能完成任务或达成目标。

资源点的获取方式可以是主动的，如完成任务、击败敌人、采集资源等；也可以是被动的，如随时间自动恢复、特定条件触发等。不同的获取方式通常对应着不同的效率和风险，玩家需要根据游戏情境进行权衡。例如，在1997年的《辐射》(*Fallout*)中，玩家通过与NPC互动完成任务，获取瓶盖货币。

玩家需要在不同的行动或目标之间权衡利弊，合理分配有限的资源点。例如，在角色扮演游戏中，玩家需要决定将有限的属性点分配到哪些属性上，或者将有限的技能点用于学习哪些技能；在策略游戏中，玩家需要决定将有限的资源用于建造哪种单位或建筑，或者用于研究哪种科技。

案例

1981年的《巫术：疯狂领主的试验场》(*Wizardry: Proving Grounds of the Mad Overlord*)系列是首款用资源点对角色属性管理的电子游戏，玩家在创建角色时，分配有限的属性点到力量、智力、虔诚、体质、敏捷和运气等属性上，这些属性将影响角色的战斗能力、生存能力和学习魔法的能力。

1993年的《毁灭战士》(*Doom*)虽然是一款第一人称射击游戏，但其对弹药和生命值的限制，也是一种资源点机制的应用，玩家需要在激烈的战斗中，不断寻找补给，以维持自己的生存和战斗力。

1998年的《博德之门》(*Baldur's Gate*)系列基于“龙与地下城”规则，玩家在创建角色时需要分配属性点，并在升级时选择要学习的法术和技能，这些选择将决定角色的战斗风格和能力。

1998年的《星际争霸》(*StarCraft*)的玩家需要采集矿石和气体两种资源，用于建造基地、生产单位和研发科技。资源的获取速度和分配策略，直接决定了玩家的胜负。

2007年的《生化奇兵》(*BioShock*)的玩家可以通过注射质体来获得各种特殊能力，但质体的数量有限，玩家需要根据自己的游戏风格和策略，选择要学习和升级的质体。

2011年的《上古卷轴V：天际》(*The Elder Scrolls V: Skyrim*)的玩家在升级时可以选择提升生命值、魔法值或耐力值，并在相应的技能树中选择有限的天赋点数进行分配。这些选择将影响角色的战斗能力、生存能力和技能专精方向。

2012年的《XCOM：未知敌人》(*XCOM: Enemy Unknown*)的玩家在战术战斗中控制的每个士兵都拥有行动点数。玩家需要在每个回合内合理分配士兵的行动点数，进行移动、射击、使用技能等操作。

2011年的《黑暗之魂》(*Dark Souls*)中生命值作为重要的资源，与“魂”紧密结合。“魂”既可以用于升级角色属性，也可以用于购买物品或强化装备，玩家需要在探索和战斗中谨慎地管理自己的“魂”，因为死亡会导致“魂”的掉落。

31. 机运（Luck）

机运（运气）游戏机制指的是在游戏过程中，某些事件的结果、资源的获取、行为的成败并非完全由玩家的操作或策略决定，而是受到一定程度的随机因素的影响，其结果具有概率性和不可预测性。

机运游戏机制的核心在于"随机性"与"概率"：游戏通过引入随机数生成器或其他概率模型，使得某些游戏元素呈现出多种可能的结果，而玩家则需要在这种不确定性中进行决策和行动，并承担相应的风险或收益。这种机制常见于角色扮演游戏、卡牌游戏、大富翁类游戏中，它通过模拟现实世界中的运气成分，增加了游戏的趣味性、重玩价值和不可预测性，也带来了"赌一把"的刺激感和"意外之喜"的成就感。

表现形式

随机事件的触发是机运游戏机制最常见的表现形式，游戏可能会在特定的时间、地点或条件下，随机触发一些事件，这些事件可能对玩家有利，也可能对玩家不利，甚至可能改变游戏的进程或结局。例如，在策略游戏中，可能会随机发生自然灾害、瘟疫、叛乱等事件，对玩家的领地或势力造成影响。

在许多游戏中，玩家获取资源或物品的方式并不是固定不变的，而是具有一定的概率性，这在经济层面上体现在资源获取的概率上。在角色扮演游戏中，玩家击败怪物后掉落的物品、开启宝箱获得的奖励甚至是任务给予的报酬，都可能受到随机因素的影响。例如，在1996年的《暗黑破坏神》（*Diablo*）系列中，玩家击败怪物后掉落的装备的属性是随机生成的，这种设计鼓励玩家反复挑战，以获取更好的装备。

在一些游戏中，玩家的攻击、技能或其他行为的命中率、暴击率、触发特殊效果的概率等，并不是100%，而是受到随机因素的影响，直接左右行为结果的判定。在许多角色扮演游戏中，玩家的攻击有一定概率为Miss（未命中），或者有一定概率会触发暴击，造成更大的伤害。《火焰之纹章》（*Fire Emblem*）系列的角色战斗的结果除了受数值影响，还有着命中率与必杀率等机运成分，有一定概率攻击落空或打出暴击伤害。

一些游戏通过引入“风险管理”的元素，让玩家可以通过特定的操作或选择来降低机运带来的负面影响，或者增加获得有利结果的概率。例如，玩家可以通过装备特定的道具来提高暴击率，或者通过使用特定的技能来增加稀有物品的掉落率，这种设计使得玩家在面对机运时并不是完全被动的，而是可以通过一定的策略来影响结果，参看“概率管理”游戏机制。

案例

早期的许多游戏，如1971年的《俄勒冈之旅》（*The Oregon Trail*），就引入了随机事件，玩家在旅途中会遭遇各种随机事件，例如疾病、恶劣天气、强盗袭击等，这些事件会对玩家的资源和生存状况产生影响。

1980年的《*Rogue*》及其衍生作品（Roguelike类游戏）将随机性发挥到了极致，游戏中的地图、敌人、道具等都是随机生成的，这使得每次游戏的体验都是独一无二的。

1996年开始的《暗黑破坏神》（*Diablo*）系列将随机性与装备系统相结合，玩家击败怪物后掉落的装备的属性是随机生成的，这鼓励玩家反复挑战，以获取更好的装备。这种设计也成为许多后续“刷刷刷”类游戏的核心机制。

1996年的《宝可梦》（*Pokémon*）系列中，捕捉宝可梦的过程具有一定的随机性。玩家需要通过投掷精灵球来捕捉宝可梦，而捕捉的成功率受到多种因素的影响，例如宝可梦的生命值、状态异常、使用的精灵球类型等。

2001年起的《动物之森》（*Animal Crossing*）系列，日常有许多受机运影响的元素。例如，商店每日刷新的商品种类和数量是随机的；在岛上或村庄中随机出现的特殊NPC（如卖地毯的骆岚、卖艺术品的狐利）；钓鱼时上钩的鱼类、挖掘化石的种类，以及某些天气现象的发生，都带有一定的随机性，为玩家的日常生活增添了变数和惊喜。

2014年的《炉石传说》（*Hearthstone*）中有许多卡牌具有随机效果，例如随机召唤一个随从、随机对一个目标造成伤害等。这些随机性元素为游戏增加了许多乐趣和变数，也使得游戏的对局更具戏剧性。

2019年融合了Roguelike元素的卡牌游戏《杀戮尖塔》（*Slay the Spire*）正式发售，在游戏过程中，玩家所选角色能够获得的卡牌、遗物等都具有一定的随机性，这使得每次游戏体验都独一无二。

32. 市场（Market）

市场游戏机制指的是在游戏中，存在着一个允许玩家之间、玩家与NPC之间或玩家与系统之间进行商品或服务交换的场所或系统，其价格和交易量受到供求关系、玩家行为、系统调控等多种因素的影响，为游戏世界中的资源、物品或服务提供了动态的交易平台和价格形成机制。

市场游戏机制的核心在于“供需”与“价格”：玩家扮演着生产者、消费者或中间商角色，通过买卖行为，满足自身需求、获取利润或影响市场格局，而市场则根据商品的供求关系来调节价格，并通过价格信号来引导玩家的生产和消费行为。这种机制常见于大型多人在线游戏、模拟经营游戏、策略游戏中，它通过模拟现实世界中的市场运作方式，提升了游戏的真实感、策略深度和经济层面的可玩性。

表现形式

游戏中的市场可以表现为由系统控制的NPC商人或固定商店，玩家仅能与其进行买卖（系统驱动市场）。另一种常见形式是允许玩家之间进行交易的平台，如集中的拍卖行、交易所，或者玩家自行开设的虚拟店铺（玩家驱动市场）。也存在两者结合的混合市场模式，系统与玩家共同参与市场活动。例如，在2003年的《星战前夜》（*EVE Online*）中，市场分布在各个空间站中，玩家可以在不同的市场之间进行贸易，利用价格差异来获取利润。

价格可以是完全固定的，由游戏设计者预设，也可以是动态的，由系统根据全局或局部的供求算法实时调整。例如，某种商品被大量购买后价格上涨，被大量出售则价格下跌。在玩家驱动的市场中，价格通常由卖家自主设定（如一口价、起拍价），并通过买家的竞价或选择行为最终形成交易价格，商品价格的确定方式是市场游戏机制的关键。

玩家通常通过专门的用户界面与市场互动，这些界面提供商品分类浏览、关键词搜索、条件筛选、价格排序等功能，方便玩家查找所需。交易流程可能包括直接购买、出售、挂单（买入或卖出委托）、竞价（公开或盲拍），以及查看交易历史、市场行情趋势等。

除了玩家的直接买卖行为，许多游戏还会设计其他因素来影响市场状态。例如，游戏内发生的特殊事件（如战争爆发导致武器需求激增、丰收节导致粮食价格下跌）、新区域的开放（带来新的资源或商品）、版本更新引入的平衡性调整，甚至是玩家群体的集体行为（如囤积居奇、联合抵制某种商品），都可能对特定商品的供需关系和价格产生显著的短期或长期影响。

案例

1984 年由英国开发者伊恩·贝尔（*Ian Bell*）和大卫·布拉本（*David Braben*）共同创作的 *Elite* 引入了动态的市场机制，玩家可以在不同的星球之间进行贸易，通过低买高卖来获取利润，每个星球的商品价格会根据供求关系而波动。

1993 年的《大航海时代Ⅱ》（*Uncharted Waters II*）构建了一个全球性的贸易网络。玩家可以在世界各地的港口购买当地特产，并运往其他对该商品需求迫切（因此价格高昂）的港口出售，商品价格不仅受地域影响，还会因游戏内的事件和玩家的贸易行为而实时波动。

1997 年的《网络创世纪》（*Ultima Online*）是最早引入玩家驱动市场经济的大型多人在线角色扮演游戏之一，玩家可以在游戏中开设自己的商店，出售自己制作或获得的物品。

2003 年的《星战前夜》（*EVE Online*）以其高度自由和复杂的市场系统而闻名，游戏中几乎所有的物品都是由玩家制造和交易的，市场价格完全由供求关系决定，玩家可以通过市场交易来获取利润，甚至可以通过操纵市场来影响游戏世界的经济格局。

2004 年的《魔兽世界》（*World of Warcraft*）中的拍卖行系统也成为许多后续MMORPG的标准配置。玩家可以在拍卖行中发布买单或卖单，系统会自动匹配买家和卖家。拍卖行不仅为玩家提供了一个便捷的交易平台，也成为游戏经济系统的重要组成部分。

2012 年的《暗黑破坏神Ⅲ》（*Diablo III*）曾经引入现金拍卖行，允许玩家使用现实货币买卖游戏中的物品。这一设计在当时引起了很大的争议，最终被取消。

2013 年的《流放之路》（*Path of Exile*）刻意避免了中心化的拍卖行和统一的游戏货币。其经济系统完全依赖玩家间的直接易货交易，使用各种具有实际效用的“通货物品”（如改造装备属性的各种“石头”）作为交换媒介。物品的价值由社群供需、稀有度，以及这些“通货”自身的相对价值动态决定，形成了独特而复杂的玩家市场生态。

33.收入（Income）

收入游戏机制将“资源获取”作为核心，在游戏经济体系中扮演着驱动玩家行为、维持游戏循环并支撑长远发展的基础角色。它指的是在游戏过程中，玩家通过执行各种被游戏规则所定义的、具有产出性的行动或达成特定条件，从而获得游戏内各种可量化的资源（例如货币、经验值、制作材料、声望点数、特殊代币等）的过程与规则。

收入游戏机制的核心在于“行动”与“回报”：玩家通过投入时间、精力、技巧或承担风险来参与各种游戏活动（如完成任务、击败敌人、生产与交易、探索发现等），系统则根据这些活动的成果给予相应的资源回报，进而玩家将这些收入积累起来，用于角色的成长、装备的提升、势力的扩张或达成更高级的游戏目标。这种机制几乎遍布所有类型的电子游戏，它通过构建一个持续的“付出—获得”循环，为玩家提供了明确的游戏动力、策略选择空间和阶段性的成就反馈。

表现形式

在角色扮演游戏中，如《巫师3：狂猎》（*The Witcher 3: Wild Hunt*），玩家的收入来源包括完成狩魔委托、探索获得战利品、搜刮宝箱，以及将不再需要的装备出售给商人。在即时战略游戏中，以《星际争霸》（*StarCraft*）为代表，主要的收入来源是派遣特定单位（如SCV）持续采集地图上的水晶矿和高能瓦斯。生存游戏如《饥荒》（*Don't Starve*）则将采集、狩猎、种植等作为获取生存必需品（食物、木材等）的主要方式。

收入获取的条件与效率决定了玩家的策略倾向，在《魔兽世界》（*World of Warcraft*）中，完成高难度团队副本通常能带来更丰厚的装备和金币收入，但同时也要求玩家投入更多的时间和具备更高的技巧。任务系统是许多游戏提供稳定收入的重要途径，其奖励的多寡通常与任务的难度、长度或重要性相关。而在《最终幻想Ⅶ》（*Final Fantasy Ⅶ*）中，除了战斗胜利和任务奖励，将魔晶石练满后出售也是一种获取游戏货币（*Gil*）的手段。

收入的即时性与延迟性影响着玩家的规划和满足感，击败敌人立即掉落金币或物品属于即时收入，如《暗黑破坏神》（*Diablo*）系列。而模拟经营游戏如《星露谷物语》（*Stardew Valley*），从农作物的种植到收获并出售获得金钱，则是一个具有明显延迟性的收入过程，需要玩家进行长期的规划和投入。

收入与游戏核心循环的紧密结合是该机制设计的关键，在《塞尔达传说：旷野之息》（*The Legend of Zelda: Breath of the Wild*）中，玩家通过狩猎、采集获得的食材可以用于烹饪，烹饪出的料理可以恢复生命或提供增益，而出售稀有矿石或料理则能获得卢比，用于购买装备或升级道具，形成一个完整的资源获取与消耗循环。

游戏设计者通常会通过各种方式来控制玩家的收入水平，例如调整任务奖励的多少、改变物品的掉落率、设置交易税等。这种控制既要保证玩家能够获得足够的资源来推进游戏进程，又要避免玩家过快地积累财富，导致游戏失去挑战性。

案例

1981年的《德军总部》（*Castle Wolfenstein*）中，玩家击杀敌人后，从掉落的奖励中获得补给和弹药。

1996年的《暗黑破坏神》（*Diablo*）中，玩家通过击败怪物、开启宝箱、完成任务等方式来获得金钱、装备和道具。

1997年的《最终幻想Ⅶ》（*Final Fantasy Ⅶ*）中，玩家可以通过战斗胜利、完成任务、出售物品等方式来获得游戏货币（Gil）。

1998年的《星际争霸》（*StarCraft*）中，玩家需要派遣SCV（太空工程车）采集水晶矿和高能瓦斯来获取资源，这是游戏的核心收入来源。

自2006年起的《黑道圣徒》（*Saints Row*）中，玩家在城市中扩张帮派势力，通过占领地盘、完成地盘相关的活动，以及购买和升级各种产业（如商店、工厂、非法生意点），这些被控制的资产会定期为玩家提供现金收入，自动存入玩家的账户，用于购买武器、车辆、升级和进一步扩张势力。

自2008年起的《骑马与砍杀》（*Mount & Blade*）系列，玩家可以通过多种途径获取收入。除了传统的战斗掠夺和完成领主任务，还可以通过在不同城镇间倒卖商品（跑商）、开设生产型工坊（如染坊、皮革厂）获取定期产出和利润，或者通过赢得竞技大会的奖金来积累财富。

2011年的《上古卷轴Ⅴ：天际》（*The Elder Scrolls Ⅴ: Skyrim*）中，玩家可以通过完成任务、击败敌人、搜刮宝箱、出售物品、偷窃等方式来获取金钱和物品。

2015年的《巫师3：狂猎》（*The Witcher 3: Wild Hunt*）的玩家可以通过完成狩魔委托、探索遗迹、搜刮宝箱、出售战利品等方式来获得金钱和奖励。

2017年的《塞尔达传说：荒野之息》（*The Legend of Zelda: Breath of the Wild*）中，玩家可以通过击败敌人、狩猎、采集、烹饪、出售物品、完成神庙挑战等方式来获得卢比（货币）和其他资源。

34. 制作（Production）

制作游戏机制指的是在游戏过程中，玩家通过收集、获取或购买特定的原材料、配方或图纸等资源，按照一定的规则和流程，消耗这些资源来合成、制造或加工出新的物品、装备、工具、消耗品或其他具有特定功能的游戏元素。

制作游戏机制的核心在于“资源转化”与“价值创造”：玩家通过主动的、有目的的组合行为，将相对初级或分散的资源转化为更高级、更专用或更具效能的成品，这一过程不仅直接增强了玩家的角色实力，丰富了其行动选项，也常常是克服挑战、推进剧情或达成特定游戏目标的关键驱动力。

表现形式

制作游戏机制在游戏中主要体现在制作系统的构建逻辑、配方与材料的获取方式、制作过程的交互体验，以及制成品在游戏经济和玩法中的作用。

制作游戏机制的构建逻辑是多元化的。在角色扮演游戏中，以《巫师3：狂猎》（*The Witcher 3: Wild Hunt*）为代表，玩家扮演的杰洛特需要收集草药、怪物素材和图纸，通过炼金术制作魔药、剑油，或委托工匠打造更高等级的猎魔人装备，这些制作直接服务于战斗和生存。而在生存游戏中，如《我的世界》（*Minecraft*），制作则是最基础的生存手段，从最初的木镐、石斧，到后期的复杂机械和自动化装置，几乎所有物品都需要通过不同等级的工作台和配方来制作。

在《泰拉瑞亚》（*Terraria*）中，新的制作配方往往随着玩家探索新环境、击败新敌人或获取新材料而自动解锁，或者通过与特定NPC互动获得。相比之下，《怪物猎人》（*Monster Hunter*）系列则更强调通过狩猎特定怪物，获取其独特的素材（如鳞片、甲壳、尖爪）来解锁和制作对应的武器与防具，材料的稀有度直接与制作装备的强度挂钩，配方与材料的获取方式决定了制作系统的探索深度。

制作过程的交互体验各不相同，以《上古卷轴Ⅴ：天际》（*The Elder Scrolls V : Skyrim*）为例，其锻造、炼金和附魔系统提供了相对直观的操作界面，玩家选择配方并拥有足够材料即可完成制作。而《塞尔达传说：旷野之息》（*The Legend of Zelda: Breath of the Wild*）的烹饪系统则更具实验性，玩家可以将多种食材投入锅中，不同的组合会产生不同效果的料理，甚至有一些隐藏的“秘方”等待玩家发掘。

制成品在游戏经济和玩法中的作用体现了制作游戏机制的价值。在《星露谷物语》（*Stardew Valley*）中，玩家可以通过种植作物、养殖动物，然后将农产品加工成果酱、奶酪等更高价值的商品出售，实现经济上的积累。在《辐射4》（*Fallout 4*）中，玩家收集的“垃圾”可以被分解为基础材料，用于改装武器、建造聚落设施，直接影响玩家的战斗能力和生存环境。

案例

1997年的《网络创世纪》（*Ultima Online*）是最早引入复杂制作系统的网络游戏之一。玩家通过学习铁匠、裁缝、炼金术等生产技能，制作武器、防具、药品等。

2004年的《魔兽世界》（*World of Warcraft*）引入了专业的生产技能。玩家可选择学习采矿、草药学、剥皮等采集技能，以及锻造、工程学、炼金术、裁缝、制皮、珠宝加工等制造技能。

2011年的《我的世界》（*Minecraft*）的玩家通过收集资源，制作工具、武器、建筑方块等，制作机制作为游戏的核心玩法之一。

2011年的《泰拉瑞亚》（*Terraria*）采用了类似于《我的世界》的制作系统——玩家收集资源，制作武器、防具、工具、家具等。游戏引入了大量的Boss战和事件，为玩家的制作提供了目标和挑战。

2015年的《辐射4》（*Fallout 4*）的玩家通过收集垃圾和材料，在工房中制作武器、护甲、食物、药物、建筑等。

2015年的《巫师3：狂猎》（*The Witcher 3: Wild Hunt*）中，猎魔人杰洛特通过收集材料和图纸，制作武器、护甲、剑油、魔药等。

2017年的《塞尔达传说：旷野之息》（*The Legend of Zelda: Breath of the Wild*）中，玩家通过烹饪系统将食材组合，制作出具有不同效果的料理。

35. 升级（Upgrading）

升级游戏机制是游戏中一种常见的长期投资和角色成长方式，为游戏进程带来了持续的目标感和阶段性的成就反馈。它指的是在游戏过程中，玩家通过投入特定的资源（通常是货币、经验值、材料或其他可积累的点数），来提升游戏内特定对象（例如角色、装备、技能、建筑、科技等）的等级、品质、属性或解锁新的功能。

升级游戏机制的核心在于“投入”与“回报”：玩家通过消耗已有的资源，来换取游戏对象在性能、功能或外观上的提升，从而增强自身实力、拓展游戏玩法或推进游戏进程。这种机制广泛应用于角色扮演游戏、策略游戏、模拟经营游戏中，构建一种“积累—提升—再积累”的循环，为玩家提供了持续的游戏动力和成长乐趣。

表现形式

升级对象可以是玩家直接控制的角色，例如，在角色扮演游戏中，玩家可以通过升级来提升角色的属性、学习新的技能或解锁新的装备槽；也可以是玩家拥有的装备或物品，通过消耗资源来强化武器、防具或饰品，提升它们的属性或附加特殊效果；还可以是玩家控制的基地、建筑或科技，例如，在策略游戏中，玩家可以通过升级主基地来解锁新的建筑或兵种，或者通过研究科技来提升部队的战斗力。

玩家通常需要通过完成任务、击败敌人、探索世界、参与活动、完成挑战等方式来获取升级所需的资源。一些游戏采用单一的升级资源，如经验值；另一些游戏则采用多种升级资源，如金钱、材料、特殊道具等。游戏设计师通常为了控制游戏进程节奏，升级所需的资源数量通常会随着升级对象的等级或品质的提升而增加。

游戏通常会通过直观的数值变化、视觉特效、音效等方式来展现升级带来的提升。例如，角色升级后，其属性数值会增加，外观可能会发生变化，并伴随着特殊的升级动画和音效。一些游戏还会提供详细的升级说明，让玩家清楚地了解每次升级带来的具体收益。

大部分游戏采用线性升级模式，即玩家必须按照固定的顺序逐级提升；另一些游戏则采用非线性升级模式，允许玩家自由选择升级的顺序或方向，如技能树、科技树等。升级系统还可以与游戏的剧情、任务或挑战相结合，例如某些高级技能或装备需要完成特定的任务才能解锁，或者某些区域的敌人等级较高，需要玩家提升到一定等级后才能继续。

案例

1986年的《塞尔达传说》（*The Legend of Zelda*）中，玩家通过收集心之容器来提升林克的生命值上限，这可以看作是一种原始的升级机制。

1986年的《勇者斗恶龙》（*Dragon Quest*）系列中，玩家控制的角色通过战斗获得经验值，经验值积累到一定程度后角色就会升级，提升属性并学习新的技能。

1995年开始的《仙剑奇侠传》系列中，玩家通过击败敌人获得经验值来提升角色等级，并且在升级时提升属性点和技能点（后续版本），还可以学习到新的技能。

1997年的《最终幻想Ⅶ》（*Final Fantasy Ⅶ*）中，通过装备魔晶石来提升角色的能力和学习新的技能。魔晶石本身也可以通过战斗获得经验值并升级，从而获得更强的效果或解锁新的技能。

1998年的《星际争霸》（*StarCraft*）中，升级特定的建筑来解锁新的单位、科技或升级已有单位的能力。

2004年的《魔兽世界》（*World of Warcraft*）中，玩家通过完成任务、击败敌人、探索世界等方式获得经验值，提升角色等级，并学习新的技能和天赋。

2011年的《上古卷轴Ⅴ：天际》（*The Elder Scrolls Ⅴ: Skyrim*）中，玩家可以根据自己的游戏风格来自由发展角色，通过使用技能来提升技能等级，并在技能树中解锁新的天赋。

2015年的《巫师3：狂猎》（*The Witcher 3: Wild Hunt*）中，玩家通过完成任务和击败敌人获得经验值，提升角色等级，并获得技能点数，用于学习和升级技能。

36.资产掌控（Asset Control）

资产掌控游戏机制指的是在游戏过程中，存在一个或多个具有特殊战略价值的、通常是可移动或可传递的“核心资源”或“目标物件”（例如旗帜、球、特殊道具、关键单位等），玩家或队伍需要通过争夺、持有、运输，或利用这个核心资源来达成游戏目标，而对该核心资源的掌控权则在不同参与者之间动态转移。将游戏的焦点集中在对特定、关键游戏元素的获取与支配上，以此作为创造优势、推动进程或达成胜利条件的核心手段。

资产掌控游戏机制的核心在于“支配权”与“目标导向”：游戏通过设定一个具有决定性作用的核心元素，迫使玩家的所有行动和策略都围绕着对该元素的争夺和利用展开，成功掌控并有效运用这个核心元素，是通往胜利的唯一或主要途径。这种机制常见于体育竞技游戏、夺旗模式的射击游戏，以及某些特定类型的策略游戏中。“控制区”与本机制有一定的区别，资产掌控机制的核心目的是占领地图上的固定“区域”，且更侧重于在区域内停留或控归属，控制区的争夺需要时间和持续的资源投入，以获取长期收益或战略优势。

表现形式

资产掌控游戏机制在游戏中主要体现在核心资产的特性、掌控方式的差异、掌控后的行动逻辑，以及对游戏胜负的直接影响等方面。

核心资产通常是唯一的或数量极其有限的，具有高度的争夺价值。在以*FIFA*系列或*NBA 2K*系列为代表的体育竞技游戏中，核心资产就是“球”，双方队伍的一切攻防都围绕着球的控制权和最终将其送入对方球门/篮筐展开。在《反恐精英》（*Counter-Strike*）的人质解救模式中，被反恐精英方营救的“人质”即核心资产；在《盗贼之海》（*Sea of Thieves*）中，玩家千辛万苦找到的“宝箱”或其他贵重战利品，在被运回交接点之前，也是一种可被争夺的核心资产。

在足球或篮球游戏中，玩家通过抢断、拦截、盖帽等方式从对方手中夺取球权，但在《守望先锋》（*Overwatch*）的“护送运载目标”模式中，进攻方队伍需要有成员持续停留在运载目标附近才能使其前进，这是一种持续性的掌控。

获得核心资产的控制权后，玩家通常需要将其运输到特定地点、持有一定时间或利用其发动特殊效果。在《雷神之锤Ⅲ》(*Quake Ⅲ Arena*)的夺旗模式中，玩家夺取对方旗帜后，需要将其安全运回己方基地，并且己方旗帜未被夺走，才能得分。在《反恐精英》(*Counter-Strike*)的人质解救模式中，反恐精英需要护送人质到达指定撤离点。

成功掌控并运用核心资产，往往直接与得分、胜利条件的达成或游戏结束相关联，在《火箭联盟》(*Rocket League*)中，将球撞入对方球门是唯一的得分方式，比赛结束时得分高者获胜。在许多夺旗模式中，获得胜利的方式是率先将对方旗帜运输到目的地或者达到指定次数。

案例

1992年的《超级马力欧赛车》(*Super Mario Kart*)系列，在其中的“气球对战(Balloon Battle)”模式中，玩家需要保护自己的气球不被对手的道具击破，同时攻击对手的气球。

1999年的《虚幻竞技场》(*Unreal Tournament*)和《雷神之锤Ⅲ》(*Quake Ⅲ Arena*)都包含了经典的“夺旗(Capture the Flag，CTF)”模式。

2000年的《反恐精英》(*Counter-Strike*)，在其中的人质解救模式下，反恐精英需要护送人质到撤离点，而恐怖分子则要阻止。

2007年的《光环3》(*Halo 3*)中的“古怪球(Oddball)”模式下，玩家需要抢夺并持有骷髅球来获得分数。

2012年的《反恐精英：全球攻势》(*Counter-Strike: Global Offensive*)，在其中的爆破模式下，进攻方需要将C4炸弹运送到指定爆破点并成功引爆。

2015年的《火箭联盟》(*Rocket League*)，足球是双方队伍争夺的核心资产。

2016年的《守望先锋》(*Overwatch*)，在其中的“护送运载目标(Escort)”模式下，运载目标本身就是进攻方需要掌控并推进的核心资产。

2018年的《盗贼之海》(*Sea of Thieves*)中，玩家找到的宝箱等战利品后，在运输过程中可能被其他玩家抢夺，是其他船队可以争夺的核心资产。

37. 资源规划（Resource Management）

资源规划游戏机制指的是游戏系统要求参与者对资源进行管理统筹。参与者需要根据既定的目标，将获取的各种资源（如货币、材料、时间、人口、行动点等），策略性地投入不同的“引擎”（如建筑、科技、单位生产、角色成长体系）中，这些资源在投入后会被消耗或锁定，并经过一段时间或特定流程的处理后，带来更高阶的收益、更强的能力或更优越的局势。

资源规划游戏机制的核心在于“投资”与“回报”：参与者必须在系统规则下，在当前需求与未来发展之间做出权衡，通过合理分配投入资源，来构建和优化一个能够持续产出价值的系统，并最终达成游戏目标。这种机制是策略游戏、模拟经营游戏和部分深度角色扮演游戏的基石，要求玩家对游戏中有限的、可量化的资源进行宏观的管理、统筹和长远布局。

表现形式

游戏中的“资源”形态极为广泛。既可以是直观的有形资源，也可以是无形的抽象资源。在《帝国时代》（*Age of Empires*）系列中，玩家需要规划食物、木材、黄金和石头四种基础资源的采集与分配，以支持人口增长、建筑建造和军队生产；在《文明》（*Civilization*）系列中，则需要统筹规划城市的产能、粮食、金钱、科技值和文化值等多种抽象资源，它们之间相互影响，共同决定了文明的综合实力。

承载并处理玩家所投入资源的“引擎”，是资源规划的目标载体，经过“引擎”的处理后，产出的回报形式多样，可能是新的物品或单位、永久性的能力提升、被动收入的增加或直接的胜利点数。在《星际争霸》（*StarCraft*）中，玩家投入资源建造的兵营、重工厂或星港，就是不同类型的军事生产引擎，而投入资源升级科技，则是对整个种族能力引擎的投资，玩家必须根据战局和自身战略，决定优先投资哪个引擎。

引擎的空间设计能够有效地提升策略思考深度，例如在《英雄传说：空之轨迹》（*The Legend of Heroes: Trails in the Sky*）系列中，“耀晶片”是核心的资源点，玩家在战斗胜利后会获得七种不同属性的耀晶片。这些资源点主要用于两方面的规划投入：一是解锁角色“战术导力器”上的插槽，以装备更多的“结晶回路”；二是合成新的或更高级的结晶回路。由于每种耀晶片的数量有限，玩家必须根据角色定位和战术需求，策略性地规划如何分配这些资源点，以优先解锁关键的魔法或提升核心属性。

短期与长期目标的权衡是本机制的核心挑战。例如，在《冰汽时代》（*Frostpunk*）中，玩家面临严峻的生存压力，对资源的管理决策直接关系到城市的生死存亡，必须决定是将宝贵的木材和蒸汽核心用于建造提供即时温暖的能量塔，还是用于建造能够长远提升资源采集效率的科技建筑。

与其他机制组合能够造就各种复杂的玩法，如与限制、流水线、市场、收入、制作等机制结合。在《纪元》（*Anno*）系列中，玩家不仅要规划各个岛屿的生产，还需要建立高效的航运路线，来管理不同岛屿之间的资源调配和库存，确保生产链的顺畅和居民需求的满足。

案例

1989年的《模拟城市》（*SimCity*）中，玩家的核心任务就是规划城市的预算（核心资源），决定将其投入住宅、商业、工业区的建设中，还是投入电力、供水、交通等基础设施中，以促进城市的长期繁荣。

1991年的《文明》（*Civilization*）系列是宏观资源规划的典范，玩家需要在每个回合中，决定将城市的产能分配给建造单位、建筑还是世界奇观，这些选择共同塑造了文明的发展轨迹。

1992年的《沙丘Ⅱ》（*Dune Ⅱ*）中，香料作为唯一的关键资源，玩家的一切军事和建设行动都依赖于对香料的采集和高效利用，如何规划香料的投入以最快速度建立优势是游戏的核心。

1998年的《星际争霸》（*StarCraft*）将资源规划融入快节奏的即时战斗中，玩家必须在扩张经济（建造更多基地和工蜂）与爆兵备战之间做出精确到秒的决策。

2009年的《纪元1404》（*Anno 1404*）以其复杂的生产链著称，玩家需要规划从原材料到奢侈品的完整生产和运输路线，以满足不同阶层市民的需求。

2013年的《欧陆风云Ⅳ》（*Europa Universalis Ⅳ*）中，玩家需要管理国家的君主点数（行政、外交、军事）、金钱、人力等多种资源，并决定是将其用于科技研发、理念解锁、领土扩张还是稳定国内局势。

2014年的《这是我的战争》（*This War of Mine*）将资源规划微缩到平民的生存上，玩家每天都需要决定如何分配有限的食物、药品、建材等资源，以熬过战争。

2018年的《冰汽时代》（*Frostpunk*）是一款生存城市营造游戏，玩家必须在严寒末日中规划稀缺的煤炭、木材、钢材等资源，以维持供暖、食物供给和科技研发。

38. 此消彼长（Trade-off）

作为“经济”类游戏机制中的一种特殊设计，“此消彼长”为游戏世界带来了二元对立、相互制衡的动态关系，迫使玩家在发展中进行权衡与取舍。它指的是在游戏过程中，某些数值、属性、状态或资源并不是独立变化的，而是呈现出此增彼减、此强彼弱的联动关系，即一方的增长必然导致另一方的减少，反之亦然，形成一种内在的制约。

此消彼长游戏机制的核心在于“对立”与“平衡”：游戏通过设定一对或多对相互关联的对立元素，使得玩家在追求一方增长的同时，必须接受另一方的削弱，从而在有限的选择空间内进行策略性的权衡和取舍，这种选择往往直接影响角色的发展方向、剧情的走向或与其他势力的关系。这种机制常见于角色扮演游戏、策略游戏中，它通过构建一种类似于“零和博弈”的局面，提升游戏的策略深度和选择的意义，也为游戏叙事和角色塑造提供了更多的设计方向。

表现形式

对立元素的具体类型是构建此消彼长关系的基础。在角色扮演游戏中，以《质量效应》（*Mass Effect*）系列为例，玩家在对话和行动中的选择会直接影响其“楷模（Paragon）”和“叛逆（Renegade）”两种道德倾向值，这两者通常是互斥增长的，即一个值的提升往往伴随着另一个值的停滞或少量下降。在策略游戏中，如《人类》（*Humankind*），玩家的文明需要在多个意识形态轴（如集体主义 vs. 个人主义，传统 vs. 进步）上进行定位，在一个轴上向一端偏移，则会自动远离另一端，影响文明的政策和特性。

相互影响的规则与幅度决定了此消彼长关系的敏感度和策略性。在《三国志曹操传》（*Romance of the Three Kingdoms：The Legend of CaoCao*）及其MOD中，玩家在战场上做出的一些选择，如是否全歼敌人、是否接受俘虏、是否听取特定建议等，会影响到主角曹操的“红蓝脸”数值（通常代表着霸道与仁德或不同的战略倾向）。红色数值的增加可能解锁更具攻击性的单位或策略，而蓝色数值的增加则可能带来更强的防御或辅助能力，二者之间通常难以同时达到极致。

玩家的行为，如对话选择、任务完成方式、战斗策略等，是驱动对立元素变化的主要手段，玩家干预的方式体现了玩家在这一机制中的能动性。在《辐射：新维加斯》（*Fallout: New Vegas*）中，玩家与各个派系的互动（如完成任务、攻击敌对派系成员）会直接改变与这些派系的关系值，帮助一个派系往往会恶化与另一个或多个敌对派系的关系。

此消彼长游戏机制对游戏整体策略的影响，迫使玩家在发展过程中做出明确的取舍，无法做到面面俱到。在《极乐迪斯科》（*Disco Elysium*）中，玩家主角的思维内阁中，某些思想的植入或升级，在带来正面效果的同时，也可能对其他属性或技能产生负面影响，或者与其他思想产生冲突，玩家需要根据自己的调查方向和角色构建目标进行选择。

案例

1997年的《辐射》（*Fallout*）系列中，玩家的某些行为会影响到特定阵营对玩家的好感度。如果玩家帮助了某个阵营，可能会导致另一个敌对阵营对玩家的好感度降低。

2007年的《质量效应》（*Mass Effect*）系列将该机制融入剧情对话中。玩家在与NPC对话时，可以选择不同的回答方式，这些回答方式会影响NPC对玩家的态度，甚至会影响剧情的走向。游戏还设置了“楷模”和“叛逆”两种道德倾向，玩家可以通过选择不同的对话选项来提升自己的道德倾向，从而解锁不同的技能和剧情分支。

2010年的《辐射：新维加斯》（*Fallout: New Vegas*）中，玩家与各个派系之间的关系呈现出一种此消彼长的状态，帮助某个派系会提升自己在该派系中的声望，但可能会降低在敌对派系中的声望。

2016年的《王权》（*Reign*）中，系统以卡牌的形式，接连不断地向玩家提出各种请求、报告或威胁，玩家向左或向右滑动卡牌来做出“是”或“否”的二元选择。每一个决定都会影响王国的四个核心指标：教会、民意、军事和财政，有上升就会有下降，任何一个指标过高（满了）或过低（空了），玩家的统治就会以各种方式被推翻。

2019年的《极乐迪斯科》（*Disco Elysium*）中，玩家的技能和思维内阁会对角色的属性产生影响。例如，学习某些技能可能会提升角色的智力，但也可能降低角色的体质。

2021年的《人类》（*Humankind*）中，玩家在游戏过程中需要在多个意识形态轴上做出选择。这些意识形态轴是相互对立的，例如“集体主义”与“个人主义”、“秩序”与“自由”等。玩家在某个意识形态轴上的倾向越强，在与之对立的意识形态轴上的倾向就越弱。

39. 概率管理（Probability Management）

概率管理指玩家能够通过策略、装备配置或系统设计，对游戏中的随机事件概率进行主动干预或预测，而非被动依赖系统的随机性。该机制通过赋予玩家对概率的可见性与可控性，将随机性转化为可规划的决策要素，既保留了不确定性带来的刺激感，又避免了完全不可控的挫败体验。

概率管理游戏机制的核心在于“风险与收益的博弈”——玩家需权衡资源投入与概率提升的边际效益，从而实现目标事件的最优化触发。这一机制广泛应用于角色扮演、策略、卡牌等类型的游戏中，成为平衡随机性与策略深度的关键设计手段。

表现形式

概率管理的实现形式可分为显性数值叠加、隐性条件组合及透明化概率框架三类。

显性数值叠加

玩家通过装备、技能或道具直接提升特定随机事件的触发概率。例如：

- 装备“幸运戒指”可使怪物掉落稀有物品的概率从1%提升至5%。
- 技能“精准射击”将角色暴击率从基础值15%阶段性叠加至30%。

此类设计通常以数值面板或状态栏的形式直观地显示，玩家可以通过资源分配（如属性点、装备槽）主动构建概率优势。

隐性条件组合

随机事件的触发概率受玩家行为或环境因素的间接影响，需通过策略探索发现关联规则。例如：

- 在特定天气下使用火系魔法，可提高点燃敌人的概率。

- 连续攻击同一敌人时，暴击率随连击数递增。

此类不直接公开概率公式，通过玩法引导玩家形成“条件反射式”的操作模式。

透明化概率框架

游戏明确告知玩家不同选择对应的概率分布，甚至允许玩家自定义随机规则。典型设计如下。

- 宝箱界面显示“木质宝箱：60%普通装备，30%稀有装备，10%传奇装备；黄金宝箱：30%稀有装备，50%传奇装备，20%特殊材料”。
- 在合成系统中，投入特定材料可定向提升产出目标道具的概率（如加入“龙鳞”使武器附魔火属性的成功率+25%）。

此类设计通过信息透明化，将概率管理转化为资源规划问题，强化玩家的掌控感。

案例

2000年的《暗黑破坏神Ⅱ》（*Diablo II*）是显性数值叠加的经典案例。游戏中的“魔法物品获取率（Magic Find, MF）”属性可直接提升怪物掉落稀有装备的概率。玩家通过搭配头盔、盔甲等装备堆叠MF值，形成“打宝专用配装”，将概率管理发展为游戏后期的核心玩法。

2012年的《幽浮：未知敌人》（*XCOM: Enemy Unknown*）通过隐性条件组合设计强化策略深度。士兵的命中率受距离、掩体、高度差等因素影响，玩家需通过走位包抄、破坏敌方掩体或使用“压制射击”等技能，间接提升攻击成功率。这种“概率可塑”的设计迫使玩家从战术层面管理风险。

2014年的《炉石传说》（*Hearthstone*）在卡牌构筑中融入概率管理机制。卡组中同名卡牌最多携带两张，玩家可通过调整卡牌数量比例（如携带两张“奥术智慧”提高过牌概率）或使用“发现”机制（从三张随机卡牌中选择一张）来优化随机性。此外，卡牌效果如“尤格—萨隆”的随机施法，将概率管理延伸至对局中的实时决策。

2017年的《尼尔：机械纪元》（*NieR: Automata*）采用透明化概率框架。芯片系统明确标注了“暴击率提升”“物品掉落率+”等数值，玩家可通过拆卸敌人部件或完成任务获取高阶芯片，自由组合以构建特定概率优势。例如，叠加“物品掉落率+30%”与“稀有物品概率+15%”芯片，可将稀有材料获取效率最大化。

2020年的《原神》（*Genshin Impact*）在角色培养与抽卡系统中深化了概率管理，玩家可通过“祈愿保底机制”确保在90次抽卡内必定获得五星角色，且未触发保底时五星概率随抽取次数递增。此外，元素共鸣系统（如双火元素队伍提升攻击力25%）允许玩家通过队伍配置间接提升战斗中的暴击率、元素反应等概率，将宏观策略与微观随机性紧密结合。

第八章
集合（Collection）

集合类游戏机制是指游戏中与收集、组合、管理和利用游戏元素（如物品、资源、卡牌等）相关的规则和系统，它们驱动玩家进行探索、策略规划和长期目标达成。

集合类游戏机制关注玩家在游戏中对特定物品、资源或元素的收集与组合过程。其核心在于玩家通过收集或拼合一系列要素，进而朝特定目标或胜利条件迈进，或解锁新的功能与内容。某些集合过程或许需要融合解谜、战斗或交易环节，使多种玩法得到有机整合。

若一个系统涉及玩家对若干分散元素的收集或组合，并利用这些元素来产生新的进展或奖励，则可视为集合机制。此类机制往往具备阶段性目标（如凑齐套装、完成图鉴），并通过稀有度设定或随机掉落增强趣味性，它也经常与探索或成就系统相辅相成。

40.收集（Collecting）

收集游戏机制在电子游戏中非常常见，能够有效驱动玩家探索游戏世界、与环境互动并获得成就感。它是指玩家通过主动或被动的方式，获取散落在游戏世界中，或通过特定行为产生的各种物品、资源、信息、角色等各种可收集元素，并将它们纳入玩家的背包、仓库、图鉴或其他形式的收藏系统中。

收集游戏机制的核心在于“发现”与“获取”：玩家在游戏世界中寻找和发现可收集的元素，并通过特定的操作（如拾取、捕捉、击败敌人、完成任务等）来获取它们。而收集到的这些元素，则构成了玩家游戏进程的一部分，可以用于角色成长、装备升级、任务完成、解锁新内容或仅仅作为一种收藏和展示。收集游戏机制广泛存在于各种类型的游戏中，从角色扮演游戏的装备收集，到动作冒险游戏的隐藏物品收集，再到模拟经营游戏的资源收集，它通过构建一种“寻觅—获得—积累”的循环，为玩家带来探索的乐趣、发现的惊喜和积累的成就感。

表现形式

收集对象通常是具体的物品，例如武器、装备、道具、材料、货币等，有时是抽象的概念，如信息、线索、记忆碎片、成就等；也可以是游戏角色或生物，如宠物、伙伴、怪物图鉴等。例如，在《宝可梦》（*Pokémon*）系列中，玩家的核心目标之一就是收集各种各样的宝可梦。

在交互方式体验方面，一些收集对象可被直接拾取，如地面上的金币、草丛中的药草等；另一些收集对象则需要通过特定的方式才能获取，如击败敌人、完成任务、开启宝箱、与NPC交易等。例如，在《塞尔达传说：旷野之息》（*The Legend of Zelda: Breath of the Wild*）中，玩家可以通过砍伐树木、采集果实、狩猎动物、击败敌人、开启宝箱等多种方式来收集各种物品和资源。

游戏设计师在设计游戏时，除了将收集对象分散在整个游戏世界中，鼓励玩家进行自由探索，也会将收集对象限定在特定的区域或关卡中，方便玩家集中收集。还有一些游戏采用了“清单式”的收集系统设计，明确列出所有可收集的对象，并提供相应的提示或指引。

收集到的元素并非孤立存在的，而是与游戏的其他系统紧密相连，共同服务于玩家的短期或长期目标。例如，收集的材料可用于“制作”或“升级”更强的装备，收集的特定物品组合（见“成套”机制）可解锁强大的套装效果，收集特定数量或种类的物品可构成任务目标或解锁新的游戏区域、功能。即便是纯粹以“集齐所有”为目标的收集，也能极大地满足部分玩家的完成主义心理和探索的欲望。例如，《阿尔芭与野生动物的故事》（*Alba: A Wildlife Adventure*）是一款以野生动物摄影为主题的冒险游戏，主角阿尔芭使用摄像机拍摄各种野生动物，并将它们记录在图鉴中，以完成游戏剧情和任务。

案例

1986年的《银河战士》（*Metroid*）中，玩家操控萨姆斯·阿兰在星球上探索，并收集各种能力升级道具，如导弹、变形球、高跳靴等。这些能力升级道具不仅可以增强萨姆斯的战斗力，还可以帮助她探索新的区域。

1986年的《塞尔达传说》（*The Legend of Zelda*）中，玩家操控林克在海拉鲁大陆上冒险，并收集各种武器、道具、心之碎片等。这些物品可以提升林克的能力，帮助他解开谜题和击败敌人。

1996年的《宝可梦》（*Pokémon*）系列将收集机制作为游戏的核心玩法之一。玩家扮演宝可梦训练家，在游戏世界中旅行，并捕捉各种各样的宝可梦。游戏的“宝可梦图鉴”系统记录了玩家收集到的所有宝可梦，完成图鉴成为许多玩家的目标。

1997年的《最终幻想Ⅶ》（*Final Fantasy Ⅶ*）中，玩家可以通过探索、战斗和完成任务来收集各种魔晶石、武器、防具和道具。这些物品可以提升角色的能力，并为战斗提供更多的策略选择。

1998年的《班卓熊大冒险》（*Banjo-Kazooie*）中，玩家需要收集散落在关卡中的音符、拼图碎片等物品，这些物品是解锁新区域和挑战Boss的必要条件。

2001年的《动物森友会》（*Animal Crossing*）系列中，玩家可以在自己的村庄中收集各种家具、服装、昆虫、鱼类、化石等物品，并用它们来装饰自己的房屋或捐赠给博物馆。

2017年的《塞尔达传说：旷野之息》（*The Legend of Zelda: Breath of the Wild*）中，玩家可以在广阔的海拉鲁大陆上收集各种食材、武器、防具、材料、克洛格的果实等。这些物品可以用于烹饪、战斗、制作装备或升级能力。

2018年的《漫威蜘蛛侠》（*Marvel's Spider-Man*）中，玩家可以在纽约市收集各种背包、照片、录音带等物品，这些物品可以帮助玩家了解蜘蛛侠的过去和纽约市的背景故事。

41. 合成（Crafting）

在游戏过程中，玩家通过特定的操作界面、工具或场所，将两个或多个不同的物品、材料、资源或其他游戏元素，按照预设的配方、规则或条件进行组合，从而创造出具有新属性、新功能，以及更高价值的新物品、装备、道具或其他游戏元素。

合成游戏机制的核心在于“组合”与“转化”：玩家不再是被动地收集和使用游戏提供的物品，而是能够主动地将已有的资源进行整合和再创造，通过不同的组合方式来获得具有特定功能或更强效果的物品，从而提升自身实力、解决游戏难题或丰富游戏体验。合成游戏机制常见于角色扮演游戏、生存游戏、模拟经营游戏中，它通过构建一种“组合—创造—提升”的循环，为游戏带来策略深度、探索乐趣和个性化定制的空间。

表现形式

合成游戏机制在游戏中的表现形式多样，主要体现在合成系统的设计思路、合成的操作方式、合成材料的要求以及合成结果的呈现上。根据不同的设计侧重点，可以将合成游戏机制的表现形式大致分为以下几类。

配方驱动合成：游戏提供明确的合成配方，玩家需要收集指定材料并按固定比例组合。例如：

- 使用“木材 ×3 + 铁锭 ×2”合成“铁斧”。
- 通过食谱“小麦 ×2 + 牛奶 ×1”制作“面包”。
- 在《怪物猎人》（*Monster Hunter*）系列中，玩家需要按照配方，使用狩猎获得的怪物素材、采集的植物、矿物等来制作武器、防具和各种消耗品。

此类设计通常以配方手册或合成界面直观地展示，以降低学习成本并确保目标导向。

自由实验合成：玩家可任意组合材料，通过试错发现新物品。例如：

- 将“火元素石 + 水元素石”混合生成“蒸汽核心”。
- 用“毒蘑菇 + 治疗药水”调配出“剧毒药剂”。
- 《涂鸦上帝》（*Doodle God*）的所有元素需要玩家自行探索组合发现新的元素或事物。

此类设计鼓励玩家探索隐藏的规则，但需要通过反馈机制（如提示“不兼容”或“未知产物”）避免盲目操作。

层级递进合成：合成产物可作为下一阶段合成的原材料，形成多级生产链。例如：

- “矿石→金属锭→武器零件→完整武器”。
- “草药→药剂基底→强化药剂→传奇灵药”。
- 在《异星工厂》（*Factorio*）中，玩家需要从最基础的矿石开采开始，逐步加工成金属板、齿轮、电路板等，最终才能制造出复杂的机械设备。

此类设计通过延长生产链条，将合成机制与长期资源规划深度绑定。

属性融合合成：不仅生成新物品，还可继承或混合原材料的属性。例如：

- 将“火焰剑 + 寒冰盾”合成为“元素双刃”，同时附带火与冰的伤害效果。
- 将不同品质的宝石镶嵌至装备，按比例提升属性加成。

此类设计通过属性组合创造多样性，支持玩家定制专属玩法。

案例

1997年的《最终幻想Ⅶ》（*Final Fantasy Ⅶ*）通过“魔晶石合成”系统开创了属性融合的先例。玩家可将不同属性的魔晶石组合在武器插槽中，如将“火焰”与“范围化”魔晶石结合，释放群体火系魔法。

2010年的《涂鸦上帝》（*Doodle God*）是一款益智解谜类游戏，玩家在游戏中扮演上帝的角色，通过组合不同的基础元素来创造新的事物，最终构建出整个宇宙。

2011年正式发布的《我的世界》（*Minecraft*）将自由实验合成推向主流。玩家通过2×2或3×3合成网格任意组合材料，例如“木板 ×4”合成“工作台”，“燧石 + 火药 + 纸张”合成“烟花火箭”。无预设配方的设计激发了玩家的创造力与社区共享文化。

2015年的《辐射4》（*Fallout 4*）通过“工房系统”实现层级递进合成，玩家需先合成基础建材（如钢铁、混凝土），再逐步建造复杂的设施（如防御炮塔、净水站），合成链条的深度与定居点建设需求挂钩。

2017年的《塞尔达传说：旷野之息》（*The Legend of Zelda: Breath of the Wild*）在烹饪系统中融入动态合成机制。玩家可自由组合食材（如“禽肉 + 蘑菇 + 辣椒”）制作料理，不同组合触发不同的增益效果（如抗寒、耐力恢复）。随机性与实用性并存的设计，鼓励玩家探索自然生态。

2022年的《艾尔登法环》（*Elden Ring*）通过“战灰合成”扩展战斗策略。玩家可将击败Boss获得的战灰与武器结合，赋予武器特殊技能（如“鲜血斩击”“冻霜踏地”）。

42.成套（Set Collection）

成套游戏机制指的是玩家在游戏中收集、获取或装备一系列具有特定关联的物品、装备、角色、卡牌或其他游戏元素，当这些元素的数量或种类达到预设的要求时，即可触发额外的奖励、增益效果、特殊技能或解锁新的游戏内容。

成套游戏机制的核心在于“关联”与“收益”：游戏通过设定元素之间的内在联系（例如属于同一系列/类型、具有相同主题、出自同一阵营等），并赋予“成套”状态以获得额外价值，来鼓励玩家进行有目标的收集和组合，而这种“成套”带来的增益，则进一步强化了玩家的收集动力，并为游戏策略和角色/物品搭配提供了更多的选择。成套机制常见于角色扮演游戏、卡牌游戏、收集类游戏中，它通过构建一种“收集—组合—强化”的循环，提升了游戏的耐玩性、策略性和目标感。

表现形式

成套游戏机制在桌面游戏中非常常见，如收集符合特定规则组合的麻将游戏、以凑出特定牌型获胜的扑克类游戏。在电子游戏中的表现形式，则是以目标驱动为主，如1989年由Tamtex开发、Irem发行的街机游戏《四川省》（*Shisensho*），玩家以“两个一套”消除为基础目标，逐步消除所有的麻将牌。随着电子游戏的发展和迭代，“多个一套”衍生出三消类游戏玩法，但收集成套获得游戏胜利的玩法较为罕见。例如，在《文明Ⅴ》（*Civilization V*）中可以建造宇宙飞船部件达成科技胜利，但通常在电子游戏中，成套机制以成套效果辅助战斗、经济、养成、制造等系统玩法为主。

套装效果可以是直接的属性加成，如提升角色的攻击力、防御力、生命值等；也可以是特殊能力的解锁，如获得新的技能、被动效果或改变角色的外观；还可以是游戏内容的解锁，如开启隐藏的关卡、剧情或挑战。例如，在《魔兽世界》（*World of Warcraft*）中，职业套装会提供强大的属性加成和独特的套装效果，这些效果与职业的定位和技能相契合。

战斗套装加成：玩家收集指定数量的同系列物品后，可激活固定属性加成或技能。例如：

- 装备“烈焰套装（头盔、胸甲、护腿）”后，可触发“火焰抗性+30%”与“火系技能伤害提升20%”。
- 在卡牌游戏中，集齐“龙族三巨头”组合，解锁特殊召唤技能“龙魂觉醒”。
- 在《暗黑破坏神》（*Diablo*）系列中，集齐特定的绿色套装或暗金装备，可以获得额外的属性加成、特殊技能或外观特效。

此类设计通常以明确的套装列表或进度条提示玩家收集目标。

剧情关联成套：收集特定物品组以推进剧情或解锁隐藏内容。例如：

- 集齐“上古符文碎片×5”可修复遗迹大门，进入最终关卡。
- 获得若干个散落的“家族遗物”，触发角色专属背景故事线。

此类设计将成套机制与叙事深度结合，增强沉浸感。

案例

1996年的《暗黑破坏神》（*Diablo*）系列是固定套装加成的代表作，游戏中的“塔格奥套装”“不朽之王套装”等需要玩家收集头盔、武器、盔甲等部件，集齐后激活专属属性（如吸血、召唤仆从）。

2004年的《魔兽世界》（*World of Warcraft*）在团队副本中引入“职业套装”，玩家需要通过击败Boss收集“战士T1力量套装”“法师T1奥术套装”等，集齐后不仅可以提升属性，还可以通过外观统一性强化角色身份认同。

2011年的《上古卷轴Ⅴ：天际》（*The Elder Scrolls V: Skyrim*）通过“龙祭司面具”设计剧情关联成套，玩家需要探索八座龙祭司墓穴，集齐全部面具后可合成终极面具“科纳瑞克”，解锁“时间减缓”能力。

2016年的《精灵宝可梦：日月》（*Pokémon Sun and Moon*）在宝可梦图鉴中强化生态收集，玩家捕获特定区域内的所有宝可梦后，可获得“区域专家”称号及稀有进化石。此外，“属性徽章收集”要求玩家击败全部属性道馆，集齐后解锁联盟挑战资格。

2019年的《死亡搁浅》（*Death Stranding*）通过“记忆芯片”实现叙事性成套，游戏中散落56块记忆芯片，集齐后可解锁隐藏剧情片段与“开拓者”奖杯。这种设计将碎片化叙事与玩家自主探索紧密结合。

2020年的《原神》（*Genshin Impact*）在圣遗物系统中深化动态组合效应，玩家可搭配“炽烈的炎之魔女（火伤加成）”与“渡过烈火的贤人（生存强化）”组成混搭套装，根据战斗需求灵活调整属性增益，突破传统固定套装的限制。

2022年的《艾尔登法环》（*Elden Ring*）通过“传说护符”设计开放式成套，玩家收集“拉达冈的糜烂烙印”“玛莉卡的糜烂烙印”等传说级护符后，可激活隐藏结局“癫火之王”。此类设计将成套机制与多结局叙事深度绑定，提升了重复游玩的价值。

43.拼凑（Piecing Together）

拼凑游戏机制通过将原本分散、破碎或不完整的元素进行组合，为玩家带来了还原、补全和发现隐藏信息的乐趣。它指的是在游戏过程中，玩家需要收集、寻找或获取一系列具有特定关联的碎片、部件、线索、符号、图像或其他游戏元素，并通过观察、分析、推理和尝试，按照一定的逻辑关系或空间结构将它们组合起来，还原成一个完整的物体、图像、故事、信息或可触发特定事件。

拼凑游戏机制的核心在于"关联"与"还原"：游戏将原本完整的元素打散，并赋予这些碎片之间某种内在的联系（如形状的互补、图案的连续、信息的关联等），玩家则需要通过发现和理解这些联系，将碎片重新组合起来，还原出其原本的面貌或揭示其背后的意义。这种机制常见于解谜游戏、冒险游戏、叙事类游戏中，它通过构建一种"收集—分析—组合"的循环，考验玩家的观察力、逻辑推理能力和空间想象力。

表现形式

拼凑游戏机制在电子游戏中往往根据其所要还原的"整体"的性质，以及玩家的互动方式而有所不同，但核心总是围绕着从分散到整合、从未知到明晰的过程。

实物碎片的重组与装配是最为直观的拼凑形式，游戏会提供一系列物理上或视觉上分离的物件碎片、机械部件或图像残片，散落在游戏环境中或作为奖励给予玩家。玩家需要通过直接操作（如拖拽、旋转、对齐边缘、依照轮廓或逻辑关系进行嵌合），将碎片正确地组合起来，以还原出一个完整的物品（如修复的古代器物、组装的机械装置）或一幅完整的图像（如壁画、地图、照片）。这种形式着重考验玩家的空间认知、图形匹配和细致观察能力。例如，在2019年的《用心组装》（*Assemble with Care*）中，玩家扮演一名古董修理师，每一章都需要修理一件充满故事的旧物，如相机、磁带播放机或投影仪。游戏的核心玩法便是将这些物品拆解成一个个独立的零件，在替换掉损坏的部分后，再通过观察它们的结构、形状和接口，按照正确的逻辑顺序，将螺丝、齿轮、外壳等部件逐一"拼凑"回原位，最终使其恢复功能。

除了实物拼凑，抽象内容也能作为拼凑元素，如零散的文本（如日记残页、信件片段、石碑铭文)、符号序列、音频记录、对话线索或特定的数据代码。信息片段本身可能意义不明或不完整，玩家需要将它们收集齐全，并通过逻辑分析、顺序排列、密码破译或上下文关联，来拼凑出一段完整的叙事、一个关键的密码、一条隐藏的指令或一个能解释当前困局的完整信息链。这种表现形式强调玩家的阅读理解、逻辑推理和信息筛选能力。

更为复杂的拼凑形式是动态线索的关联与推理，通常涉及对跨越不同场景、时间点或多个角色视角获得的动态线索进行整合。玩家可能需要对比不同目击者的矛盾证词，追踪一个事件在不同阶段留下的痕迹，或者根据环境中看似无关的细节(如物品摆放、异常现象、角色行为模式)，推断它们之间的因果联系或隐藏的逻辑顺序。这种拼凑往往不是简单的线性组合，而是要求玩家在脑海中构建一个复杂的事件模型或关系网络，通过不断地假设与验证，最终“拼凑”出事件的真相或一个可行的行动方案。

案例

2007年的《塞尔达传说：幻影沙漏》(*The Legend of Zelda: Phantom Hourglass*)中，玩家需要收集海图碎片来拼凑出完整的海图，从而找到新的岛屿和航线。

2014年的《伊森卡特的消失之谜》(*The Vanishing of Ethan Carter*)中，当主角找齐一个案件现场的所有关键线索后，就可以开始重现事件。主角会进入幻象空间，看到与该事件相关的几个关键瞬间的“灵魂剪影”，可以按照事件发生的正确时间顺序，为这些静止的幻象编号，按正确的顺序排列后，这些静止的幻象就会“活”过来，展示这起事件的真实经过。

2015年的《她的故事》(*Her Story*)是一款以拼凑为核心玩法的叙事游戏。玩家需要观看大量的视频片段，并通过搜索关键词来寻找新的片段，最终通过拼凑这些片段来还原整个故事的真相。

2017年的《艾迪芬奇的记忆》(*What Remains of Edith Finch*)采用信息片段整合机制。玩家通过探索家族宅邸，收集散落的日记、照片与物品，逐步拼凑出芬奇家族成员的死亡真相。

2019年的《疑案追声》(*Unheard*)将声音作为拼凑故事的核心媒介。玩家置身于一个上帝视角的案发现场平面图中，但无法看到人物，只能听到在特定时间、特定地点发生的所有对话和声响。通过拖动时间线，反复聆听不同角色的对话片段，玩家需要将这些碎片化的声音信息进行关联和排序，从而拼凑出每个人的身份，以及整个案件的完整经过。

2019年的*Baba Is You*中，玩家可以通过推动代表不同规则的单词方块来改变游戏的规则，其中包括通过拼凑单词来改变游戏元素的属性或行为。

2018年的《奥伯拉丁的回归》(*Return of the Obra Dinn*)通过动态线索关联设计硬核拼凑体验。玩家需利用怀表回溯船员死亡的瞬间，收集衣物特征、对话片段与尸体位置信息，拼凑出60名船员的身份与死因。

2023年的《巴别塔圣歌》(*Chants of Sennaar*)是一款以语言解谜为核心的游戏。玩家需要通过观察和分析不同民族的语言和符号，来拼凑出它们之间的关联和含义，并最终理解这些语言，与不同的种族交流。

44.连击（Chaining）

连击游戏机制指的是玩家通过连续、不间断地执行一系列特定操作（通常是攻击、命中目标、完成特定动作等），获得递增的奖励、增强的属性或触发特殊效果的游戏机制。

连击游戏机制的核心在于“连续性”与“奖励叠加”：玩家需要在限定的时间窗口内，保持操作的连贯性和准确性，才能使连击数不断累积，从而获得越来越高的收益。这种机制广泛应用于动作游戏、格斗游戏、音乐游戏中，通过创造一种技巧挑战和即时反馈，为玩家带来紧张刺激的游戏体验和强烈的成就感。

表现形式

连击在输入交互方面有以下类型。

数值叠加型：连击次数直接提升伤害倍率或资源获取量。例如：

- 每累计10次连击，伤害提升5%，最高叠加至50%。
- 连击期间击败敌人会额外掉落金币，连击数越高掉落量越大。

阶段触发型：连击数达到阈值时激活特殊效果。例如：

- 连击数达30次时，触发全屏冲击波并重置连击计数。
- 连击维持期间，每15次连击自动释放一次无须消耗的终结技。

时间窗口型：连击需在限定的时间内完成，超时则连击中断。例如：

- 每次攻击后出现2秒计时条，下一击命中可延续连击并刷新计时。
- 连击期间，屏幕边缘逐渐收缩的“紧迫感特效”提示剩余时间。

在系统反馈方面，最常见的奖励是分数加成。例如，在许多动作游戏中，连击数越高，玩家获得的得分倍率就越高。其他常见的反馈还有以下几种。

- 伤害提升：连击数越高，玩家对敌人造成的伤害就越大。
- 属性加成：连击数越高，玩家的某些属性（例如攻击速度、移动速度、暴击率等）就越强。
- 特殊效果：当连击数达到一定程度时，可以触发特殊效果，例如无敌、霸体、吸血等。
- 资源积累：连击数越高，玩家获得的资源（如金币、经验值、特殊货币等）就越多。

不同游戏的奖励设计思路不同，有些游戏强调连击带来的直接收益，如更高的分数或更强的攻击力；有些游戏则更注重连击带来的策略变化，如通过连击来触发特殊效果或改变战斗节奏。

连击游戏机制的成功表现，很大程度上依赖于其即时且强烈的感官反馈。视觉上，通常会伴有一个醒目的连击计数器（Combo Counter）出现在屏幕上，数字的跳动与变大直接激励玩家维持连击；同时，攻击命中时的火花、光效也会随着连击数的增加而变得更加华丽。听觉上，则通过富有节奏感和冲击力的音效来强化每一次成功连击，有时甚至会加入系统语音播报来给予玩家正向肯定。

案例

1994年的《恶魔战士》（*Darkstalkers*）通过“连锁连击（*Chain Combo*）”系统革新了格斗游戏。玩家需要在特定帧窗口内输入轻、中、重攻击组合，成功后可形成无缝连击链，连击数越高，伤害衰减越低。此设计奠定了现代格斗游戏连击体系的基础。

1999年起的《托尼·霍克职业滑板》（*Tony Hawk's Pro Skater*）系列将连击机制作为极限运动游戏的核心。玩家需要通过不间断地衔接各种滑板技巧（如跳跃、翻板、呲杆、手动平衡等）来维持和累积连击数，从而获得极高的分数。

2001年的《宝石迷阵》（*Bejeweled*）系列在消除类游戏中普及了连锁反应式的连击。当一次消除导致新的宝石下落并自动形成新的消除时，即构成一次“连击”，连续的连锁消除会带来更高的分数倍率奖励。

2001年的《鬼泣》（*Devil May Cry*）引入了“风格评分+连击”双轨系统。玩家通过华丽连击（如剑技、枪击、空中追击交替）积累“风格等级”，连击中断后评分重置。高连击数不仅可以提升伤害度，还可以解锁“SSS”评级对应的专属奖励，将连击与角色成长深度绑定。

2009年的《猎天使魔女》（*Bayonetta*）以“魔女时间（Witch Time）”机制强化连击策略。玩家在敌人攻击瞬间闪避触发慢动作，期间连击数叠加速度翻倍，且终结技提升伤害度。这种设计将风险规避与连击收益结合，鼓励高风险高回报的玩法。

2012年的《忍者龙剑传3：刀锋边缘》（*Ninja Gaiden 3: Razor's Edge*）采用“断肢+处决”连击体系。玩家通过连击切断敌人肢体后可触发即时处决，处决动作计入连击且恢复体力。此机制将连击与生存资源管理结合，形成攻防一体的战斗循环。

2018年的《战神》（*God of War*）通过“卢恩符文连携”扩展连击维度。玩家可预设轻、重攻击对应的符文技能（如“利维坦之斧冰霜冲击”接“混沌之刃烈焰旋风”），技能命中后连击计数器持续累积，并缩短技能冷却时间。此设计将连击与技能循环策略深度融合。

45.顺序输入（Sequence Input）

顺序输入游戏机制指的是玩家需要按照特定、预先设定的顺序执行一系列操作（如按键、移动、选择选项等），或放置/排列游戏元素（例如符号、物品、机关部件等），才能触发特定效果、推进游戏进程或达成特定目标的游戏机制。

顺序输入游戏机制的核心在于“顺序”与“准确性”：玩家不仅需要知道应该执行哪些操作或放置哪些元素，还需要严格按照系统预设的顺序来执行，这样才能达成目标，广泛应用于格斗游戏、解谜游戏、冒险游戏。

表现形式

组合的载体可以是虚拟的按键序列、方向指令、行动选项，也可以是具象的游戏元素，如符号、图案、物品、机关部件等。在格斗游戏中，以《街头霸王Ⅱ》（*Street Fighter Ⅱ*）为例，组合元素通常是方向键（上、下、左、右）与攻击键（轻拳、重拳、轻脚、重脚等）的精确序列，如经典的“↓↘→ + 拳”来发动“波动拳”。在解谜游戏中，如《神秘岛》（*Myst*），组合元素是按照特定顺序点击的符号、正确排列的机关部件或依次激活的开关。

在《真人快打》（*Mortal Kombat*）系列中，其标志性的“终结技（Fatality）”通常需要玩家在极短的时间内，输入一长串复杂的按键序列；《劲舞团》（*Audition Online*）的玩家需要连续输入符合条件的按键指令，才能表演精彩的舞蹈动作。而相对于简单的解谜或互动游戏，可能只需要两三个步骤的简单顺序，序列的长度、所需操作的精度，以及允许的输入时间窗口，共同构成了顺序输入机制的难度。

序列设计并非一定由系统固定，开放给玩家再由系统运转的方式，能够有效增加主导沉浸感，如《英雄传说：空之轨迹》（*The Legend of Heroes: Trails in the Sky*）系列则将顺序输入机制从即时操作转化为一种策略性的装备配置，游戏中的“战术导力器”系统，要求玩家在一条或多条相连的插槽（结晶链）中，按特定顺序镶嵌不同属性的“结晶回路”。只有当一条结晶链上所有回路的元素值（如地、水、火、风）按顺序累加后，满足特定魔法的组合要求时，该魔法才能被解锁使用。

顺序输入通常会伴随着紧张的游戏进程，如以《生化危机》（*Resident Evil*）系列为代表的生存恐怖游戏，在开启某些密码锁或机关时，如果身处紧张危险的环境中，则需要在界面上依次输入数字或符号序列。例如，《指尖传说》（*Touch Type Tale*）是一款以打字为玩法的即时战术游戏，玩家不能使用鼠标和战场交互，必须快速、准确地输入代表指令的单词，完成生产、训练、指挥、魔法等战略操作，以和系统对手进行战斗对抗。

案例

1984年的《空手道》（*Karateka*）是最早将复杂的按键组合引入格斗游戏的游戏之一。玩家需要通过不同的按键组合来控制角色的出拳、踢腿和格挡等动作，这为后来的格斗游戏奠定了基础。

1987年的《魂斗罗》（*Contra*）中著名的“科乐美代码”（上上下下左右左右BA）虽然是一个作弊码，但其输入方式本身就是一种经典的顺序输入。

1991年的《街头霸王Ⅱ》（*Street Fighter Ⅱ*）将顺序输入机制发扬光大，成为格斗游戏的核心玩法之一。每个角色都有自己独特的招式列表，玩家需要熟记这些招式对应的指令组合（如“下前拳”代表波动拳、“前下前拳”代表升龙拳），并在战斗中灵活运用，才能击败对手。

1992 年的《真人快打》（*Mortal Kombat*）系列以其独特的“终结技（Fatality）”系统而闻名。在战斗结束时，玩家可以输入特定的指令组合，对战败的对手执行血腥暴力的终结技，这种设计极大地增强了游戏的刺激性和观赏性。

1993年的《神秘岛》（*Myst*）中，谜题往往涉及按照特定顺序操作机关或放置物品。例如，玩家可能需要按照特定的顺序按下按钮、旋转齿轮或放置符号，才能打开一扇门或启动一个装置。

2007年的《神秘海域》（*Uncharted*）系列中，玩家经常会遇到各种需要按照特定顺序操作的机关谜题。例如，玩家可能需要按照特定的顺序旋转雕像、踩踏地板或拉动拉杆，才能触发机关，打开通路。

2011年的《魔能》（*Magicka*）中，高级魔法是由若干基础魔法，按照一定顺序输入后释放的。

2013年的《塞尔达传说：众神的三角力量2》（*The Legend of Zelda: A Link Between Worlds*）中，存在需要按照特定顺序击打水晶开关的谜题。

2015年的《古墓丽影：崛起》（*Rise of the Tomb Raider*）中，劳拉有时会遇到需要按照特定顺序排列符号或旋转机关的谜题。

46. 流水线（Automation Chain）

流水线游戏机制指的是玩家通过规划、设计和建造一系列相互连接的设施或单元，构建一套自动化的系统，用于持续、高效地生产、收集、处理或运输游戏资源（如材料、能源、物品等）的游戏机制。

流水线游戏机制的核心在于“自动化”与“系统优化”：玩家需要将不同的生产单元按照特定的流程连接起来，形成一个无须人工干预即可自动运行的生产链条，并通过不断调整和优化流水线的结构，以实现最高的生产效率和资源利用率。流水线机制通常作为连接其他机制的通道，让各种机制可以协同工作。

表现形式

流水线游戏机制的构成要素通常包括资源采集单元、加工处理单元、运输单元和存储单元等。资源采集单元负责从游戏环境中获取原始资源，如矿场、伐木场、油井等。加工处理单元负责将原始资源加工成更高级的材料或产品，如冶炼厂、化工厂、组装厂等。运输单元负责将资源或产品在不同的单元之间进行转移，如传送带、管道、火车、无人机等。存储单元负责储存资源或产品，以备后续使用或销售，如仓库、储液罐、货箱等。

流水线游戏机制的运作方式通常是基于预先设定的规则和流程自动进行的，玩家需要将不同的单元按照正确的顺序连接起来，并设置好每个单元的工作参数，如生产配方、运输路线、存储容量等。一旦流水线开始运行，它就会按照预设的流程自动进行资源的采集、加工、运输和存储，无须玩家进行额外的干预。例如，在《异星工厂》（*Factorio*）中，玩家需要建造矿机来开采矿石，然后用传送带将矿石运送到熔炉中冶炼成金属板，再将金属板运送到组装机中制造更高级的物品。

流水线游戏机制的优化目标通常是提高生产效率、降低资源消耗、扩大生产规模或实现更复杂的生产目标。玩家需要不断地观察和分析流水线的运行状态，找出瓶颈所在，并进行相应的调整和优化。例如，玩家可以通过增加采集单元的数量来提高资源获取速度，通过升级加工处理单元来提高生产效率，通过优化运输单元的布局来减少运输时间，通过扩大存储单元的容量来避免资源溢出等。在《戴森球计划》（*Dyson Sphere Program*）中，玩家需要不断优化自己的星际工厂，以提高资源采集和处理的效率，最终建造出能够包裹恒星的戴森球。

流水线游戏机制还体现在其规模的演进和复杂度的递增上。在游戏初期，流水线可能只是简单的“采集—存储”或“原材料—初级产品”的两步流程，随着游戏发展，玩家需要构建涉及多个中间产品、精密配比和循环利用的复杂生产网络。从简单到复杂的演变，不仅是数值上的增长，更是一种让玩家可以直观地看到自己设计的系统高效运转，无数资源在传送带和管道中有序流动，这种秩序之美是该机制带来的核心乐趣之一。

案例

1993年的《模拟城市2000》（*SimCity 2000*）中，城市的基础设施（如电网、水网）就是一种流水线。玩家需要建造发电厂（生产单元），通过电线（运输单元）将电力输送到住宅、商业和工业区（消耗单元），形成一个完整的能源供应流水线。

1994年的《运输大亨》（*Transport Tycoon*）是流水线机制的经典代表。游戏的核心玩法就是建立高效的运输路线，将原材料（如煤炭、铁矿石）从产地（采集单元）通过火车或卡车（运输单元）运送到工厂（加工单元），再将成品运往城市（消耗单元）以获取利润。

1997年的《工业大亨》（*Industry Giant*）系列允许玩家建造复杂的工厂和运输网络，通过火车、卡车等方式将原材料运送到工厂，加工成产品，再运送到商店销售。

2011年的《我的世界》（*Minecraft*）虽然不是一款纯粹的工厂模拟游戏，但其丰富的红石电路系统和自动化组件，使得玩家可以在游戏中建造出各种复杂的自动化装置，实现资源的自动采集、加工和存储，如自动农场、自动矿车、自动熔炉等。

2014年的《狂热火车》（*Train Fever*）以模拟真实的铁路运营为核心，通过构建客运和货运的铁道网络构建“运输、销售”的流水线，并逐步升级铁路设施来达成游戏目标。

2016年发售的《异星工厂》（*Factorio*）抢先版，是一款以建造和维护工厂为核心玩法的游戏。玩家需要从零开始，在一个陌生的星球上采集资源、建造工厂、研发科技，抵御外星生物的攻击。游戏的核心玩法就是建造复杂的自动化流水线，将各种原材料加工成越来越高级的产品，最终制造出火箭并发射升空。

2019年的《幸福工厂》（*Satisfactory*）是一款第一人称视角的开放世界工厂建造游戏。玩家可以在一个广阔的外星球上自由探索、采集资源、建造各种设施，并用传送带、管道、火车等方式将它们连接起来，形成一个庞大的自动化生产网络。

2021年的《戴森球计划》（*Dyson Sphere Program*）则将流水线游戏机制扩展到了宇宙尺度。玩家需要在不同的星球上采集资源、建造工厂，并将它们连接起来，形成一个跨越星系的生产网络，最终目标是建造一个能够包裹恒星的巨大能量收集装置——戴森球。

47. 卡牌构筑（Deck Building）

卡牌构筑游戏机制的名称来自桌面游戏，较为公认的DBG（Deck-Building Game）机制的发明者是桌游设计师Donald X. Vaccarino。在电子游戏中，此机制称之为“元素构筑”更加精准，因可构筑的内容不局限于卡牌，而是根据一定的规则、策略和限制，从一个预设的、通常较大的元素池中，选择并组合一部分元素，形成一个属于自己的、个性化的元素集合，如卡组、队伍等，并在后续的游戏进程中，不断获得和调整新的组成元素，加强和精炼集合，进行游戏、对抗或挑战的游戏机制。

卡牌（元素）构筑游戏机制的核心在于“动态构建”与“效能迭代”：玩家的策略重心并非在于使用一个预设好的、固定的组合，而在于每一次获取新元素时的决策，以及如何通过不断地增减和调整，将自己的元素集合打造成一个能够高效运转、产生强大协同效应的集合。本机制常见于卡牌游戏（TCG/CCG）、策略游戏、Roguelike游戏和自走棋游戏中，为玩家创造了“策略预设”和“涌现应变”相结合的体验。

表现形式

构筑的起点通常是一个对玩家公平的、功能基础的初始元素集合，例如一套只包含少量资源和基础行动的牌库。随着游戏的展开，玩家通过完成特定行动（如战斗胜利、资源购买、事件触发），来获得向自身集合中添加新元素的机会。在以《杀戮尖塔》（*Slay the Spire*）为代表的Roguelike卡牌游戏中，玩家在每次冒险开始时，都只拥有一套固定的、由基本攻击和防御牌组成的初始牌库。随着玩家在地图上前进，每一次战斗胜利或事件触发，都会提供一个从若干新卡牌中选择一张加入牌库的机会，整个冒险过程就是牌库不断被构筑和改变的过程。

成功的构筑不仅在于元素的累加，更在于集合的“精炼”。采用此机制的游戏都提供了优化集合的手段，允许玩家主动地、有策略地移除或销毁集合中效率低下或已不合时宜的初始元素（如卡牌游戏中的“压缩牌库”)。减法操作通过提高核心、强力元素出现的概率，使玩家构筑的战术体系运转得更加流畅和稳定。

玩家在游戏过程中动态构筑的元素集合，将直接决定其在每个行动阶段的可用资源、行动选项和战术策略。构筑结果的应用为该机制提供了乐趣输出，即玩家预先构建的元素集合直接影响玩家在游戏中的可用资源、行动选项和战术策略。例如，《王国之心：记忆之链》(*Kingdom Hearts: Chain of Memories*)中的所有战斗动作，包括攻击、魔法和使用道具，需用预先构筑的“卡组”来实现，并且在战斗中不断升级、改变组合，玩家需要在管理手牌并打出三张卡牌的“记忆之技”卡牌组合来发动强力技能。

得益于电子游戏的特性，卡牌构筑的集合不局限于单一系统，例如《欺诈之地》(*Griftlands*)则将卡牌构筑机制应用到了两个并行的系统中，玩家需要同时为战斗和谈判分别构筑和优化两套完全不同的牌库，谈判是一种社交形式的卡牌对抗。

案例

2008年的《领土》(*Dominion*)催生了“牌库构筑游戏(DBG)”的新游戏类型。在本游戏中，玩家在游戏开始时拥有一个相同的、基础的卡组，然后在游戏过程中通过购买卡牌来扩充和优化自己的牌库，最终目标是获得最多的分数。

2017年的《杀戮尖塔》(*Slay the Spire*)将牌库构筑机制与Roguelike元素相结合，创造了一种独特的单人卡牌游戏体验。玩家在游戏开始时拥有一个基础的卡组，然后在游戏过程中通过战斗、事件和商店来获取新的卡牌，并不断优化自己的卡组，以挑战更高难度的关卡。

2019年的《多多自走棋》(*Dota Auto Chess*)开始普及自走棋类游戏，玩家在每回合之间，使用金币从一个随机刷新、所有玩家共享的棋子池中购买单位，并通过组合相同棋子将其升星、搭配不同羁绊来激活强大的效果，从而在游戏过程中逐步“构筑”起一支能在自动战斗中获胜的棋子队伍。

2020年的《怪物火车》(*Monster Train*)创新了双层构筑机制，玩家需要同时配置主战种族(如狱魔、觉者)与辅助盟友种族，并在每层车厢部署不同的单位。种族组合(如狱魔+熔尸)决定资源类型与战术协同，形成“卡牌 × 单位 × 地形”的三维策略空间。

2021年的《邪恶冥刻》(*Inscryption*)将元素构筑与密室解谜和心理恐怖元素相结合。玩家在进行卡牌对战的同时，通过地图事件不断获取、献祭和融合卡牌，来构筑一个能够破解Boss对战机制的卡牌组合。

2024年的《小丑牌》(*Balatro*)的核心元素构筑体现在对小丑牌的收集和组合上。玩家通过在商店中购买和升级不同功能的小丑牌，来构筑每次出牌能够产生得分增长的计分引擎。

48.引擎构筑（Engine Building）

引擎构筑游戏机制指的是玩家利用游戏提供的基础规则、其他机制或游戏构成元素，通过策略性的选择、组合与布局，构建出一个能够自行运转，或持续产生增益效果的系统，这个引擎会自动或在玩家的简单驱动下，持续地产出资源、分数、战斗优势或其他形式的收益，或自行运转完成既定的玩家任务，以达成游戏目标或赢得胜利。

引擎构筑游戏机制的核心在于“系统构建”与“效能增长”：玩家的策略重心从追求单次行动的即时收益，转向设计和优化一个能够带来长期的、滚雪球式回报的系统，一旦引擎启动，它便能以远超单个元素叠加的效率运作，形成和游戏系统交互的反馈循环。这种机制常见于策略游戏、模拟经营游戏、卡牌构筑游戏及部分沙盒建造游戏中，它通过赋予玩家构建自动化或高效能系统的能力，极大地提升了游戏的策略规划乐趣和长线发展的成就感。

表现形式

在以《异星工厂》（*Factorio*）为代表的自动化游戏中，引擎的构成元素是传送带、机械臂、熔炉、组装机等一系列工业设施；在卡牌游戏中，如2024年的《小丑牌》（*Balatro*），构成引擎的元素是玩家选择的小丑牌、塔罗牌和星球牌，它们的组合决定了玩家每轮出牌的计分方式，形成一个复杂的得分引擎。

在建造游戏《围攻》（*Besiege*）中，玩家利用各种机械零件（如轮子、铰链、活塞、武器）构建一台能够完成特定任务（如摧毁城堡、消灭军队）的攻城机器，这台机器本身就是一个物理意义上的“引擎”。这种零件拼合成引擎的代表游戏《塞尔达传说：王国之泪》（*The Legend of Zelda: Tears of the Kingdom*）通过“究极手”能力，让玩家可以随时随地抓取世界中的各种物体（木板、风扇、火箭、轮子），将它们无缝地黏合在一起，创造出载具、武器或解谜工具。

有些游戏被设计成永不停歇的引擎，在挂机类游戏中不断优化和升级“组件”，让引擎通常能以较低的维护成本持续产生收益。例如，在《点击英雄》（*Clicker Heroes*）中，玩家通过升级角色和购买助手，构建一个自动产生伤害和金币的收入引擎，这个引擎会随着时间的推移不断积累收益，即使在玩家离线时也能运转。

引擎的优化与迭代是该机制长线乐趣的来源，玩家在游戏过程中需要不断评估自己引擎的效率，找出瓶颈所在，并用更优化的布局来替换和改进。在《坎巴拉太空计划》（*Kerbal Space Program*）中，玩家通过组合不同的引擎、燃料箱、控制模块和空气动力学部件，来设计和建造能够克服重力、进入轨道的火箭，每一次发射都是对"推进与导航引擎"设计的验证和迭代。

案例

1981年的《乌托邦》（*Utopia*）被广泛认为是模拟经营游戏和即时战略游戏的鼻祖，游戏的目标是在一座岛屿上进行建设。玩家需要放置住房来增加人口，建造农场和渔船来生产食物，修建工厂来产生收入（表现为分数），并建设学校来提升人民满意度，同时影响工厂产出。这些建筑和单位互相影响，共同构成了一个微缩的社会经济引擎。

2011年的《兽人必须死！》（*Orcs Must Die!*）系列起，玩家在每一波兽人来袭前，利用有限的金钱和陷阱栏位，在关卡中设计并铺设一个"击杀引擎（Killbox）"。通过组合使用地面尖刺、墙壁飞箭、弹射陷阱、缓速焦油等多种装置，形成一个能自动、高效地消灭来犯兽人的连锁陷阱网络。

2011年的《我的世界》（*Minecraft*）中的红石电路系统，允许玩家构建复杂的自动化装置，如自动农场、自动分类仓库，甚至是简单的计算机，这些都是玩家创造的、能够自动运转的引擎。

2018年的《泰拉科技》（*TerraTech*）中，玩家通过收集散落在星球上的各种模块化方块，自由设计和建造自己的战斗载具。这些载具集采集、制造、战斗功能于一体，玩家需要不断寻找更强的部件（如武器、轮子、护盾、电池），并优化载具的结构与功能布局，来构建更强大的移动战斗引擎。

2019年的《多多自走棋》（*Dota Auto Chess*）及其衍生作品中，玩家通过购买和组合不同种族与职业的棋子，构建一个在战斗阶段能够自动战斗、产生协同效应的阵容引擎。

2020年的《围攻》（*Besiege*）中，玩家需要根据每个关卡的目标（如摧毁建筑、消灭军队），利用游戏提供的木材、铁块、铰链、轮子、活塞、武器等基础部件，从零开始设计并建造一台能够完成任务的攻城器械。

2020年的《从深渊中来》（*From the Depths*）中，玩家可以极其细致地设计和建造功能复杂的战舰、飞机、潜艇等载具。这不仅包括外部的船体和武器，更涉及内部的发动机、燃料系统、弹药供给、人工智能控制等，玩家需要将这些子系统有效地组合起来，才能创造出一个功能完善、协同运作的战斗"引擎"。

2020年的《女巫》（*Noita*）将其核心的魔杖定制系统构建为一种战斗"引擎构筑"的玩法。玩家收集各种独立的法术，如投射物、修正器、触发器，并按照特定的顺序将它们安装进魔杖中。魔杖会按照这个序列自动执行，创造出千变万化的复合魔法效果，不断寻找和测试法术组合，优化自己的魔杖"引擎"，以应对越来越危险的地下世界。

第九章
——玩家（Player）

玩家类游戏机制是玩家在游戏中的行为方式、决策路径，以及与系统或其他玩家互动的运转方式，它不仅定义玩家在虚拟环境中的操控能力，而且囊括玩家所能采取的行动、可执行的策略选择，以及随之而来的反馈与成长。它关注个人或群体在游戏中的决策、操作及社交方式，决定了玩家能做什么、如何与游戏对象或其他玩家互动，以及在何种程度上影响环境或进程。此类机制常体现在玩家的行动能力、反馈方式及策略深度上。具体表现可能包括操作界面的设计、行动点数的使用或多元化的交流渠道等。

凡涉及以玩家为核心的输入输出、行为权限、决策影响范围的规则，可以视为玩家类机制，这些机制在设计上通常强调可操作性与可理解性，并关注玩家对系统反馈的快速感知与学习过程。当提及玩家类机制时，均强调玩家在游戏中的交互模式。

49.前进（One-Way）

前进游戏机制，又可称为“单向行进”，指的是玩家控制的角色的主要移动方向被限制为单一的前进方向，通常无法自由地向后移动或回溯到之前游戏区域的游戏机制。在早期电子游戏中，它也被称为“强制卷轴”（Forced Scrolling），源于屏幕滚动卷轴不能逆向的游戏设计。

前进游戏机制的核心在于“不可逆性”与“持续推进”：玩家一旦错过了某个区域的道具、敌人或事件，通常无法再返回去弥补，游戏进程会持续不断地向前推进，直至关卡结束或达成特定目标。这种机制广泛应用于早期的街机游戏、横版过关游戏、跑酷游戏、竞速游戏中，让玩家产生紧迫感、流畅感和不断向前的动力。

表现形式

前进游戏机制在早期街机游戏和任天堂游戏中尤为常见，这与当时的硬件限制和游戏设计理念有关。由于硬件性能的限制，早期游戏难以实现复杂的场景加载和回溯机制。单向行进机制有效地简化了游戏设计，降低了开发成本，并可以保证游戏的流畅性。

前进游戏机制的设计理念非常适合单机敏捷游戏，对设计师来说优点众多。

- 易于控制游戏节奏，营造持续的紧张感。
- 能够减少玩家的迷茫感，保证关卡设计的流畅性。
- 可以专注于核心玩法的设计，减少不必要的探索元素。

前进的驱动方式可以是系统自动强制角色向前移动，也可以是玩家主动操作角色向前移动，但无法或很难向后移动。

下面介绍系统强制前进的例子。在一些横版射击游戏中，屏幕会不断向右滚动，迫使玩家角色不断向前移动，例如《魂斗罗》(*Contra*)；在跑酷游戏中，角色会自动向前奔跑，玩家只需控制角色的跳跃、滑铲等动作，如《神庙逃亡》(*Temple Run*)。

下面介绍玩家主动操作但受限的例子。在一些竞速游戏中，玩家可以控制赛车的加速、减速和转向，但无法让赛车倒退或驶离赛道；在某些横版过关游戏中，玩家可以控制角色移动，但一旦走过某个区域，就无法再返回，如《超级马力欧兄弟》(*Super Mario Bros.*)。

前进的限制方式可以是游戏场景的物理边界，也可以是游戏规则或机制的限制。物理边界的限制如单向的道路、不断逼近的障碍物、自动关闭的门等；游戏规则或机制的限制如时间限制、资源耗尽、敌人追击等。在1983年的《南极大冒险》(*Antarctic Adventure*)中，玩家在一直向前移动的单向道路上，利用有限的时间躲避障碍以获得更高的分数，是跑酷类游戏的开山鼻祖。

案例

1981年的《紧急起飞》(*Scramble*)是“强制卷轴”射击游戏较早的代表之一，玩家控制一架飞机，在不断向右滚动的场景中与敌人作战，并摧毁敌人的基地。

1985年的*Gun.Smoke*是一款纵向卷轴射击游戏，玩家扮演一名赏金猎人，在不断向北推进的关卡中与敌人作战。玩家无法向后移动，一旦错过了敌人或道具，就无法再回头。

1985年的《超级马力欧兄弟》(*Super Mario Bros.*)是横版过关游戏的经典之作，虽然玩家可以控制马力欧的移动，但一旦向右移动，左侧的场景就会被锁定，无法返回。这种设计鼓励玩家不断向前探索，但也增加了游戏的挑战性，因为玩家一旦错过隐藏的道具或区域，就无法回头。

1987年的《魂斗罗》(*Contra*)是一款经典的横版射击游戏，屏幕会不断向右滚动，迫使玩家不断向前移动，并与潮水般涌来的敌人作战。

2009年的《屋顶狂奔》(*Canabalt*)是一款极简风格的跑酷游戏，玩家控制一个不断向前奔跑的角色，只需通过一个按键来控制角色的跳跃，躲避障碍物和陷阱。游戏的场景会不断变化，奔跑速度也会逐渐加快，给玩家带来紧张刺激的游戏体验。

2011年的《神庙逃亡》(*Temple Run*)是一款非常成功的移动平台跑酷游戏，玩家控制一个探险家在神庙中不断向前奔跑，躲避怪物的追击，并收集金币和道具。玩家可以通过滑动屏幕来控制角色左右移动、跳跃和滑铲。

50.跟随（Following）

跟随游戏机制指的是玩家主动控制角色或视角，持续追踪、接近或保持与特定目标（通常是NPC、移动的物体、游戏内的提示符号等）同步运动或保持特定相对位置的游戏机制。

跟随游戏机制的核心在于“追踪”与“同步”：玩家需要持续观察目标的运动轨迹、速度和状态，并相应地调整自身角色的移动或视角，以保持与目标的相对位置关系，或在特定时间点与其同步。跟随游戏机制广泛应用于动作游戏、冒险游戏、潜行游戏、竞速游戏、音乐游戏中，是一种追踪目标、保持同步的挑战。

表现形式

跟随的目标通常是游戏中具有自主行动能力的NPC，如任务目标、同伴、敌人等；也可以是移动的物体，如飞行的鸟、行驶的车辆、漂浮的平台等；还可以是抽象的游戏提示，如指引方向的光标、按键提示序列等。例如，潜行游戏的玩家需要跟随守卫的巡逻路线，寻找行动的空隙，完成潜入或暗杀；而在音乐游戏中，玩家可能需要跟随屏幕上出现的提示，进行按键或滑动操作。

直接控制角色移动进行跟随是最常见的形式，例如，在《刺客信条》（*Assassin's Creed*）系列中，玩家经常需要跟随目标NPC，以窃听情报或寻找刺杀机会。通过调整视角进行跟随常见于一些需要观察远距离目标的游戏，例如，在《狙击精英》（*Sniper Elite*）系列中，玩家需要通过狙击镜来跟随目标的移动，并预判目标的行动轨迹。通过输入特定指令进行跟随常见于音乐游戏，或一些需要精确同步操作的游戏。例如，在打字游戏中，玩家需要根据屏幕上出现的字母或单词进行输入，这也是一种“跟随”机制的应用。

跟随的目的是完成任务目标、获取信息、学习技能、避免被发现或保持同步节奏等。在任务驱动的游戏中，跟随NPC通常是完成任务的必要步骤。例如，在《侠盗猎车手》（*Grand Theft*

Auto）系列中，玩家有时需要驾车跟随目标车辆，同时避免被对方发现。

跟随游戏机制的表现形式还体现在其约束条件与失败判定上。最常见的约束是距离限制，玩家既不能离目标太近以免被发现，也不能离得太远导致目标丢失，从而形成一个需要动态维持的"安全距离"。其次是视野限制，尤其在潜行类跟随任务中，玩家必须在保持目标位于视野内的同时，利用掩体和环境避免自己进入目标的视野，这考验着玩家的耐心和路径规划能力。这些约束共同构成了任务的挑战性，一旦违反（如被发现、跟丢目标），通常会导致任务直接失败。

案例

1996年的《啪啦啪啦啪》（*PaRappa the Rapper*）中，玩家需根据屏幕上方老师角色的节奏和图标提示，精准"跟随"并按下相应的按键完成说唱。

1998年的《塞尔达传说：时之笛》（*The Legend of Zelda: Ocarina of Time*）中，在某些任务（如跟紧丹培挖洞）中，玩家需要紧密跟随特定NPC的移动来触发事件或进入新区域。

2001年的《合金装备2：自由之子》（*Metal Gear Solid 2: Sons of Liberty*）中，玩家经常需要跟随敌人的巡逻路线，以避免被发现。玩家可以通过观察敌人的行动轨迹和利用环境掩护来保持跟随，并在合适的时机进行潜入或暗杀。

2001年的《侠盗猎车手Ⅲ》（*Grand Theft Auto III*）及其续作中，包含了大量经典的"尾随"任务。玩家需要驾驶载具，在不被察觉的情况下跟上一段距离，追踪目标车辆到达其目的地，是开放世界中此类任务的标杆。

2004年起的《魔兽世界》（*World of Warcraft*）有大量"护送任务"，要求玩家跟随并保护一个自主移动的NPC，确保其安全抵达终点。

2007年的《刺客信条》（*Assassin's Creed*）系列将跟随机制作为核心玩法之一。玩家需要利用跑酷技巧在复杂的城市环境中跟踪目标，同时融入人群保持隐蔽，以窃听关键信息或寻找刺杀机会。

2012年的《风之旅人》（*Journey*）中，玩家在旅途中，可能会自发地跟随遇到的其他玩家或随风飘动的布条等环境指引前进。

2016年起的《杀手》（*Hitman*）系列中，玩家经常需要隐蔽地跟随目标人物，观察其行动模式，以寻找完成契约（刺杀）的最佳时机与方法。

51.引领（Guiding）

引领游戏机制指的是玩家并非通过强制性的直接命令，而是使用游戏赋予的手段或环境中的元素，诱导或指引其他非玩家角色（NPC）、生物乃至物体，促使它们基于自身的行为逻辑和能力，自主地移动、行动或与环境互动，最终服务于玩家在游戏中的目标。

引领游戏机制的核心在于“间接影响”与“行为协同”：通过创造条件、规划路径、设置诱因或提供保护，来影响被引领对象的行为倾向。被引领的元素则依据自身的AI逻辑、固有习性或物理特性做出反应和行动。这种机制取决于玩家对被引领对象行为模式的深刻理解，以及如何利用行为来达成协同效应，共同克服障碍或完成任务。它不同于简单的跟随机制——在跟随机制下，通常是NPC被动地追随玩家的轨迹，而在引领机制下，玩家占据更主动的规划地位，其意图通过被引领者自身的行为得以实现。

表现形式

引领的对象包罗万象，可以是单个或一群NPC、具有特定习性的动物、可移动的物体，有时甚至是敌对角色，而实现引领的方法侧重于间接性和环境互动。

先来看环境改造与路径构建。玩家通过改变游戏环境的物理布局，如搭建桥梁、移除障碍、开启或关闭通道，来为被引领对象创造出一条合理的行动路径。例如，《百战小旅鼠》（*Lemmings*）系列是环境引领的极致体现，玩家赋予不同旅鼠特定的技能（如挖掘、搭建、阻挡），以此改变地形，引导成群的旅鼠克服障碍，走向出口。

护送与协助是引领的常用模式。玩家需要引领特定的NPC，通常是保护他们免受伤害，并引领他们到达目的地。被引领的NPC拥有自己的移动能力和一定的AI行为（如躲避危险、跟随、在特定地点等待）。在2001年发售的《古堡迷踪》（*ICO*）中，玩家扮演的男孩伊可必须时刻牵着柔弱少女约达的手，引领她在巨大的城堡中穿行。约达有自己的行动局限，易受惊吓并会被敌人掳走，伊可需要不断地拉着她、呼唤她，利用她的存在与城堡中的机关互动，并保护她周全。

虽然引领强调间接性，但在某些游戏中，玩家可以向一群具有自主行为能力的单位发出较为宏观的“指引性”指令，这些单位随后会根据自身特性执行任务。2001年的《皮克敏》（*Pikmin*）提供了一个有趣的范例，玩家扮演的宇航员奥利玛，通过投掷不同颜色的皮克敏到目标点（如飞船零件、敌人、障碍物），皮克敏便会根据自身的特性，如红色皮克敏防火耐打、黄色皮克敏跳得高能携带炸弹岩、蓝色皮克敏擅长水中作业，自动执行搬运、攻击、破坏或建造等行为。奥利玛的角色更像一位调度员和路径规划者，而非微操控每个皮克敏的具体动作，皮克敏的行为方式和效率仍由其自身属性决定。

案例

1983年的《淘金者》（*Lode Runner*），可以认为它是引领机制的玩法应用，玩家需要通过建造和破坏砖块，引领追逐的敌人到达指定位置并将其消灭。

1997年的《最终幻想Ⅶ》（*Final Fantasy Ⅶ*），其中有多个桥段需要玩家引领NPC角色，有时需要保护他们，有时需要利用他们的特殊能力来解决难题。

2001年的《古堡迷踪》（*ICO*），玩家扮演的男孩伊可必须牵着柔弱的少女约达的手，引领她穿越巨大的、充满谜题和敌人的城堡。约达无法独立克服许多障碍，也容易被暗影抓走，伊可需要不断地拉着她、呼唤她、保护她。

2009年的《花》（*Flower*），玩家最初引领的是一片花瓣，这片花瓣在风中穿过花丛，会吸引更多的花瓣加入，形成一股五彩斑斓的“花流”。玩家的核心任务就是引领这股不断壮大的“花流”去触碰和激活枯萎的世界，使其恢复生机。

2013年的《最后生还者》（*The Last of Us*），在游戏过程中，玩家控制的角色乔尔需要带领艾莉穿越各种危险的区域，如被感染的城镇、废弃的建筑等。

2019年的《瘟疫传说：无罪》（*A Plague Tale: Innocence*），姐姐阿米西亚需要引领并保护她年幼且患有疾病的弟弟雨果，在瘟疫肆虐和宗教审判的残酷世界中求生。玩家不仅要引导雨果通过危险区域，躲避敌人和鼠群，还需要在特定时刻依赖雨果的特殊能力（如感知或后来控制鼠群的雏形）来解谜或克服障碍。

52. 指挥（Commanding）

指挥游戏机制指的是玩家通过特定的操作界面或输入方式，向其控制的一个或多个游戏单位、角色或对象（即被指挥元素）直接下达明确的、可执行的指令（如移动至特定位置、攻击指定目标、使用特定技能、执行建造或采集等任务），这些被指挥元素会依据接收到的指令，结合自身的AI逻辑或预设行为，在游戏世界中采取相应的行动。

指挥游戏机制的核心在于“指令”与“执行”：玩家通过主动发出清晰的命令，来直接操控和协调其麾下单位的行为，以达成战略目标、应对即时威胁或完成复杂的任务。这种机制是即时战略游戏（RTS）、战术角色扮演游戏（TRPG）、部分模拟经营游戏和一些小队射击游戏的核心组成部分，它通过构建一种“发号施令—单位响应”的互动模式，极大地提升了游戏的策略深度、操作的复杂性和玩家的统筹能力。

表现形式

指令的类型与下达方式是该机制的基础，玩家可以通过用鼠标单击、快捷键、菜单选择或触屏手势等方式，向选定的单位或编组下达各种指令。在即时战略游戏中，如《星际争霸》（*StarCraft*）系列，玩家可以框选多个单位，然后用鼠标右键单击地图上的某个位置来下达移动指令，或用鼠标右键单击敌方单位来下达攻击指令。指令的类型非常丰富，包括但不限于移动、攻击、防御、巡逻、驻守、采集资源、建造建筑、使用技能、改变阵型、跟随特定单位等。

被指挥单位的响应逻辑决定了指令执行的效率和智能化程度，在《魔兽争霸Ⅲ》（*Warcraft Ⅲ*）中，单位在接到指令后，会根据自身的AI（如寻路算法、攻击优先级判断）功能来执行。高级的单位AI能够更好地理解复杂的指令，规避障碍，自动选择最优目标或在没有明确指令时采取合理的自主行动。

游戏通常会通过视觉和听觉效果来反馈指令的下达和执行状态。例如，被选中的单位会高亮显示；移动路径会以线条标出；攻击目标会被特殊标记；单位在执行指令或完成任务时会有特定的语音反馈。在《英雄连》(*Company of Heroes*)中，单位在接到指令后会大声回应，增加了战场指挥的沉浸感。

通常玩家的指挥行为直接服务于游戏的宏观战略目标，在即时战略游戏中，玩家需要通过指挥单位进行侦察、骚扰、主力决战、资源控制等多种战术行动。在战术角色扮演游戏中，如《幽浮：未知敌人》(*XCOM: Enemy Unknown*)，玩家需要在回合制战斗中，精确指挥小队成员的移动、射击、技能使用和警戒范围，以应对外星人的威胁。

案例

1992年的《沙丘Ⅱ》(*Dune II*)，作为即时战略游戏的先驱，其核心玩法便是玩家通过鼠标单击来指挥单位进行资源采集、基地建设和攻击敌人。

1995年的《命令与征服》(*Command & Conquer*)系列进一步发展了即时战略游戏中的指挥机制，引入了更丰富的单位类型和战术指令。

1998年的《星际争霸》(*StarCraft*)系列将即时战略游戏中的微操，对单位进行精细的、即时的指挥操作和整体战略规划和资源调配提升到了全新的高度，指挥的效率和准确性直接决定了对战的胜负。

2002年的《魔兽争霸Ⅲ：混乱之治》(*Warcraft III: Reign of Chaos*)及其资料片《冰封王座》(*The Frozen Throne*)引入了英雄单位和技能，使得指挥操作更加多样化和富有策略性。

2007年的《霸王》(*Overlord*)：玩家扮演一位邪恶的霸王，可以召唤并直接指挥成群的不同颜色的小鬼。每种小鬼都有独特的能力（如棕色小鬼擅长战斗、红色小鬼能操控火焰、绿色小鬼能消除毒气、蓝色小鬼能复活其他小鬼和在水中行动）。玩家通过带领这些小鬼军团，扫荡敌人、破坏环境、搬运物品、解决谜题，体验“邪恶统帅”的引领乐趣。

2007年的《英雄连》(*Company of Heroes*)以其真实的战场氛围和精细的小队指挥系统著称，玩家需要指挥步兵班组、载具单位，利用掩体、侧翼包抄等战术进行战斗。

2010年的《星际争霸Ⅱ》(*StarCraft II*)延续并深化了前作的指挥机制，对单位的操控要求更高，成为顶级电子竞技项目。

2012年的《幽浮：未知敌人》(*XCOM: Enemy Unknown*)及其续作，在回合制战术层面，玩家对小队中每个士兵的每一步行动、射击目标、技能释放、掩体选择等都进行精确指挥。

53.重生（Respawn）

重生游戏机制，又称复活机制或续关机制，指的是玩家角色在遭受致命伤害、任务失败或达成特定条件后，能够从游戏进程中的某个时间点或状态恢复游戏，得以继续游戏进程，而无须完全从头开始的一种游戏机制。

重生游戏机制的核心在于“失败保护”与“机会延续”：玩家即使遭遇挫折，也不会立即被剥夺游戏资格，而是能够获得再次尝试的机会，从之前的某个状态继续挑战。这种机制是现代电子游戏中最为普遍和基础的机制之一，几乎遍布所有游戏类型，且通常与“时点回溯”等机制配合使用。重生机制通过降低游戏失败的惩罚、提高游戏的容错率，鼓励玩家大胆尝试和探索。

表现形式

触发重生的条件可以是玩家角色生命值归零、任务失败、时间限制耗尽、陷入特定陷阱等。不同的游戏类型和设计理念会采用不同的重生触发条件。例如，在动作游戏中，生命值耗尽是最常见的触发条件；在竞速游戏中，赛车严重损毁或偏离赛道会触发重生；在一些解谜游戏中，玩家陷入无法解决的局面（例如关键道具丢失）时可能会触发重生。

重生的位置设定通常是固定的检查点、最近的安全区域、关卡起始点、玩家手动设置的复活点等。检查点是最常见的重生位置，通常设置在关卡的关键节点或Boss战前，以减少玩家重复挑战的距离。安全区域通常指没有敌人或危险的区域，如城镇、基地等。关卡起始点则意味着玩家需要从当前关卡的最初阶段重新开始。部分游戏允许玩家手动设置复活点，给予玩家更高的自由度。

重生的状态保留决定了玩家在重生后角色的状态，可以是完全恢复（满生命值、满资源、技能冷却完毕），可以是部分恢复（保留部分道具、经验值、已解锁能力等），也可以是带有一定惩罚的状态（损失部分资源、降低属性、回到较早的状态）。不同的状态保留策略会影响游戏的难度和挑战性，例如在2022年的《师傅》（*Sifu*）中，玩家被击败时消耗一枚吊坠重生，每次复活会导致主角的年龄增长，主角的最大生命值会降低，但攻击力则会相应地提升，体现了“老而弥坚”的武学意境。

重生的资源消耗指的是玩家在重生时是否需要付出代价，大多数游戏不允许玩家无限次免费重生，通常需要玩家消耗游戏内的货币、特定道具、降低游戏评分甚至增加游戏难度作为重生的代价。这种设计可以增加游戏的挑战性，促使玩家更加谨慎地对待游戏。

案例

1981年的《大金刚》（*Donkey Kong*）中，马力欧如果死亡，会在关卡开始处重生，重新开始挑战。这可以视为早期重生机制的雏形。

1986年的《塞尔达传说》（*The Legend of Zelda*）中，林克死亡后，可以选择消耗红心继续游戏，或者直接结束游戏。这提供了不同代价的重生选择。

1986年的《银河战士》（*Metroid*）中，萨姆斯死亡后会在最近的储存点复活，并保留已经获得的道具和能力。这种设计减少了玩家的挫败感，鼓励玩家继续探索。

1989年的《波斯王子》（*Prince of Persia*）确立了检查点式的重生机制。玩家角色死亡后，会从当前关卡的入口处重生，但生命次数有限，耗尽则游戏结束。

1994年的《超级银河战士》（*Super Metroid*）继承了《银河战士》（*Metroid*）的重生机制，并进一步完善了存档系统。玩家可以在存档点保存游戏进度，并在死亡后从最近的存档点复活。

1996年的《超级马力欧64》（*Super Mario 64*）中，当马力欧失去所有生命格后，会损失一条生命并被弹出关卡，在城堡内的关卡入口处重生。

1999年起的《反恐精英》（*Counter-Strike*）系列，在其经典的“爆破”或“人质救援”等竞技模式下，重生机制的运用非常克制。玩家角色一旦在当前回合内被击杀，通常无法立即重生，必须等到下一回合开始才能重新加入战斗。

2007年的《生化奇兵》（*BioShock*）中，“维他密室（Vita-Chamber）”提供了独特的重生方式，当玩家角色死亡后，会立即在最近激活的维他密室中复活，同时会损失少量金钱。

2011年开始的《黑暗之魂》（*Dark Souls*）系列中以其高难度和独特的“篝火”重生机制而著称，玩家死亡后会在最近点燃的篝火处重生，并失去所有未使用的“灵魂”（经验值和货币）。玩家需要回到死亡地点才能捡回灵魂，如果再次死亡则灵魂永久消失。

2022年的《师傅》（*Sifu*）中，玩家被击败时消耗一枚吊坠重生，每次复活会导致主角的年龄增长，主角的最大生命值会降低，但攻击力则会相应提升，体现了“老而弥坚”的武学意境。

54. 记忆（Memory）

记忆游戏机制指的是玩家需要观察、记住并复现游戏呈现的特定信息（例如图案、声音、序列、位置等），才能完成挑战或达成目标的一种游戏机制。

记忆游戏机制考验的是玩家的短期记忆能力、观察力和注意力，核心在于“信息输入”“短期存储”“准确再现”：玩家需要在有限的时间内，观察并记住游戏提供的信息，然后在信息消失后，凭借记忆准确地复现这些信息。这种机制广泛存在于各种类型的游戏中，尤其常见于益智游戏、音乐游戏、冒险游戏和教育游戏中。

表现形式

记忆的内容可以是视觉信息（如图案、颜色、符号、位置、物体排列等）、听觉信息（如旋律、节奏、音效、语音等）、触觉信息（如震动模式），甚至是多种感官信息的组合，不同的游戏会根据其玩法和主题选择不同的记忆内容。例如，在一些益智游戏中，玩家可能需要记住一系列闪烁的灯光或颜色块的顺序；在一些音乐游戏中，玩家可能需要记住一段旋律或节奏；在一些冒险游戏中，玩家可能需要记住NPC的对话或密码锁的组合。

记忆的时限指的是玩家观察和记忆信息的时间长度，并非所有的游戏都提供较长的记忆时间，允许玩家充分观察和记忆信息，大部分游戏都会故意缩短记忆时间，以增加游戏的挑战性和紧迫感。例如，在一些快速反应类游戏中，玩家可能只有几秒钟的时间来记住屏幕上闪过的图案或符号。

呈现的方式：可以是静态呈现，也可以是动态呈现。静态呈现指的是游戏一次性将所有需要记忆的信息展示给玩家，如一幅完整的图案或一组排列好的物体；动态呈现则指的是游戏以序列或动画的形式逐步展示信息，如一段闪烁的灯光序列或一段播放的旋律。动态呈现通常更具挑战性，因为它要求玩家不仅要记住信息本身，还要记住信息的顺序和节奏。

复现的方式：直接复制、选择匹配、顺序排列、变式重组等。直接复制要求玩家完全按照原样复现信息，如按照相同的顺序按下按钮或绘制相同的图案；选择匹配要求玩家从多个选项中选出与记忆信息相符的选项；顺序排列要求玩家按照正确的顺序排列多个元素；变式重组则要求玩家在记住信息的基础上进行一定的转换或加工，如根据记忆中的线索找到隐藏的物体或解开密码。

记忆游戏机制的挑战性还体现在其难度的递进设计上，最常见的方式是通过增加需要记忆的信息量（如更长的序列、更多的图案）、缩短记忆和复现的时间窗口来提升难度。游戏设计师还会通过增加模式的复杂性，如使用相似但有细微差别的符号，以及引入干扰元素，如在记忆过程中出现分散注意力的视觉或听觉效果，来考验玩家在压力下的专注度和信息编码能力。

案例

1978年的*Simon*是一款经典的电子记忆游戏。设备会依次点亮不同颜色的按钮并发出对应的声音，玩家需要按照相同的顺序按下按钮。随着游戏的进行，序列会越来越长且越来越复杂，考验玩家的记忆力和反应速度。

1978年的*Merlin*也是一款利用灯光和声音的组合让玩家进行模仿的电子游戏。

1982 年的*Tron*街机游戏，其中有一个小游戏是玩家需要在有限的时间内记住光环的路径，然后驾驶光环摩托通过这些路径。

1988年的《超级马力欧兄弟3》（*Super Mario Bros. 3*）中包含了经典的翻牌记忆小游戏。玩家需要在限定次数内翻开成对的卡牌，记住它们的位置并成功配对，以获得奖励。

1993年的《神秘岛》（*Myst*）中，记忆游戏机制是解开整个世界谜题的核心。玩家需要在多个风格迥异的“时代”中探索，游戏中几乎没有直接的文字提示或任务列表，玩家必须仔细观察环境中的符号、图案、声音线索、机关运作的顺序和逻辑，并将这些分散的信息记在脑中或通过笔记记录，然后将不同地点的线索关联起来，才能启动机关、开启通路，逐步揭开岛屿的秘密。

2005年的《脑力训练》（*Brain Age*）系列是一款旨在锻炼玩家记忆力、注意力和反应速度的益智游戏。游戏中包含各种各样的记忆类小游戏，例如记忆数字、记忆图案、记忆单词等。

2016年的《见证者》（*The Witness*），整个游戏由数以百计的“一笔画”谜题构成，而解开这些谜题的关键往往隐藏在周围的环境中。玩家需要观察并记住环境中的特定图案、形状、颜色序列、光影变化甚至是声音规律，然后将这些记忆中的规则应用到面前的谜题面板上。

55.驾驶（Object Control）

在狭义上，驾驶游戏机制指的是玩家直接操控游戏世界中各种载具（例如汽车、摩托车、飞机、坦克、飞船、机甲等）的移动、攻击或其他功能，以完成特定任务、进行高速竞赛、参与规模化战斗或探索广阔环境。从广义角度而言，当玩家能够临时占据并控制游戏中的某个非角色物体（如炮台、可移动的平台甚至是某些生物），并利用其特性进行游戏时，也可视为驾驶机制。

驾驶游戏机制的核心在于“操控”与“功能延展”：玩家通过特定的输入方式来掌控载具的动态，体验不同于角色本身的操控感和物理特性。同时，载具往往赋予玩家新的能力、更强的机动性或火力，从而拓展玩家与游戏世界互动的方式和策略选择。这种机制广泛应用于竞速游戏、飞行模拟游戏、动作冒险游戏、射击游戏中。

表现形式

在以《侠盗猎车手》（*Grand Theft Auto*）系列为代表的开放世界游戏中，玩家可以驾驶从普通轿车、摩托车，到飞机、坦克、船只等多种多样的载具，每种载具都拥有独特的操控手感、速度、加速度、转向能力、防御力，以及可能的武器系统。《微软飞行模拟》（*Microsoft Flight Simulator*）系列则提供了高度仿真的各种型号的飞机，其驾驶舱仪表、飞行特性都力求还原真实的效果。

在以《GT赛车》（*Gran Turismo*）系列为代表的拟真赛车游戏中，操控方式力求模拟真实的驾驶，需要玩家精确地控制油门、刹车、方向盘（或手柄摇杆模拟），并考虑车辆的物理特性，如抓地力、重心转移等，操控方式的差异直接影响驾驶体验的真实感和上手难度。而在《超级马力欧赛车》（*Mario Kart*）系列中，驾驶操控则相对简化和卡通化，更强调漂移、道具使用等娱乐性元素。一些第一人称射击游戏如《战地》（*Battlefield*）系列，允许玩家进入坦克、飞机等载具，并切换到载具的操控视角和武器系统。

驾驶的另一种表现方式是夺取游戏中元素的主动控制权。例如，在2017年的《超级马力欧奥德赛》（*Super Mario Odyssey*）中，马力欧通过投掷他的帽子“凯皮”，可以“附身”到数十种不同的敌人、生物、物体，甚至部分人类NPC身上。附身后，马力欧会暂时与被附身对象融合，并获得其独特的能力和移动方式（如附身电线进行快速移动、附身炮弹进行飞行撞击、附身青蛙进行高跳等），这是游戏核心的探索、解谜与互动机制。

驾驶机制常常与其他机制联动，在《疯狂的麦克斯》（*Mad Max*）中，车辆驾驶与车辆战斗、资源收集和角色扮演元素紧密结合，玩家需要不断升级和改装自己的战车。同样，在《正当防卫》（*Just Cause*）系列中，玩家可以将抓钩与各种载具结合，实现独特的移动和战斗方式。

案例

1984年的Elite，玩家驾驶宇宙飞船进行贸易、探索和战斗，飞船的操控和升级是游戏的核心。

1990年开始的《大航海时代》（*Uncharted Waters*）系列，玩家出港之后，驾驶自己的船只出海进行贸易、私掠、赏金猎人、探险和海盗等行动。

1997年开始的《侠盗猎车手》（*Grand Theft Auto*）系列，开创了玩家能够进入不同载具中，实现在城市中自由驾驶的玩法。

1999年的《恶灵都市》（*Omikron: The Nomad Soul*），玩家扮演的角色在死亡后，其灵魂可以“占据”附近的一个NPC的身体，从而继续游戏，每个被占据的NPC都拥有不同的背景、社会关系和一些基础能力。

2011年的《蝙蝠侠：阿卡姆之城》（*Batman: Arkham City*），虽然主角主要依靠钩爪枪移动，但在特定关卡中可以短暂控制蝙蝠战机。

2012年起的《耻辱》（*Dishonored*）系列（多平台），主角科尔沃或艾米丽可以通过升级超能力，习得名为“占据”的技能。该技能允许他们暂时进入并控制小型动物（如老鼠、鱼）或人类NPC的身体。

2014年的《精英危险》（*Elite Dangerous*）是一款复杂的太空模拟游戏，玩家需要精细操控自己的飞船，进行星际航行、采矿、贸易和战斗。

2017年的《塞尔达传说：旷野之息》（*The Legend of Zelda: Breath of the Wild*），除了马匹，玩家还可以获得并驾驶古代科技造物“大师摩托零式”。

56.瞄准（Aiming）

瞄准游戏机制是指玩家通过操作游戏内的设备或角色，将武器或视角的焦点对准特定目标，通常是运动中的敌人或其他动态游戏元素，并进行攻击或互动的过程。瞄准游戏机制常见于射击游戏、动作游戏等需要玩家对运动目标进行精确打击的游戏类型，成功地瞄准不仅需要玩家具备良好的手眼协调能力和反应速度，还需要对目标的运动轨迹进行预判。

瞄准游戏机制的设计直接影响了游戏的射击手感、战斗节奏和技巧深度。瞄准游戏机制主要针对的是运动中的游戏元素，有别于解谜游戏中对静态物体近似交互的对齐机制。

表现形式

最常见的方式是通过移动鼠标或手柄摇杆来控制准星或视角，使准星与目标重合以实现瞄准。这种方式直接模拟了现实中的瞄准过程，在电子游戏的发展过程中，瞄准方式的交互进化不断提升着玩家的游戏体验。例如，在1992年的《德军总部3D》（*Wolfenstein 3D*）中，玩家需要通过键盘的方向键，来控制准星进行瞄准并射击敌人。到1997年的《007 黄金眼》（*GoldenEye 007*），玩家通过任天堂64手柄的摇杆来控制准星瞄准并射击敌人，这种交互对于射击游戏来说已经是巨大的进步。随着一些游戏提供了“肩扛视角”或“第一人称瞄准镜”等视角模式，瞄准的表现形式跳出了仅操控准星的范围。例如，在1998年的《合金装备》（*Metal Gear Solid*）中，平时状态是第三人称，但可以通过按下特定按键切换到第一人称视角，从而进行更精确的瞄准。同样地，在2005年的《生化危机4》（*Resident Evil 4*）中，玩家可以通过按下特定按键来进入肩扛视角，并进行瞄准操作，增强游戏的沉浸感。随着技术的发展，还涌现了“锁定瞄准”的方式，允许玩家将准星锁定在特定目标身上，简化瞄准操作，降低游戏上手的门槛，如2001年的《光环：战斗进化》(*Halo: Combat Evolved*),当敌人在玩家的准星附近时,玩家的准星会自动锁定敌人,并辅助玩家进行瞄准。

辅助瞄准手段是许多游戏为了降低难度而设计的机制,包括自动瞄准、吸附、子弹时间等。自动瞄准会在一定程度上修正玩家的瞄准偏差,使子弹更容易命中目标;吸附则会将准星自动吸附到目标身上,降低玩家瞄准的难度。辅助手段通常可以通过游戏设置进行调节,以满足不同玩家的需求。例如,在2007年的《使命召唤4:现代战争》(*Call of Duty 4: Modern Warfare*)中,玩家可以在设置中选择开启或关闭辅助瞄准功能。

瞄准过程中的视觉和操作反馈也对游戏体验至关重要,当准星对准目标时,通常会改变颜色或形状,提示玩家已经瞄准;一些游戏还会根据武器的射程和精度,动态调整准星的大小和形状,帮助玩家判断射击的有效性。例如,在1999年的《反恐精英》(*Counter-Strike*)中,不同的武器具有不同的准星扩散和后坐力表现。

案例

早期的射击游戏,如1973年的《乓》(*Pong*)和1978年的《太空侵略者》(*Space Invaders*),由于技术限制,瞄准机制非常简单,玩家只能控制一个固定的炮台或角色进行左右移动和射击,无法进行精确的瞄准。

1992年的《德军总部3D》(*Wolfenstein 3D*)被认为是第一人称射击游戏的鼻祖。该游戏首次实现了在3D环境中自由移动和瞄准,玩家可以使用键盘控制角色移动和瞄准准星,这种设计为后来的第一人称射击游戏奠定了基础。

1993年的《毁灭战士》(*Doom*)系列引入了鼠标瞄准的方式,玩家可以使用鼠标来自由控制准星的方向,从而实现更快速和精确的瞄准。这种操作方式很快成为第一人称射击游戏的主流。

1998年的《半条命》(*Half-Life*)则对瞄准机制进行了进一步的改进。该游戏引入了武器的后坐力和散射机制,使得瞄准过程更加真实且具有挑战性。玩家需要根据武器的特性来控制射击节奏和调整准星,才能实现精确打击。

1999年的《反恐精英》(*Counter-Strike*)将竞技性引入了瞄准机制,该游戏强调爆头的重要性,精确瞄准头部能够造成严重的伤害,甚至直接击毙对手,大大提升了游戏的竞技深度,也使得《反恐精英》(*Counter-Strike*)成为电子竞技的经典项目。

2001年的《光环:战斗进化》(*Halo: Combat Evolved*),由于它在主机平台,引入了锁定瞄准和辅助瞄准机制,降低了上手主机平台射击游戏的难度,也使得该系列成为主机平台最受欢迎的射击游戏之一。

2007年的《使命召唤4:现代战争》(*Call of Duty 4: Modern Warfare*)在继承前作的基础上,进一步优化了瞄准手感,并通过肩扛视角和瞄准镜模式,增强了游戏的沉浸感和真实感。

2015年的《喷射战士》(*Splatoon*)系列则对瞄准机制进行了大胆的创新,该游戏引入了体感瞄准的方式,玩家可以通过倾斜手柄来控制准星的移动,从而进行更加直观和精确的瞄准。

57.隐藏信息（Hidden Information）

隐藏信息游戏机制指的是玩家主动选择隐藏、掩盖或伪装自己的特定信息（如身份、位置、意图、资源、能力、手牌等），以对抗其他玩家或游戏系统（如AI），从而获得优势、达成目标或避免不利后果的一种游戏机制。

隐藏信息游戏机制的核心在于“信息博弈”与“欺骗策略”：玩家通过控制信息的流动，制造对自己有利的信息不对称，误导对手（其他玩家或AI）做出错误判断，从而在博弈中占据主动。这种机制常见于非对称对抗游戏、策略游戏、社交推理游戏、潜行游戏中，可以增加游戏的不确定性、策略深度和心理博弈的成分。

表现形式

隐藏的内容通常是玩家的身份、位置、行动意图、资源数量、手牌信息、技能状态、势力倾向等。不同的游戏类型和玩法，会选择不同的信息作为隐藏内容。例如，在狼人杀类游戏中，玩家的身份是核心的隐藏信息；在扑克类游戏中，玩家的手牌是重要的隐藏信息；在潜行游戏中，玩家的位置和行动意图是需要隐藏的关键信息；在即时战略游戏中，玩家的部队部署和科技研发进度，也常常是需要隐藏的信息。

隐藏的方式可以是物理遮蔽、伪装、欺骗性行动、误导性信息、心理暗示等。物理遮蔽指的是利用游戏环境或机制来遮挡其他玩家或系统的视线，如躲在掩体后面、使用隐身技能、利用战争迷雾等；伪装指的是将自己伪装成其他角色、物体或环境的一部分，以迷惑对手；欺骗性行动指的是故意做出一些与真实意图相反的行动，以误导对手的判断，如佯攻、假撤退等；误导性信息指的是散布虚假的信息或暗示，以干扰对手的决策，如在聊天中发布假情报、故意暴露一些无关紧要的信息来掩盖真正重要的信息等。

隐藏的对象可以针对其他玩家，也可以针对游戏系统（AI）。在多人游戏中，隐藏信息通常是为了对抗其他玩家，制造信息优势，从而在竞争中获胜；在单人游戏中，隐藏信息则可能是为了欺骗游戏AI。例如，在潜行游戏中，玩家需要躲避AI控制的敌人的视线；在策略游戏中，玩家可以通过佯攻来诱使AI调动兵力。

案例

扑克类游戏（例如德州扑克）是隐藏信息游戏机制的典型代表，玩家需要隐藏自己的底牌，并通过观察其他玩家的下注、表情、动作等来推测他们的牌力，并据此制定自己的策略（下注、跟注、加注、弃牌等）。

狼人杀类游戏（例如*Among Us*）将隐藏信息的游戏机制与社交推理相结合。玩家被分为不同的阵营（例如平民和狼人），狼人需要隐藏自己的身份，并通过欺骗和误导来杀死平民，而平民则需要通过观察和推理来找出狼人。

1979年Milton Bradley出品的《计算机战舰》(*Computer Battleship*)，以及后续众多电子版本中，“隐藏信息”是游戏的核心。与传统的纸笔海战棋类似，玩家双方在各自的私密游戏板上秘密部署自己的舰队（隐藏位置），然后轮流通过猜测坐标来攻击对方的隐藏船只。

1984年的《间谍对间谍》(*Spy vs. Spy*)，两名玩家分别扮演黑白间谍，在一个多房间的建筑内竞争收集特定物品并安全撤离，玩家需要秘密地在各个房间设置陷阱来暗算对手，同时隐藏自己已收集到的关键物品的位置。

2014年的《塞勒姆小镇》(*Town of Salem*)是一款在线多人社交推理游戏，其核心机制便是隐藏身份和意图。在游戏开始时，每位玩家被秘密分配一个角色（如村民、黑手党成员、中立杀手、医生等），各自拥有不同的能力和胜利条件。村民阵营需要找出并投票处决所有邪恶角色，而邪恶角色则需要隐藏自己的身份，在夜间秘密行动，并误导村民做出错误判断。

2018年的*SpyParty*是一款非对称对抗游戏。一名玩家扮演间谍，需要在派对中混入NPC，完成一系列任务（如窃取情报、交换物品、接触特定人物等）。另一名玩家扮演狙击手，需要观察派对中的所有角色，找出并击杀间谍。间谍玩家需要通过模仿NPC的行为来隐藏自己的身份（欺骗系统和其他玩家），而狙击手玩家则需要通过观察细微的动作和行为差异来找出间谍。

58. 走迷宫（Maze Navigation）

走迷宫游戏机制指的是玩家被置于一个由复杂的路径、岔路、死路和障碍物构成的封闭环境（即“迷宫”）中，需要通过探索、试错、记忆和推理，找到从起点通往终点（或达成特定目标）的正确路径的游戏机制。

走迷宫游戏机制的核心在于“空间探索”与“路径寻找”：玩家需要在有限的视野和信息下，逐步探索迷宫的结构，辨别真伪路径，克服各种障碍，最终找到通往目标的正确道路。这种机制广泛应用于各种类型的游戏中，从早期的文字冒险游戏，到现代的3D动作冒险游戏，都可以看到迷宫元素的身影。

表现形式

迷宫的结构可以是简单的平面结构，也可以是复杂的多层结构，甚至可以是包含传送点、单向门等特殊机制的异次元结构，甚至路径是动态变化的。迷宫的结构通常是预先设计好的，玩家每次进入迷宫都会遇到相同的布局。例如，在《塞尔达传说》（*The Legend of Zelda*）系列中，每个迷宫的构造都是不同的，需要玩家使用不同的方法进行破解。在另一些游戏中，为了增加游戏的挑战性和可重玩性，迷宫的结构则是随机生成的，或者会随着玩家的行动或其他因素而发生变化，其中代表作为《暗黑破坏神》（*Diablo*）。

迷宫的呈现方式可以是第一人称视角、第三人称视角、俯视视角，甚至是纯文字描述。不同的呈现方式会给玩家带来不同的空间感和体验感。第一人称视角更具沉浸感，但视野受限，更考验玩家的方向感；俯视视角则能够提供更广阔的视野，方便玩家观察迷宫的整体结构，但可能会降低游戏的代入感；纯文字描述则完全依赖玩家的想象力，在早期的文字冒险游戏中，玩家需要通过阅读文字描述，来了解迷宫的结构，并通过输入指令来控制角色的移动。

与迷宫的交互方式有直接控制角色移动、通过指令控制角色移动、通过改变迷宫结构来影响角色移动等。直接控制角色移动是最常见的交互方式，在大多数动作冒险游戏中，玩家都直接控制角色在迷宫中自由移动；通过指令控制角色移动，常见于一些早期的游戏或编程类游戏中，玩家需要输入特定的指令来控制角色的行动；更具创意的交互方式则是通过改变迷宫结构来影响角色移动，例如在一些解谜游戏中，玩家需要通过旋转、移动迷宫中的板块或墙壁来为角色开辟道路。

案例

1979年的《阿卡拉贝：末日世界》（*Akalabeth: World of Doom*）被认为是迷宫探索机制的先驱，玩家以第一人称视角在一个由线框构成的地牢中探索。

1980年的*Rogue*是一款具有开创性的地牢探索游戏。游戏中的迷宫是随机生成的，每次游戏都会有不同的体验。玩家需要在迷宫中寻找宝藏、与怪物战斗，并最终找到通往下一层的楼梯。

1986年的《塞尔达传说》（*The Legend of Zelda*）系列将迷宫探索与动作冒险相结合，创造了一种独特的游戏体验。游戏中的迷宫通常包含复杂的机关、谜题和敌人，玩家需要利用各种道具和技能来克服挑战，并找到隐藏的宝藏和通往Boss房间的道路。

1993年的《毁灭战士》（*Doom*）是一款第一人称射击游戏，其关卡设计也大量运用了迷宫元素。玩家需要在复杂的环境中寻找钥匙、武器和弹药，并与各种怪物战斗。

1996年的《古墓丽影》（*Tomb Raider*）系列则将迷宫探索与解谜、动作等元素相结合。玩家需要控制劳拉在各种古墓和遗迹中探索，解开机关谜题，并与敌人和陷阱战斗。

2010年《吃豆人冠军版DX》（*Pac-Man Championship Edition DX*）迷宫的布局会根据玩家的行为，如吃掉一侧的所有豆子而即时变化，并会动态生成新的路径和豆子。

2022年的*TUNIC*以等轴视角重构经典迷宫。玩家需收集手册残页拼合地图，金色路径提示与隐藏符文交织，后期解锁“神圣十字架”可操纵时间倒流修正错误路径，将怀旧设计与现代解谜机制深度融合。

59. 行为预示（Telegraphing）

行为预示，常被称为“预兆机制”或“信号机制”，是指在电子游戏系统中，游戏角色（通常是敌人或重要NPC，偶尔也包括玩家角色自身）在执行特定高影响动作或关键事件发生前，通过一系列清晰可辨的视觉、听觉或触觉提示，向玩家提前传递明确信号，预告即将发生的行为、变化或威胁的游戏机制。

行为预示游戏机制的核心在于“提前告知”与“促成应对”：系统通过预先展示的信息，给予玩家反应和准备的时间，玩家则需要根据这些预示信息，做出相应的判断和操作，以应对即将发生的事件或挑战。这种机制广泛应用于动作游戏、格斗游戏、射击游戏、策略游戏中，能够有效地增加玩家的掌控感，提升战斗的节奏和张力，提高游戏内容的表达技巧与策略的空间。

表现形式

在影视作品中，导演常通过特定的镜头语言（如特写某个关键道具）、音效（如渐强的紧张配乐）或角色的微妙表情和动作，来“预示”即将发生的情节转折或突发事件，其主要目的是营造悬念、调动观众情绪、制造期待感。电子游戏的行为预示机制，除了能激发玩家的期待感与紧张感，更具有至关重要的交互功能，不仅是为了让玩家“感知”到威胁，更是为了告知玩家，一个清晰的策略应对窗口和必要的反应时间。

预示的内容可以是敌人的攻击、陷阱的触发、环境的变化、资源的出现等。预示的内容越具体、越清晰，玩家就越容易做出正确的判断和反应。例如，在格斗游戏中，敌人的攻击预示通常会包括攻击的方向、时机和范围，以便玩家能够进行格挡、闪避或反击。在《杀戮尖塔》（*Slay the Spire*）中，敌人的下一轮行动会明确地显示在屏幕上方，玩家可以根据这些预示来制定自己的出牌策略。

为了让玩家有足够的信息进行应对，动作类游戏的行为预示通常会给玩家留有一定的时间窗口来进行反应。时间窗口的长短取决于难度和设计意图，较短的时间窗口会提高游戏的挑战性，要求玩家具有更快的反应速度和更精准的操作；较长的时间窗口则会降低游戏的难度，给玩家更多的容错空间。在《黑暗之魂》(*Dark Souls*)系列中，敌人的攻击通常都有明显的预示动作，但留给玩家的反应时间却很短，这使得游戏的战斗极具挑战性。

例如，在2022年的《艾尔登法环》(*Elden Ring*)中，当敌人“黄金树守卫”举起武器蓄力的时候，游戏会提示玩家应该准备好进行格挡或闪避了。在复杂或快节奏的场景中，清晰的预示是保障信息有效传递、避免玩家被过多信息淹没的重要手段。

案例

1987年起的《洛克人》(*Mega Man*)系列，各个机器人头目的行为模式和攻击方式都具有高度的规律性和清晰的预示。例如，火焰人在喷射火焰前会有明显的抬手和身体颜色变化；剪刀人在投掷旋转剪刀前会有特定的准备姿态。

1987年的《合金装备》(*Metal Gear*)，当敌人发现玩家并开始搜寻玩家时，敌人的头顶上会出现一个红色的感叹号，并伴有明显的音效提示，提醒玩家需要进行隐蔽或躲避操作。

1998年的《塞尔达传说：时之笛》(*The Legend of Zelda: Ocarina of Time*)，许多敌人的攻击都有明显的预示动作。例如，骷髅兵在挥剑前会将剑举过头顶，蜥蜴战士在喷火前会深吸一口气。这些预示动作给了玩家反应的时间，玩家可以进行格挡、闪避或反击。

2011年的《蝙蝠侠：阿卡姆之城》(*Batman: Arkham City*)，当敌人即将发动攻击时，敌人身上会出现类似闪电的标志，提示玩家可以进行格挡或闪避操作。这种设计使得游戏的战斗更加流畅和富有节奏感，玩家可以根据敌人的行为预示来做出相应的反应，打出华丽的连招。

2015年的《血源诅咒》(*Bloodborne*)，敌人的攻击预示更加隐晦，但仍然存在。例如，某些敌人在攻击前会发出特殊的叫声，或者武器上会出现短暂的光芒。玩家需要通过仔细观察和聆听来判断敌人的攻击时机，并进行及时的闪避或“枪反”。

2017年的《杀戮尖塔》(*Slay the Spire*)则将行为预示机制应用到了卡牌游戏中。在战斗中，敌人的下一轮行动会明确地显示在屏幕上方，包括攻击、防御、增益等。玩家可以根据这些信息来制定自己的出牌策略，例如，使用防御牌来抵挡敌人的攻击，或者使用攻击牌来打断敌人的增益效果。

2018年的《怪物猎人：世界》(*Monster Hunter: World*)，每种怪物都有自己独特的攻击模式和预示动作。例如，蛮颚龙在喷火前会先低下头并深吸一口气，大怪鸟在冲撞前会先扇动翅膀并发出尖叫。玩家需要通过反复狩猎来熟悉这些预示动作，才能更好地应对怪物的攻击。

2020年的《对马岛之魂》(*Ghost of Tsushima*)，敌人的攻击预示非常明显——在发动普通攻击前，敌人身体会闪烁白光；在发动重攻击前，身体会闪烁红光。这种设计降低了游戏的难度，但也使得游戏的战斗更加流畅和具有观赏性。

60. 快速应对（Quick Time Event）

快速应对游戏机制，通常被简称为QTE（Quick Time Event），指的是玩家需要在一段通常较短且紧急的时间窗口内，根据系统给出的视觉、听觉或触觉提示，快速、准确地执行特定操作（例如，按下特定按键、滑动屏幕、摇动摇杆等），以触发特定事件、改变游戏进程或避免负面后果的游戏机制。

本机制和行为预示（Action Cues）的不同在于其核心是“即时性”与“准确性”：快速应对是指玩家必须在极短的时间内做出反应，输入操作，并且该操作必须符合极少范围内的系统要求，才能成功触发机制反馈；而行为预示则给出足够的反应时间，以及更多的策略应对方式。这种机制常用于动作游戏、冒险游戏和互动电影式游戏中，通过创造一种紧张刺激的“生死时速”感，增强游戏的戏剧性和参与感，但也因其可能打断游戏节奏、降低游戏挑战性而存在争议。

表现形式

快速应对游戏机制的视觉提示是最常见的形式，即屏幕上突然出现的按键图标、快速收缩的圆环、闪烁的光标等；听觉提示则通常以突然的音效、警报声或角色语音来提醒玩家；触觉提示则通过手柄的振动，来告知玩家需要进行操作。一些游戏会同时使用多种提示方式，以增强QTE的紧迫感和刺激性。例如，《王国之心Ⅱ》（*Kingdom Hearts Ⅱ*）将反应指令无缝地融入了实时战斗中，当特定的时机出现时（如Boss露出破绽），屏幕上会出现三角形按键提示，玩家按下后即可触发华丽且强大的特殊动作，如格挡、反击、闪避或发动组合技。

操作的要求可以是按下单个按键、快速连续按下多个按键、按照特定顺序按下多个按键、滑动屏幕、摇动摇杆等。不同的游戏对QTE的操作要求各不相同，有些游戏只需要玩家简单地按下单个按键，有些游戏则需要玩家进行复杂的操作组合。例如，在《战神》（*God of War*）系列中，

QTE通常需要玩家按照屏幕提示的顺序按下多个按键，才能完成终结技。

QTE失败的后果在不同游戏中差异较大。在一些游戏中，QTE失败只会导致一些轻微的负面影响，例如，角色受到少量伤害、失去一些分数或错过一些奖励。在另一些游戏中，QTE失败则可能导致严重的后果，例如角色立即死亡、游戏直接结束或剧情走向不利的分支。例如，在《暴雨》（*Heavy Rain*）中，许多场景都包含QTE，玩家的选择和QTE的成功与否会直接影响剧情的发展和角色的命运。在一些游戏中，即使QTE失败，游戏也可能会继续，但在稍后的游戏流程中，失败的影响会逐渐表现出来。

案例

1983年的《龙穴历险记》（*Dragon's Lair*）被认为是QTE的雏形。这款游戏主要由预先渲染好的动画片段组成，玩家需要在特定的时刻按下正确的方向键或动作键，才能让主角继续冒险。如果玩家按键错误或超时，主角就会死亡，游戏需要从之前的检查点重新开始。

1999年的《莎木》（*Shenmue*）游戏中有大量的突发QTE，如追逐、战斗等，是推广QTE机制的功臣，并将这项机制命名为“Quick Time Event”。

2005年的《生化危机4》（*Resident Evil 4*）则将QTE机制广泛应用于游戏的各个方面，包括战斗、过场动画和环境互动等。玩家需要在QTE中快速按下屏幕上提示的按键来躲避敌人的攻击、执行特殊动作或触发剧情事件。

2005年的《战神》（*God of War*）系列以其史诗般的战斗场面和QTE终结技而著称。玩家在与Boss战斗时，可以通过QTE来终结Boss，这些QTE通常需要玩家按照屏幕提示的顺序按下多个按键，并伴随着极具视觉冲击力的动画演出。

2010年的《暴雨》（*Heavy Rain*）则是一款以QTE为主要交互方式的互动电影式游戏。玩家在游戏中的大部分操作都是通过QTE来完成的，包括对话选择、行动决策、场景探索等。玩家的选择和QTE的成功与否会直接影响剧情的发展和角色的命运。

2012年的《行尸走肉》（*The Walking Dead*）系列也采用了大量的QTE来增强游戏的代入感和紧张感。玩家需要在QTE中快速做出选择或执行操作，以应对突发的危险或困境。

Quantic Dream工作室的多款作品，如2013年的《超凡双生》（*Beyond: Two Souls*）和2018年的《底特律：变人》（*Detroit: Become Human*）都是以QTE和分支选项为核心玩法的。

第十章

角色（Character）

角色类游戏机制关注玩家操控的角色或游戏中重要的非玩家角色（NPC）的行为与能力。它不仅决定每位角色的属性、技能及定位，也间接影响玩家如何运用这些特性去达成目标，或者在与其他角色互动中做出应对。非玩家角色对玩家所产生的影响，同样纳入此机制的范畴。

凡涉及操控玩家角色和非玩家角色的能力范畴、行为逻辑或交互方式的机制，均属于角色类机制。此类机制通常强调多样性与个性化，通过差异化的角色设定来支持多种玩法，同时与游戏平衡度密切相关，需要在角色各自的优势与局限之间取得合理的平衡。

61.躲避伤害（Evasion）

躲避伤害指的是玩家操作游戏角色，规避来自敌方单位或环境陷阱的攻击或伤害判定的行为。这种机制是动作类游戏的核心要素之一，考验玩家的反应速度、预判能力和对游戏规则的理解，成功的躲避不仅能够保证角色生存，还能为后续的进攻创造有利条件，甚至在某些游戏中，完美的躲避还能触发特殊效果，成为战斗策略的重要玩法组成。从电子游戏历史发展的角度来看，躲避伤害机制的演变见证了游戏设计理念和技术的不断进步。

表现形式

角色的移动是最常见的表现形式，通过控制角色移动，玩家可以让角色离开攻击判定范围，从而避免受到伤害。移动可以是简单的左右移动、跳跃、蹲伏，也可以是更复杂的冲刺、翻滚、滑铲等特殊动作。在早期的2D游戏中，如1978年的《太空侵略者》（*Space Invaders*）和1980年的《吃豆人》（*Pac-Man*），玩家只能进行有限的移动来躲避敌人的攻击或在迷宫中穿行。随着游戏硬件性能的提升和3D游戏的兴起，角色的移动方式变得更加自由和多样化。例如，在1996年的《古墓丽影》（*Tomb Raider*）中，主角劳拉就已经能够进行翻滚、跳跃、侧移等多种动作，来躲避敌人的攻击和场景中的各种陷阱。

除了移动，许多游戏还设计了专门的躲避动作，这些动作通常具有短暂的无敌帧或伤害减免效果，如翻滚、闪避、滑步等。这些动作的加入，丰富了玩家的防御手段，也提升了游戏的技巧性。在1994年的《超级银河战士》（*Super Metroid*）中，玩家可以通过快速按下方向键来控制主角萨姆斯进行冲刺，冲刺中萨姆斯将处于无敌状态，可以用来规避敌人的攻击和穿越一些危险地形。而在1999年的《虚幻竞技场》（*Unreal Tournament*）中，玩家可以通过快速按下两次方向键来控制角色进行闪避，这种双击方向键的闪避方式后来也成为许多第一人称射击游戏的标配。

复合游戏机制的设计会影响躲避伤害机制的表现，例如，引入“体力槽”或“精力槽”的设定，限制玩家连续躲避的次数，这就要求玩家更加谨慎地选择躲避的时机，避免不必要的消耗。如果结合合拍机制，则涌现出“完美闪避”的概念，在攻击即将命中的瞬间进行闪避，可以触发特殊效果，例如反击、时间减缓等。这种组合机制设计鼓励玩家进行极限操作，提高了游戏的观赏性和挑战性。

在躲避伤害的游戏机制中，如何躲避常常被游戏设计师优化创新，一些游戏的躲避形式不止和子弹、敌人有关，还和环境、物体、区域有关，比如《传说之下》(*Undertale*)中的躲避还有激光、波浪、投掷物品。

案例

早期的街机游戏，如1981年的《大金刚》(*Donkey Kong*)和1982年的《Q伯特》(*Q*bert*)，就强调了躲避机制的重要性。玩家需要精准地控制角色跳跃和移动，来躲避各种障碍物和敌人的攻击。

1986年的《恶魔城》(*Castlevania*)则引入了更加复杂的躲避机制。主角西蒙可以通过跳跃和蹲伏来躲避敌人的攻击，还可以利用副武器来对抗飞行道具。

1997年的《洛克人X4》(*Mega Man X4*)引入了冲刺机制，玩家可以通过按下特定按钮让主角进行快速冲刺，从而躲避敌人的攻击或快速穿越场景。

2009年的《猎天使魔女》(*Bayonetta*)则将躲避机制提升到了一个新的高度。游戏中引入了“魔女时间(Witch Time)”机制，玩家在敌人攻击即将命中的瞬间进行闪避，可以触发时间减缓效果，并对敌人进行反击。这种机制极大地提升了战斗的爽快感和观赏性，也成为该系列的标志性特色。

2011年的《黑暗之魂》(*Dark Souls*)系列则以其硬核的战斗和精妙的躲避机制而闻名，游戏中的敌人攻击欲望强、伤害大，玩家需要灵活运用翻滚、滑步、盾牌格挡等多种方式来躲避攻击，稍有不慎就可能导致死亡。

2015年的《传说之下》(*Undertale*)中的战斗阶段，躲避伤害的形式更加多样，一些敌人还会使用其他形式的攻击，例如投掷物品、召唤小怪等，玩家需要根据不同的攻击方式采取相应的躲避策略。

2017年的《塞尔达传说：旷野之息》(*The Legend of Zelda: Breath of the Wild*)中，玩家可以通过盾反和极限闪避来触发“林克时间(Flurry Rush)”。在“林克时间”中，时间将会变得缓慢(参看子弹时间机制)，并且玩家可以对敌人发动多次攻击，鼓励玩家进行更加主动的防御和反击，增强了战斗的策略性和观赏性。

62. 平台跳跃（Platforming）

平台跳跃，通常简称为“平台”机制，是动作游戏中最基础也是最常见的机制之一，它指的是玩家通过操控角色进行跳跃，在各种分离的平台、立足点或复杂地形之间移动，并以此克服障碍、探索关卡、达成目标的游戏机制。

该机制的核心在于“空间导航”与“时机掌控”：玩家不仅需要精确判断角色自身的跳跃能力（如高度、远度、空中控制力），还需要对关卡的空间布局和障碍物的动态有准确的预判，在恰当的时机执行精确的跳跃操作。从游戏历史的角度来看，平台跳跃机制伴随着电子游戏的发展，不仅是在二维空间，在三维空间，平台跳跃机制也在不断演变和丰富。

表现形式

多种多样的障碍物的设计是构成跳跃挑战的基础，最基本的障碍物包括沟壑、平台、墙壁等静态物体。例如，在1981年的《大金刚》（*Donkey Kong*）中，玩家就需要控制马力欧跳跃以躲避滚桶、火焰等障碍物，并最终通过跳跃来登上平台援救宝琳。在1985年的《超级马力欧兄弟》（*Super Mario Bros.*）中，玩家需要控制马力欧跳过各种各样的沟壑和悬崖，并登上各种平台。除了静态障碍，游戏中还经常出现各种动态障碍，如移动的平台、移动的敌人、发射的子弹等，这些障碍物增强了游戏的动态性和挑战性。例如，在1991年的《刺猬索尼克》（*Sonic the Hedgehog*）中，就出现了大量的移动平台、摆锤等动态障碍，玩家需要掌握好跳跃的时机和方向才能顺利通过。将障碍物与谜题设计相结合，例如需要玩家利用跳跃来触发机关、改变地形等。

不同的游戏，角色的跳跃性能也各不相同。例如，跳跃高度、跳跃距离、空中可控性等都会影响玩家的操作策略，甚至有的游戏还提供了二段跳、蹬墙跳、滑翔等特殊跳跃能力，进一步丰富了游戏的动作维度。例如，在1994年的《超级银河战士》（*Super Metroid*）中，主角萨姆斯可以进行二段跳，还可以通过在跳跃中按住方向键和跳跃键来实现蹬墙跳，这些跳跃能力的运用对玩家的通关至关重要。在1996年的《超级马力欧64》（*Super Mario 64*）中，马力欧的跳跃动作变得更加多样化，包括二段跳、三段跳、后空翻、侧空翻等，这在当时是具有开创性的，对之后的3D平台跳跃游戏具有深远影响。

随着时代的发展，电子游戏围绕跳跃动作做了很多优化。例如，当角色起跳时，通常会播放跳跃音效，并在角色脚下产生灰尘或光影效果。在空中时，一些游戏会通过角色的动作、残影等效果，来表现跳跃的轨迹和速度感，结束动作通常会有明显的落地音效和视觉特效，给玩家带来正向反馈。例如，在1988年的《洛克人2：威利博士之谜》（*Mega Man 2: The Mystery of Dr. Wily*）中，洛克人在跳跃时会发出"哔"的音效，并且在跳跃到最高点时会有短暂的停顿，这种设计增加了游戏的节奏感，而当洛克人成功跳跃到平台上时，则会发出"咚"的音效。

案例

1981年的《大金刚》（*Donkey Kong*）被认为是平台跳跃游戏的开山之作。虽然游戏中的平台跳跃机制还比较简单，马力欧只能进行固定高度和距离的跳跃，但它首次将跳跃障碍作为游戏的核心玩法，为之后开发平台跳跃游戏奠定了基础。

1985年的《超级马力欧兄弟》（*Super Mario Bros.*）进一步确立了平台跳跃游戏的基本范式。该游戏引入了惯性系统，使得马力欧的跳跃更加流畅和可控，玩家可以根据按键时间的长短来控制跳跃的高度和距离，这种设计大大提升了游戏的操作深度和趣味性。

1994年的《超级银河战士》（*Super Metroid*）将跳跃障碍与探索和战斗相结合。主角萨姆斯除了基本的跳跃能力，还可以通过获得特殊能力来提升跳跃性能，例如二段跳和蹬墙跳。这些能力不仅可以用于探索隐藏区域，还可以用于战斗中的机动和闪避。

1996年的《超级马力欧64》（*Super Mario 64*）将平台跳跃游戏带入了3D时代。该游戏为马力欧设计了丰富的跳跃动作，包括二段跳、三段跳、后空翻、侧空翻、蹬墙跳、远跳等。这些动作的组合运用，使玩家可以在3D空间中自由探索，也为关卡设计带来了无限可能。

1998年的《班卓熊大冒险》（*Banjo-Kazooie*）系列以精巧的关卡设计和丰富的收集要素而著称。游戏中有大量的平台需要玩家利用班卓熊和卡祖鸟的各种能力来跳跃和攀爬，如高跳、滑翔、蹬墙跳等，这些能力的灵活运用，是解开谜题和收集道具的关键。

2017年的《超级马力欧：奥德赛》（*Super Mario Odyssey*）在继承系列传统的基础上，引入了帽子投掷这一创新机制，并可以进行许多非常规的跳跃操作，玩家可以利用帽子进行二段跳、远跳、反身跳等，还可以附身到敌人身上获得特殊能力。

2018年的《蔚蓝》（*Celeste*）以硬核的难度和精妙的关卡设计而备受好评。游戏的核心机制包括跳跃、冲刺和攀爬，玩家需要灵活运用这三种能力来克服各种障碍。游戏还引入了一些特殊机制，如可以恢复冲刺次数的晶体、可以推动主角前进的风等。

63.标记（Marking）

标记游戏机制是指玩家在游戏世界中，通过主动观察与交互，对特定的目标（如敌人、物品）、位置、信息，乃至视觉差异进行识别并加以突出或选定。这种“标记”的形式多样，可以是高亮轮廓、特殊图标、准星锁定、光标点选，甚至是绘制符号。

标记游戏机制的核心在于玩家通过有意识的动作，将游戏环境中的某些元素，从背景中分离出来或赋予特殊状态，以服务于信息共享、战术规划、目标追踪与打击、环境互动、谜题破解、线索收集或完成特定视觉辨识任务等多种游戏目的。

表现形式

标记游戏机制的具体表现和互动方式，根据游戏类型和设计目标的不同而有差异。

- 在PC游戏中，常通过鼠标单击或特定快捷键完成标记。
- 主机游戏则多利用手柄的肩键、扳机键或特定组合键。
- 在触摸屏设备上，则常通过直接点击或拖拽来实现。
- 视觉反馈包括高亮显示被标记物、在其上方或周围出现特殊图标（如敌人标记、物品标记、任务点标记）、改变颜色或添加动态效果。

玩家可以标记的对象包括但不限于敌人、队友、NPC、任务目标、兴趣点、危险区域、图片标志、触发区域等，不同的标记对象通常具有不同的视觉标志，以便玩家进行区分。在2015年的《彩虹六号：围攻》（*Rainbow Six Siege*）中，玩家可以标记敌人、炸弹点、人质等目标，不同的目标具有不同的图标和颜色。

标记游戏机制通常与角色的朝向锁定一起应用。例如，在横版动作游戏中，玩家标记一个敌人后，角色会自动面向该敌人，以便进行攻击或防御。同样，在第三人称动作游戏中，玩家标记一个敌人后，视角会自动锁定在该敌人身上，并且玩家的攻击也会自动追踪该敌人。这种锁定机制在3D游戏中尤为重要，因为它可以帮助玩家在复杂的环境中快速定位目标，并进行有效的攻击。例如，在2011年的《蝙蝠侠：阿卡姆之城》（*Batman: Arkham City*）中，玩家可以通过按下特定按键来锁定敌人，锁定后蝙蝠侠会自动面向敌人，并且玩家的攻击也会自动追踪该敌人。

除了基本的锁定功能，自2010年起的《荒野大镖客》（*Red Dead Redemption*）系列中，其标志性的“死亡之眼（Dead Eye）”系统允许玩家在激活时减缓时间流逝，并手动或自动“标记”敌人身体上的多个射击点。标记完成后，主角会以极快的速度连续射出子弹，精准命中所有标记位置，这也是其西部枪战的核心爽点之一。

在《找不同》或隐藏物品类游戏中，玩家点选画面中预设的差异点或目标物品，当成功“标记”正确对象后，该对象通常会高亮显示、被圈出或从待找列表中被移除，这是这类游戏最核心的互动方式。这种互动方式延伸到《艾迪芬奇的记忆》（*What Remains of Edith Finch*）游戏中后，玩家需要通过标记照片中的特定区域触发回忆，从而推进故事的发展。

在叙事游戏中，标记可以用于线索捕捉和剧情推进，在《直到黎明》（*Until Dawn*）中，玩家可以通过调查环境并标记线索来影响剧情的走向，在2018年的《底特律：化身为人》（*Detroit: Become Human*）中，玩家可以通过扫描环境并标记线索来重现案件的经过，并做出关键的抉择。

案例

1998年的《塞尔达传说：时之笛》（*The Legend of Zelda: Ocarina of Time*）首次引入了Z-targeting系统，允许玩家锁定目标并进行环绕移动和攻击。这种标记锁定机制极大地提升了3D动作游戏的操控体验，并成为后续许多游戏的标配。

2002年的《银河战士：融合》（*Metroid Prime*）将标记机制与探索和解谜相结合。玩家可以通过扫描环境中的物体来获取信息，并标记重要的目标或机关。

2004年的《细胞分裂：明日潘多拉》（*Splinter Cell: Pandora Tomorrow*）引入了“标记并执行（Mark and Execute）”系统，玩家可以预先标记多个敌人，然后一次性将他们全部击杀。

2011年的《蝙蝠侠：阿卡姆之城》（*Batman: Arkham City*）将标记机制与角色的特殊能力相结合，蝙蝠侠可以使用侦探模式来标记敌人、可破坏的墙壁，以及环境中的线索等元素。

2013年的《古墓丽影》（*Tomb Raider*）（重启系列，多平台）及其续作中，劳拉在弓箭瞄准或特定潜行击杀场景下，可以短时间内“标记”多个敌人（通常在其头部出现提示点）。一旦确认，劳拉会自动按顺序快速射出箭矢或完成连续暗杀，这种设计在面对多个敌人时提供了高效的控场和输出手段，与“死亡之眼”有异曲同工之妙。

2017年的《隐藏的家伙》（*Hidden Folks*），在这款手绘风格的隐藏物品游戏中，玩家需要在密集且充满动态小细节的黑白画卷中，根据提示找到特定的角色、物品或动物，然后通过点（单）击将其“标记”出来，完成通关。

2016年的《见证者》（*The Witness*），玩家需要在环境中找到特定的符号，并通过视角对齐的方式将它们标记出来，从而解开谜题。

64.潜行（Stealth）

潜行游戏机制指的是游戏中的角色通过利用环境、技巧或特殊能力，在不被对手察觉或尽量降低被侦测概率的情况下，达成特定游戏目标（如渗透、暗杀、窃取情报、规避冲突等）的一种行动方式与规则系统。潜行游戏机制常见于潜行类游戏，也经常作为一种重要的策略选择出现在动作冒险、角色扮演甚至部分策略游戏中。

潜行游戏机制的核心在于实现对常规侦测手段的“规避”“延迟”或“避免”直接对抗行为：玩家主动利用游戏环境中的掩体、光影、声音及敌人的行为模式，创造一种信息不对称，通过大幅降低自身的可见性和可感知性，打破敌人的侦测平衡，从而为策略选择和行动执行开辟新的可能性，最终在不引发大规模冲突或在敌人未有准备的情况下达成目标。

表现形式

潜行机制在游戏中的形式多样，主要体现在潜行状态的进入与维持方式、环境互动与利用、敌人AI的侦测与反应逻辑，以及潜行相关的能力与限制。在一些游戏中，玩家可以通过按下特定的按键来使角色进入潜行状态。例如，在1998年的《合金装备》（*Metal Gear Solid*）中，除了利用掩体和环境，玩家还可以通过匍匐、缓慢移动等姿态，或装备光学迷彩等特殊道具来强化潜行效果；在《刺客信条》（*Assassin's Creed*）系列中，融入人群、利用高处优势或特定的攀爬动作也是维持潜行状态的重要手段；在《神偷》（*Thief*）系列游戏中，玩家可以通过躲藏在阴影中来降低自身的可见度，是首款将潜行机制与游戏环境互动结合的游戏。

为了表现角色的潜行状态，游戏通常会采用各种视觉特效，例如半透明、扭曲、轮廓线等。在1998年的《合金装备》（*Metal Gear Solid*）中，光学迷彩会使角色呈现半透明状态；在2007年的《孤岛危机》（*Crysis*）中，纳米服的隐形模式会使角色呈现出扭曲的轮廓。一些游戏为了营造出更加真实的体验，还会对隐形角色的声音进行处理，例如降低脚步声、屏蔽对话语音等。

潜行状态通常并非绝对无敌的，敌人仍然可以通过一些蛛丝马迹，察觉到潜行角色的存在。例如，敌人可能被设计成具有更敏锐的视觉或听觉，能够识破潜行状态，或者可以通过声音、气味、热感应等方式来侦测潜行角色。在《合金装备V：幻痛》（*Metal Gear Solid V: The Phantom Pain*）中，一些敌人会佩戴夜视仪或热感应装置，从而识破角色的伪装，还会对玩家留下的痕迹（如脚印）或不寻常的现象（如打开的门）进行调查。此外，玩家在潜行状态下的行动，也会影响被敌人发现的概率，例如快速移动、发出噪声、触碰敌人等都可能暴露自身的位置。在1998年的《神偷：暗黑计划》（*Thief: The Dark Project*）中，玩家在隐形状态下快速奔跑，或在某些地面上行走会发出较大的声音，从而引起敌人的注意。

为了增加游戏的挑战性和趣味性，许多游戏会对潜行状态或潜行相关的能力与限制进行设计。例如，某些强力的潜行技能，如《杀出重围》（*Deus Ex*）中的光学隐形，可能会消耗特定资源或有持续时间限制；在潜行状态下，角色的移动速度可能会降低，或者无法执行某些高调的动作，如全力奔跑或使用重型武器，否则会轻易打破潜行状态。

案例

1998年的《神偷：暗黑计划》（*Thief: The Dark Project*）开创性地使用了光影和声音系统，来模拟真实的潜行体验，玩家需要利用环境中的阴影来隐藏自己，并注意控制自己的脚步声，避免被敌人发现。

1998年的《合金装备》（*Metal Gear Solid*）系列，玩家可以通过使用各种道具和技巧来隐藏自己，例如躲进纸箱、贴墙移动、使用消音武器，渗透敌方基地完成任务。

1998年开始的《盟军敢死队》（*Commandos*）系列是俯视角战术潜行游戏，玩家需要操控一支由不同能力的特种兵组成的小队，在二战背景下完成各种高难度任务，队员可以通过趴俯进入敌人的视野盲区。

2000年的《杀出重围》（*Deus Ex*）将潜行机制与角色扮演元素相结合，玩家通过升级角色的隐形技能来提升隐形效果，例如延长隐形时间、降低被发现的概率等，使潜行成为游戏的一种可选策略，玩家可以根据自己的喜好选择不同的游戏风格。

2007年的《孤岛危机》（*Crysis*）系列将潜行机制与高科技装备相结合，玩家使用纳米服的隐形模式来潜行，并配合各种高科技武器进行战术打击。

2015年的《合金装备V：幻痛》（*Metal Gear Solid V: The Phantom Pain*）进一步增强了潜行机制的真实性和复杂性，结合了更加精细的光照和声音系统，体现在昼夜循环和天气变化上，这些因素都会对玩家的行动产生影响，玩家需要更加谨慎地选择路线和行动时机。

65. 代理（Agent）

代理游戏机制指的是玩家将部分游戏角色的操控权以一定规则或指令的形式，委托给一个自动化系统（通常是游戏内置的AI或其他规则脚本）进行代理操作。这种机制的核心在于，玩家不再需要实时、直接地控制每一个单位或操作的每一个细节，而是通过预设策略、调整参数或发布指令，让代理单位按照一定的自主逻辑进行行动。

代理游戏机制的实现载体可以是机器人、虚拟替身、自动化单位，也可以是抽象的后台程序，将代理机制引入游戏中，将会拓展游戏的策略深度、自动化程度，也为游戏设计者提供了创造更复杂、更具动态性的游戏世界的工具。从游戏发展的历史来看，代理游戏机制可以理解为桌游中工人放置机制的自动化进阶，在保留策略性的同时，减少玩家的重复操作，提升游戏的流畅度和效率。

本机制容易和“引领”“分身”机制混淆，它们的区别是：代理是让游戏角色替玩家自动操作游戏元素，具有可编程性；引领是玩家主动指挥并引导其他独立NPC或物体行动；而分身则是玩家创造出自己的复制体来协同辅助游戏。

表现形式

在游戏中，代理游戏机制主要体现在代理单位的类型、玩家对代理的控制方式，以及代理行为的自主性等方面。在射击游戏中，代理可以是协助玩家作战的僚机或机器人，比如飞机类游戏中的僚机，它会跟随主角一起攻击，必要时做出相应的策略反应。

在策略游戏中，代理可以是自动采集资源的工人、自动巡逻的士兵、自动进行贸易的商队等，尤其是在模拟游戏中，代理是帮助玩家管理农场、工厂或其他设施的助手，如《星露谷物语》（*Stardew Valley*）后期可以雇用的帮助自己管理农场的NPC。

在许多挂机类游戏中，代理单位是玩家主要互动对象，玩家不需要进行实时操作，而是通过调整代理单位的配置、技能、装备等来提升效率。例如，发布于2015年的《点击英雄》（*Clicker Heroes*），玩家主要是升级主角小队的各种职业和进行职业搭配，角色会自动进行战斗和使用技能完成关卡挑战。

应用代理机制的游戏设计，还会体现在游戏开局的配置阶段，通过不同的战斗玩法来呈现。例如，在《剑与远征》（*AFK Arena*）中，玩家需要先配置英雄阵容，之后英雄会自动进行战斗；玩家主要通过收集和培养英雄、调整阵容和站位来提升战斗力。《炉石传说》（*Hearthstone*）中的酒馆战棋玩法，则是将每个回合的战斗阶段自动化，玩家只需在战斗回合开始之前做出抉择。

代理单位通常具有一定的自主决策能力，可以根据游戏环境和玩家的指令，自主地进行行动。例如，一个被设定为自动采集资源的工人，会根据一定的规则（如距离最近、资源最多等）自主地选择采集目标，并在资源采完后自动寻找新的目标。代理行为的自主性程度，直接影响游戏的自动化程度和策略深度。一些游戏通过提供丰富的AI自定义选项，让玩家可以根据自己的需求来调整代理的行为模式，从而创造出更具个性化的游戏体验。例如，在《机器人殖民地》（*Autonauts*）中，玩家需要通过一套可视化的编程语言，以“录制—播放”模式，手把手地教导机器人，如何执行从砍树、挖矿到合成、建造等一系列任务，并最终构建一个完全由代理自行运转的“殖民地”。

案例

在早期的即时战略游戏中，如1992年的《沙丘Ⅱ》（*Dune II*），代理机制就已经初具雏形。玩家可以控制多个单位进行采集、建造和战斗，这些单位具有一定的自主性，可以自动执行玩家下达的指令。

1995年的《魔兽争霸Ⅱ》（*Warcraft II*）进一步发展了代理机制。该游戏引入了“寻路”算法，使得单位可以自动绕过障碍物到达目标地点。此外，游戏还允许玩家对单位进行编队，并设置不同的阵型和攻击模式，从而实现更复杂的战术操作。

1998年的《星际争霸》（*StarCraft*）游戏中的单位具有更强的自主性，可以根据不同的战场形势自动选择攻击目标和使用技能。此外，游戏还引入了“巡逻”和“驻守”指令，使得玩家可以更灵活地控制单位的行为。

2004年的《战锤40000：战争黎明》（*Warhammer 40000: Dawn of War*）引入了小队系统，玩家可以控制由多个单位组成的小队，并设置小队的AI行为模式，例如“远程”“近战”“坚守”等。

2013年的《环世界》（*RimWorld*）中，玩家可以设定初始“殖民者”和场景，然后游戏会自动模拟“殖民者”的生活、建造、生产、战斗等活动，玩家可以观察“殖民地”的发展，并进行一些宏观管理和干预，但无法直接控制每个“殖民者”的行动。

2016年的《异星工厂》（*Factorio*）的核心玩法就是建造和管理自动化工厂，玩家需要利用各种设备和物流网络，将原材料加工成最终产品，将代理机制发挥到极致。游戏中的物流机器人、机械臂等都是典型的代理单位，它们可以根据玩家的设置，自动进行物品的运输、组装等工作。

2019年的以代理机制为核心玩法的《多多自走棋》（*Dota Auto Chess*）中，玩家在游戏中扮演一位指挥官的角色，负责招募英雄、组建阵容、配置装备，招募的英雄棋子，是一种代理机器人，他们会根据游戏规则和自身属性，自动进行战斗，无须玩家手动操作。

66. 消除（Clearing）

消除游戏机制指的是玩家通过特定操作使游戏内的特定元素从当前状态中移除或消失，从而触发游戏规则中的特定结果或奖励的游戏机制。可被消除的类型涵盖游戏中的所有元素，包括大部分游戏中的消灭敌人或杀死对手，这也是消除机制的一种延伸用法。

消除游戏机制的核心在于“破坏”与“重建”：玩家通过有策略地消除游戏元素，来改变游戏界面的布局或状态，清理游戏空间，并在此过程中获得分数、资源、特殊能力或其他形式的奖励，从而推动游戏进程。消除游戏机制广泛应用于益智类游戏、休闲类游戏中，也常被融入角色扮演、动作冒险等多种类型游戏中，作为一种增强游戏趣味性和挑战性的手段。在心理学上，消除行为通过创造一种直观的破坏快感和策略规划的乐趣，为玩家带来成就感和持续的游戏动力。

表现形式

消除游戏机制在游戏中的表现形式多样，主要体现在消除对象的类型、消除条件的判定、消除方式的差异及消除结果的应用等方面，可以是具体的事物，也可以是抽象的概念。例如，可以是彩色的方块、宝石、泡泡、数字等，也可以是敌人的生命值、障碍物、负面状态等。例如，在1989年的《俄罗斯方块》（*Tetris*）中，消除对象是不同形状的方块组合，而在2001年的《祖玛》（*Zuma*）中，消除对象是沿轨道移动的彩色珠子。

游戏通常会设定一系列条件，当游戏元素满足这些条件时，就会被判定为可以消除。常见的判定条件如下。

- 数量：如三个或三个以上相同颜色的方块相连即可消除这些方块。例如，在2007年的《宝石迷阵》（*Bejeweled*）中，玩家需要将三个或三个以上相同颜色的宝石连成一线才能消除它们。
- 形状：特定形状的图案被完整拼合即可将其消除。
- 位置：到达特定位置的元素会被消除。例如，在《俄罗斯方块》（*Tetris*）中，当一行被方块完全填满时，该行就会被消除。

- 属性：具有相同属性或满足特定属性关系的元素可以被消除。
- 操作：使用特定的交互行为，将游戏中的特定元素消除。例如，1983 年的《炸弹人》（*Bomberman*）使用炸弹消除墙壁障碍。

一些游戏采用“即时消除”的方式，即当元素满足消除条件时，立即被消除；另一些游戏则采用“延时消除”或“累积消除”的方式，即元素在满足消除条件后，会先被标记或进入某种特殊状态，然后在一段时间后或满足其他条件时才被消除。例如，在一些三消游戏中，玩家可以先制造出多个可消除的组合，然后在一次操作中同时消除它们，从而获得更高的分数或触发更强大的效果。

消除元素通常会为玩家带来各种形式的奖励，如分数、金币、经验值、特殊道具等；也可以用于推进游戏进程，如消除障碍物、打开通路、完成任务目标等；还可以用于改变游戏环境或触发特殊事件，如消除特定元素可以改变游戏世界的布局或触发连锁反应。在许多三消游戏中，消除特定元素可以获得特殊道具或触发特殊效果，如炸弹、闪电等。

案例

大部分游戏都可以视为在消除机制的应用范围内。例如，在1978年的《太空侵略者》（*Space Invaders*）中，玩家要不断地消除（消灭）敌人的飞船，因此这里的讨论仅限于有特色玩法的作品。

1984年的《俄罗斯方块》（*Tetris*）是消除机制的代表作，玩家需要通过旋转和移动不同形状的方块，将它们水平排列成完整的一行或多行来消除并获得分数。这种简单而富有挑战性的玩法，使得《俄罗斯方块》成为电子游戏历史上最受欢迎的游戏之一。

1985年的*Chain Shot!*开创了“点击并消除相连同色方块，上方方块随之掉落”的核心玩法，这正是《消灭星星》（*PopStar*）等后辈游戏的玩法基础。1992年，这款游戏被移植到UNIX、NEC PC-9801和Macintosh等多个平台，并在此过程中更名为*SameGame*。

1986年《泡泡龙》（*Puzzle Bobble*）首次以街机形式出现，将消除机制与弹射玩法相结合，开创了六边格消除的关卡结构。玩家需要从屏幕下方发射泡泡，将相同颜色的泡泡连成三个或以上即可消除。该玩法在2011年发售的《泡泡龙》（*Bubble Witch Saga*）系列中，引入了各种障碍物和特殊泡泡，如石头泡泡、炸弹泡泡等，增加了游戏的挑战性和趣味性。

2001年的《宝石迷阵》（*Bejeweled*）系列将消除机制发扬光大。玩家需要通过交换相邻宝石的位置，将三个或以上相同颜色的宝石连成一线来消除它们。游戏还引入了各种特殊宝石和道具，如炸弹、闪电等，增加了游戏的变化性和策略性。

2003年的《祖玛》（*Zuma*）将消除机制与射击玩法相结合。玩家需要从屏幕中央的炮台发射彩色珠子，将相同颜色的珠子连成三个或以上即可消除珠子。游戏的目标是消除所有珠子，防止它们进入屏幕尽头的洞穴。

2012年的《糖果传奇》（*Candy Crush Saga*）系列以糖果消除为主题，有着丰富多变的关卡设计和多平台进度同步的功能，具备好友进度的社交功能，一度成为最受欢迎的休闲游戏。

2016年的《梦幻花园》（*Gardenscapes*）是一款将模拟经营和消除玩法融合的手机游戏，玩家通过通关获得星星资源，逐步修复和装扮一座荒废已久的美丽花园。

67. 交换（Swapping）

交换，亦可称为位置互换、元素对调或空间置换，指的是一个游戏元素（如玩家角色、NPC、可互动砖块、特定信标或玩家创造的分身）与另一个游戏元素，在游戏世界内的空间坐标发生互换的系统性行为。这种位置的对调通常由玩家通过特定技能、道具、直接操控界面元素（如在益智游戏中拖拽相邻元素）或与环境机关互动来触发，其核心在于通过改变元素的物理位置，来达成行为目的、解开谜题或间接触发其他连锁的游戏机制。

该机制的核心在于通过“易位”，实现“局势重构”与“连锁触发”：它允许玩家通过改变元素的相对位置，瞬间打破原有的空间布局、攻防态势或元素排列，从而创造出新的布局机会、解决空间性谜题、开辟原本无法通达的路径；在益智游戏中，玩家通过元素的交换形成特定组合，进而激活消除、顺序组合等后续机制。

 表现形式

在电子游戏中，交换游戏机制的关键在于其触发条件的多样性、交换过程的直观性与限制性，以及交换行为对游戏局势或后续机制产生的直接影响与连锁反应。

当考虑交换的触发方式与作用对象时，主要解决的问题是如何及对何物发起位置互换。最常见的是通过玩家角色的主动技能或消耗特定道具来实现。例如，一个精确瞄准后将自身与目标（敌人、友方、特定环境物件）位置对调的法术，或一个允许玩家与预先设置的信标、可操控的分身进行瞬间易位的装置。在益智类游戏中，交换则往往体现为玩家对界面上相邻元素的直接操控，如拖拽糖果或宝石使其互换位置。此外，某些关卡环境也可能设计了特定的机关或区域，当满足特定条件时会自动触发元素间的位置交换。

交换过程的特性与规则，约束了位置互换的执行条件与视觉呈现。交换的发生通常伴随一个快速的动画过渡，清晰地展示元素移动和交错的轨迹。在棋盘式或网格类益智游戏中，交换行为往往被严格限制在相邻的元素之间。

当交换游戏机制发生时，会直接使游戏空间内元素的物理位置发生根本改变，这在战斗中可以创造出其不意的战术优势（如绕后攻击、解救被困队友、将敌人引入陷阱），在探索或平台跳跃中则能帮助玩家到达原本无法企及的区域。在许多游戏中，元素的位置交换是激活其他核心机制的前置行为，尤其是在益智游戏中，通过交换相邻元素可以形成特定排列（如三个或以上同色物体相连），进而触发“消除”、得分、产生特殊道具或引发连锁反应，构成了“交换—匹配—消除”的核心玩法循环。

案例

2001年起的《宝石迷阵》（*Bejeweled*）系列，其核心玩法即玩家通过鼠标或触摸操作，交换相邻两个宝石的位置。如果交换后能在水平或垂直方向形成三个或以上同色宝石的排列，则这些宝石会被消除，并获得分数，上方的宝石会下落填补空位，可能引发连锁消除。

2002年起的《魔兽争霸Ⅲ》（*Warcraft Ⅲ*），英雄“复仇之魂（Vengeful Spirit）”的终极技能“移形换位（Nether Swap）”可以立即使她与目标英雄（敌我皆可）交换位置，是经典的战术性位置交换。

2012年的《糖果传奇》（*Candy Crush Saga*）与《宝石迷阵》（*Bejeweled*）类似，玩家通过滑动交换相邻两个糖果的位置，目的是使同色糖果形成三个或三个以上的直线或特定组合，从而触发消除机制，完成关卡目标。特殊糖果的交换还能产生更强力的消除效果。

2013年的《交易者》（*The Swapper*）中，玩家可以创造出自身的克隆体，并通过一个装置将自己的意识，即玩家的操控权和有效“存在位置”，在本体与任意一个视线内的克隆体之间进行即时交换。这种与自身分身的位置（操控权）交换是解决游戏中复杂环境谜题和进行平台跳跃的核心手段。

2016年的《守望先锋》（*Overwatch*）中，英雄“黑影”的“位移传动（Translocator）”技能允许她投掷出一个信标，之后可以随时激活技能，使自身瞬间传送回信标所在位置（本质上是黑影与信标“交换”了激活状态下的空间存在点）。

2016年的《耻辱2》（*Dishonored 2*）中，艾米丽·考德温的“多重分身”能力升级后，允许她与召唤出的分身瞬间交换位置，为潜行、刺杀和快速脱离战斗提供了极高的战术自由度。

68. 分身（Cloning）

分身游戏机制指的是玩家操控的主要角色，能够创造出一个或多个具有一定自主性或可操控性的替身，这些替身可以协助主角进行战斗、解谜、探索或其他游戏行为的游戏机制。

分身游戏机制的核心在于“本体”与“分身”之间的联动与交互：分身通常由主角主动创造或召唤，并与主角共享一定的资源、属性或状态。分身可以执行主角的指令，也可以根据自身的逻辑进行独立行动，分身的行动会对主角产生直接或间接的影响。将分身游戏机制加入游戏设计，无论是玩家还是非玩家所扮演的角色，都能从另一个角度对游戏元素进行操作，为游戏中的叙事和角色塑造，以及策略维度提供更多的可能性。需要注意的是，这里的分身机制主要指主体角色自身的分身，将获得全部或部分主角特性，而不是同时划分出多个不同的游戏角色。

表现形式

分身的生成方式多种多样，取决于游戏的背景设定和玩法设计。一些游戏中的分身是通过消耗主角的特定资源（例如生命值、魔法值、特殊道具等）来生成的。例如，《黑神话：悟空》的主角可以通过技能创造出多个分身。还有一些游戏中的分身则与游戏的剧情或世界观设定紧密相关，如主角的灵魂分裂、人格分裂等。

游戏中的分身由玩家直接操控的案例颇多，例如在2019年的《路易吉洋馆3》（*Luigi's Mansion 3*）中，玩家可以操控路易吉的分身“傀易吉”来进行解谜或探索，包括触发机关、探索狭窄的通道。另一些游戏中的分身则具有一定的自主性，它们会根据自身的AI逻辑进行行动，玩家只能对其下达一些概括性的指令，如攻击目标、跟随主角等。《魔兽争霸Ⅲ》（*Warcraft Ⅲ*）中剑圣的分身会自动攻击附近的敌人。还有一些游戏则允许玩家在直接操控和自主行动之间进行切换，玩家可以先操控分身到达指定位置，然后让其自动执行任务，例如《交易者》(*The Swapper*)利用克隆和意识转移，摆放或切换这些克隆体，实现同时踩开关和跨越无法同时到达的地形。

在*Styx: Master of Shadows*这款潜行游戏中，应用了大量分身机制，主角地精Styx，可以通过消耗自身的生命值（琥珀之力），创造一个可以由玩家远程操控的克隆体分身，这个克隆体分身允许玩家在本体和分身之间切换控制权，用以执行探索、吸引敌人注意力甚至激活远距离机关等任务，并在玩家主动解除或被摧毁时消失，该游戏中很多关卡谜题都基于分身机制设计。

案例

2001年的《鬼泣》(*Devil May Cry*)，主角但丁可以使用“魔人化”技能变身为恶魔形态，并召唤出一个分身协助自己战斗，这个分身可以自动攻击敌人，也可以由玩家操控进行更复杂的连招攻击。

2003年的《魔兽争霸Ⅲ：冰封王座》(*Warcraft Ⅲ: The Frozen Throne*)，英雄单位剑圣的“镜像”技能可以创造出多个分身，这些分身可以迷惑敌人并对其造成伤害。

2013年的解谜平台游戏《交易者》(*The Swapper*)，主角拥有一把可以“制造克隆”并“转移意识”的枪，将分身游戏机制融入关卡解谜，可以在视线范围内放置一个或多个与自己外形相同的克隆体，这些克隆体会镜像式地跟随玩家的键盘输入，例如你往左走，分身也往左走，主角可以将意识转移到某个克隆体上，从而通过关卡。

2017年的《狙击精英：幽灵战士3》(*Sniper Ghost Warrior 3*)引入“影子系统”，将玩家的行为变成游戏世界的一部分，增强了游戏的真实感和挑战性。该系统会记录玩家的游戏风格和行为模式，并生成一个“影子”来代表玩家。其他玩家在进行游戏时，可能会遇到代表其他玩家的“影子”，这些“影子”会模仿被记录玩家的行为模式，例如巡逻路线、攻击方式等。

2019年的《路易吉洋馆3》(*Luigi's Mansion 3*)将分身机制与解谜玩法相结合，玩家可以操控路易吉的分身“傀易吉”来进行解谜或探索。傀易吉可以穿过栅栏、尖刺等障碍物，但不能接触水，否则会融化。玩家需要利用傀易吉的这些特性来解开各种机关谜题。游戏还支持双人合作模式，一名玩家操控路易吉，另一名玩家操控傀易吉，两人需要相互配合才能通关。

2024年的《黑神话：悟空》(*Black Myth: Wukong*)，主角还原了《西游记》原著中的经典桥段，可以通过消耗法力来变出多个分身，这些分身可以自动攻击敌人，也可以复制部分玩家的操控能力进行更复杂的战术操作。

69.复制（Copying）

复制游戏机制指的是电子游戏角色（包括玩家操控的角色和非玩家角色）能够通过特定的方式，获取、模仿或复制游戏中其他角色、物体或元素的能力、属性、外观、行为规则等，并将其暂时或永久地纳为己用的游戏机制。

复制游戏机制的核心在于“获取”与“转化”：玩家需要主动地与游戏世界中的特定对象进行交互，通过吸收、学习、扫描、解析等手段，将目标对象的部分或全部特征复制到自身，从而改变自身的能力、状态或外观。复制机制的引入，能够丰富游戏角色的成长路径和战斗策略。需要注意的是，这里的复制机制强调的是主动获取并转化目标特征的过程，与分身机制那种创造一个独立行动的替身有所不同。

表现形式

复制游戏机制主要体现在复制对象的广泛性、复制方式的多样性、复制结果的应用及持续时间等方面。玩家可以复制的对象包括但不限于：敌人的能力、技能或属性；NPC的行为模式或外观；环境中的物体特性，例如火焰、冰霜、闪电等；甚至是游戏世界的规则或状态。在2006年的《塞尔达传说：黄昏公主》（*The Legend of Zelda: Twilight Princess*）中，林克可以变身为狼的形态，并复制米德娜的影子攻击能力。

复制游戏机制可以通过直接接触目标对象来吸收其能力，例如，在1992年的《星之卡比》（*Kirby's Dream Land*）中，卡比通过吞噬敌人来复制其能力；也可以通过特定的设备或技能来扫描、解析或记录目标对象，例如，在2017年的《掠食》（*Prey*）中，玩家可以使用“拟态能力”扫描并变成各种物体,利用复制物体的外观和特性，来解开谜题或到达原本无法到达的区域。

考虑到游戏的平衡性和可玩性，复制能力通常是暂时的，即玩家只能在有限的时间内使用通过复制得到的能力。例如，在《星之卡比》（*Kirby's Adventure*）系列中，卡比吞噬敌人获得的能力，通常会在受到伤害或一段时间后消失。但也有游戏中的复制能力是永久的，玩家可以将通过复制得到的能力长期保留并与其他能力组合使用，例如，1992年的《最终幻想Ⅴ》（*Final Fantasy V*）中的"青魔道士（Blue Mage）"这一特殊职业，它无法通过常规升级来学习魔法，而是必须在战斗中被敌人特定的技能击中（或观察到敌人使用特定技能），才能习得并将其"复制"到自己的技能列表中。

案例

1993年的《星之卡比：梦之泉物语》（*Kirby's Adventure*）是复制机制的经典代表，主角卡比可以通过吞噬敌人的方式来复制敌人的能力，例如吞噬喷火的敌人可以获得喷火能力，吞噬带电的敌人可以获得放电能力等。这种简单而有趣的复制机制，使得卡比可以根据不同的关卡和敌人来灵活变换自身的能力，从而衍生出丰富的游戏玩法。

2002年的《银河战士Prime》（*Metroid Prime*）系列将复制机制与探索和解谜相结合。主角萨姆斯可以通过扫描敌人或其他物体来获取信息，并复制一些特殊能力。例如，萨姆斯可以通过扫描获得"变形球"能力，变成球体来探索狭窄的通道；或者通过扫描获得"钩爪光束"能力，利用钩爪在场景中摆荡。这些能力不仅可以用于战斗，还可以用于解开各种机关谜题。

2006年的《塞尔达传说：黄昏公主》（*The Legend of Zelda: Twilight Princess*），林克可以变身为狼，并暂时复制同伴米德娜的影子攻击能力。这种复制机制不仅丰富了战斗的方式，也推动了剧情的发展。

2009年的《虐杀原形》（*Prototype*）的主角亚历克斯•墨瑟可以通过吸收敌人来获得其能力、外观甚至记忆。这种"生物吸收"的设定，使得玩家可以自由地改变自身的能力和外观，从而以不同的方式进行战斗和探索。例如，玩家可以吸收敌方士兵来获得其武器使用能力和外形，从而潜入敌方基地；也可以吸收强大的变异生物来获得其特殊能力，例如利爪攻击、巨力冲撞等。

2017年的《掠食》（*Prey*）将复制机制与RPG元素相结合，玩家可以通过扫描外星生物进行"拟态（Mimic）"来学习其能力，例如将自己变成一个杯子或其他物体来躲避敌人或穿过狭窄的缝隙。这种复制机制不仅为游戏带来了更多的潜行和解谜元素，也为玩家提供了更多的自由度和策略选择。

除了以上提到的几款游戏，还有许多其他游戏，如《洛克人》（*Mega Man*）系列中的洛克人可以通过击败Boss来获得其武器和能力，《暗黑血统》（*Darksiders*）系列中的主角可以通过吸收敌人的灵魂来获得新的能力等。

70. 变身（Transformation）

变身游戏机制指的是玩家操控的角色或游戏中的NPC（尤其是Boss），能够通过特定条件触发、消耗资源或作为预设的阶段性变化，从一种形态转换为另一种或多种不同的形态。每种状态通常都拥有独特的属性配置、可用技能、行动方式甚至交互规则，即便角色的视觉外观可能没有发生巨大的改变。

变身游戏机制的核心在于“状态切换”与“能力重塑”：角色通过改变自身的存在方式或运作模式，获得或失去特定的能力与特征，从而适应不同的战斗情境、解开特定的谜题、进入新的区域或展现剧情的阶段性进展。这种机制广泛应用于动作游戏、角色扮演游戏、格斗游戏及许多Boss战设计中，它通过赋予角色在形态、能力和战斗风格上进行显著切换的可能性，为游戏玩法带来丰富的策略维度和动态变化。

表现形式

在《鬼泣》（*Devil May Cry*）系列中，主角但丁可以通过积累“魔人槽”并在特定时机主动触发“魔人化”，从而在一段时间内大幅提升各项能力。在《塞尔达传说：姆吉拉的假面》（*The Legend of Zelda: Majora's Mask*）中，林克通过佩戴不同的面具可以变身为不同的种族，如德库族、哥隆族、佐拉族，每种形态都拥有独特的能力以适应不同的环境和谜题。Boss战中的阶段性变身，通常由Boss的生命值降低到特定阈值，或完成特定阶段的战斗后自动触发，Boss会变成另一种形态，要求玩家调整战斗策略，不断适应Boss新的攻击模式和弱点。

状态间的差异性是变身游戏机制的特点，这种差异可以是外形和能力的全面改变，如《超级马力欧兄弟3》（*Super Mario Bros. 3*）中，马力欧通过获取“超级叶子”变身为狸猫马力欧，获得飞行能力；也可以是内在战斗模式的切换，在《仁王》（*Nioh*）中，玩家可以在上、中、下三段架式中切换，每种架势对应不同的攻击速度、威力和精力消耗，但角色外观基本不变。在《杀手》（*Hitman*）系列中，主角特工47通过更换服装进行“伪装”，虽然本质上是外观的改变，但更核心的是其在游戏世界中“身份”的变身，从而改变了与NPC的交互方式和可进入区域。

变身对游戏策略的影响非常显著，玩家需要根据战斗情境或解谜需求，在合适的时机选择或应对不同的形态。游戏《三位一体》（*Trine*）的灵魂在于，三位被神秘圣物“三位一体”捆绑在一起的英雄，他们性格迥异，能力互补。在游戏中，玩家可以随时切换控制三位拥有不同技能的英雄，利用他们的能力协作解开谜题、击败敌人并通过关卡。

案例

1988年的《超级马力欧兄弟3》（*Super Mario Bros. 3*）中，马力欧可以通过获取不同的道具实现多种变身，例如获得“超级叶子”可以变身为狸猫马力欧，拥有飞行和尾巴攻击能力，获得“青蛙装”则可以在水中更灵活地移动。

1992年的《刺猬索尼克2》（*Sonic the Hedgehog 2*）中，索尼克在集齐所有混沌翡翠后，可以在获得足够金环的情况下变身为“超级索尼克”，获得无敌和高速飞行的能力。

1997年的《恶魔城：月下夜想曲》（*Castlevania: Symphony of the Night*）中，阿鲁卡多可以使用各种魔法和变身能力，例如变身成蝙蝠或狼进行快速移动。

1998年的《塞尔达传说：时之笛》（*The Legend of Zelda: Ocarina of Time*）中，林克可以在少年和成年两种形态间切换（通过时之神殿），不同的形态拥有不同的能力和可进入的区域。

2000年的《塞尔达传说：姆吉拉的假面》（*The Legend of Zelda: Majora's Mask*）将面具变身机制作为核心，林克佩戴不同的面具可以变身为德库小子、哥隆、佐拉等，每种形态都有解决特定谜题和通过特定区域的能力。

2001年的《鬼泣》（*Devil May Cry*）系列中，主角但丁的“魔人化（Devil Trigger）”是其标志性能力，变身后各项属性大幅提升并能使用强力技能。

2005年的《王国之心Ⅱ》（*Kingdom Hearts II*）中，主角索拉通过消耗“驱动槽”，可以与队友高飞或唐老鸭融合，变身为“勇气”“智慧”“大师”等多种不同的形态。每种形态都拥有全新的服装、动作模组和专属能力。

2009年的《虐杀原形》（*Prototype*）中，主角亚历克斯·墨瑟可以通过吸收生物来获得其形态和能力，甚至可以将身体部位变形成各种武器。

2017年的《掠食》（*Prey*）中，主角可以学习到“模拟物质”这个技能，效果是模拟邻近物体的样貌，隐藏自身形体。

第十一章
解决（Resolution）

解决类游戏机制主要关心如何判定玩家在面对挑战或冲突时的行为结果，以及这些结果如何进一步推动游戏进程或改变游戏状态。通过一系列判定方式，游戏会将玩家的决策或操作转化为具体后果，如成功或失败，并将其反馈至游戏系统中，进而影响后续挑战或故事的发展。

凡能够直接判定玩家行为成败、影响游戏进度或状态的规则，均属于解决类游戏机制。它们通常具有判定性，关注玩家的具体动作或选择相应的动作之后的即时或阶段性反馈，并在核心循环中扮演引导、限制或激励的角色。它们往往与胜负条件或进程条件相结合，确保游戏的叙事与挑战能够稳步推进。

71. 有限选择（Limited Choice）

有限选择游戏机制指的是在游戏进程的特定节点或阶段，玩家可执行的行动、可使用的资源或可互动的元素并非任意的，而是被限定在一个预先定义好的选项集合中，或者从一个随机生成或受特定规则约束的池中进行抽取。这种机制通过限制玩家的选择范围，来引导游戏的策略深度、简化操作的复杂度，或增加游戏的随机性和重玩价值。

有限选择游戏机制的核心在于“约束”与“抉择”：玩家需要在有限的选项中权衡利弊，做出当下最优的选择，而这些选择的结果将直接影响游戏的进程、角色的发展或资源的配置。

表现形式

有限选择项的呈现方式多种多样，可以是直观的菜单选项、可视化的图标、可互动的游戏对象，甚至是隐藏在游戏环境中的线索。在角色扮演游戏中，与NPC的对话选项通常以文本菜单的形式呈现；在策略游戏中，可建造的建筑或可研究的科技，可能以图标列表的形式呈现；在冒险解谜游戏中，玩家可能需要从收集到的物品中，选择合适的工具来解决谜题。

选择的触发条件各不相同，有时选择的出现是游戏进程自然推进的结果，比如当玩家抵达某个关键地点或成功完成一项特定任务之后。有时选择的出现则可能源于玩家的主动探索，例如与某位NPC展开对话或仔细调查某个引人注目的物品。游戏世界中的随机事件或突发状况，也会催生出需要玩家果断做出抉择的时刻，一个经典的例子便是2012年推出的《行尸走肉：第一季》（*The Walking Dead: Season One*），玩家常常需要在千钧一发之际迅速做出判断，而这些选择将直接牵动剧情的走向，乃至角色的生死命运。

游戏通过设定选择的范围和限制，来引导玩家的决策方向和策略深度。以卡牌游戏为例，玩家在每个回合中能够从手牌中打出的卡牌数量往往是受限的。在角色扮演游戏中，有限的技能点数或资源，意味着玩家必须有所取舍，有针对性地升级技能或购置装备。同样，策略游戏中的行动点数或稀缺资源，要求玩家深思熟虑，优先执行最具战略价值的行动。

玩家做出选择后，游戏会根据选择的内容给予相应的反馈，有些反馈可能直接体现在角色属性的变化、资源的增减上，也可能表现为剧情的进一步发展或整个游戏状态的悄然改变。正是这种清晰的反馈机制，使玩家能够明确感知到自己的每一个选择所带来的直接或间接后果，并以此为据，不断调整和优化后续的游戏策略。例如，在2011年发行的《杀出重围：人类革命》（*Deus Ex: Human Revolution*）中，玩家在对话中所做的选择，其影响远不止改变NPC对主角的态度，更会影响后续任务的展开方式，乃至故事的最终结局。

案例

1976年的《巨洞冒险》（*Colossal Cave Adventure*）作为文字冒险游戏的先驱，玩家与游戏的互动完全依赖于输入由动词和名词构成的简单指令（例如“go north”“get lamp”）。游戏解析器能够识别的词汇量是有限的，因此在任何时刻，玩家能够有效执行的行动都局限在一个由系统预设和理解的指令集合之内。玩家必须从这些被允许的“选择”中挑选合适的指令来探索世界、解决谜题。

2004年的《半条命2》（*Half-Life 2*），玩家可以携带的武器种类和数量有限，因此需要根据当前的战斗环境和敌人类型，灵活选择和切换合适的武器。

2011年的《上古卷轴V：天际》（*The Elder Scrolls V: Skyrim*），玩家在升级时可以选择提升生命值、魔法值或耐力值，并在相应的技能树中选择有限的天赋点数进行分配，这些选择将影响角色的战斗能力、生存能力和技能专精方向。

2012年的《行尸走肉：第一季》（*The Walking Dead: Season One*）以其丰富的对话选择和道德困境而闻名，玩家在游戏中需要经常在有限的时间内做出选择，这些选择会影响与其他角色的关系、剧情的走向甚至是角色的生死。

2015年的《巫师3：狂猎》（*The Witcher 3: Wild Hunt*），玩家在对话和任务中会面临大量的选择，这些选择不仅会影响剧情的发展和结局，还会影响玩家与NPC的关系，甚至改变游戏世界的格局。

2019年的《火焰纹章：风花雪月》（*Fire Emblem: Three Houses*），玩家扮演的角色在一天之中可以进行的行动次数有限。玩家需要合理安排角色的行动，例如进行战斗训练、培养角色之间的关系、参加社交活动等，这些选择将影响角色的成长及与其他角色关系的发展。

2020年的《哈迪斯》（*Hades*），玩家在每次尝试逃离冥界的过程中，会遇到随机的祝福和升级选项，需要从有限的选项中选择最适合自己当前战斗风格和策略的祝福，以增强角色的能力。

72.随机结果（Random Roll）

随机结果游戏机制将可控的随机性引入游戏进程，用于裁决行动的结果或触发未知的事件。它指的是在游戏过程中，系统利用骰子（或模拟骰子投掷结果的随机数生成器）从一个预先定义好的、有限的可能性集合或数值范围内，随机产生一个结果，该结果将直接决定玩家行为的成败、效果的强弱或游戏事件的走向。

随机结果游戏机制的核心在于“范围约束”：结果并非玩家主动从选项中挑选的，而是由系统在给定的可能性空间内随机产生的，但这个可能性空间是有限且已知的。追溯其根源，骰子是人类最古老的游戏工具之一，它在电子游戏中继承了这种不可预测性和悬念感的特性。与“有限选择”机制的关键区别在于，有限选择游戏机制是玩家主动从多个选项中做出一个抉择，而骰子机制则是系统随机从多个可能的结果中抽取一个。

表现形式

在电子游戏的历史中，骰子投掷的视觉效果多种多样，在以1980年的《魔域Ⅰ》（*Zork I*）为代表的早期文字冒险游戏中，可能仅以文字描述“你掷出了一个X点”来表示结果。后续如《博德之门》（*Baldur's Gate*）系列等基于桌面角色扮演游戏规则的作品，有时会模拟真实的骰子滚动动画，最后显示数值结果。以《文明》（*Civilization*）系列为代表的策略游戏，虽然底层有概率计算，但通常不直接展示，而是直接显示战斗结果或事件触发与否。

随机选取判定的应用范围极为广泛，在数字版的《地产大亨》（*Monopoly*）或《龙与地下城》（*Dungeons & Dragons*）等桌面游戏改编作品中，骰子点数直接决定了玩家棋子的移动步数。再如以《废土》（*Wasteland*）或《辐射》（*Fallout*）系列为代表的角色扮演游戏，骰子（或基于概率的判定系统）广泛应用于战斗中的命中/未命中判定、伤害数值浮动、技能成功率判定（如开锁、说服）、陷阱触发与解除等多个方面。

玩家并非总是完全被动地接受随机性，许多游戏允许玩家通过角色属性、技能、装备或消耗特定资源来修正结果。在《博德之门3》（*Baldur's Gate 3*）中，玩家的属性调整值会加到骰子结果上，某些技能或法术可以提供"优势"（投两次取高值）或"劣势"（投两次取低值），甚至允许使用特定点数强制影响或重投骰子。这种设计让玩家可以在一定程度上管理风险，将策略与运气结合起来。

在《XCOM：未知敌人》（*XCOM: Enemy Unknown*）游戏里，一次关键攻击的未命中（源于概率判定）可能导致整个小队陷入危机，迫使玩家改变战术或撤退。而在《永恒之柱》（*Pillars of Eternity*）中，一次意外的暴击（高伤害骰结果）则可能瞬间扭转战局。骰子机制的存在，要求玩家在制定计划时必须考虑概率和潜在的意外情况，准备备用方案。

案例

1980年的《魔域Ⅰ》（*Zork I*）等早期文字冒险游戏，利用随机数来决定战斗伤害和部分谜题的随机元素。

1981年的《巫术：疯狂领主的试验场》（*Wizardry: Proving Grounds of the Mad Overlord*）深受桌面RPG的影响，其角色创建、战斗命中、伤害计算、魔法豁免等核心环节均大量依赖模拟骰子的随机选取判定。

1988年的《废土》（*Wasteland*）使用基于技能百分比的成功率系统，这本质上是一种抽象化的骰子机制，决定了从射击命中到拆除炸弹等各种行动的成败。

1997年的《辐射》（*Fallout*）采用了SPECIAL属性系统和技能百分比，战斗命中率和许多交互的成功率都基于这些数值进行概率判定，模拟了骰子机制的效果。

1998年的《博德之门》（*Baldur's Gate*）严格遵循《高级龙与地下城》第二版规则，将D20、D10、D8、D6、D4等各种骰子判定规则细致地还原到电子游戏中，覆盖了战斗、施法、豁免、技能检定等方面。

2014年的《废土2》（*Wasteland 2*）和2020年的《废土3》（*Wasteland 3*）延续了系列的传统，各种行动的成功率以百分比显示，其背后是基于角色技能和属性的概率计算。

2023年的《博德之门3》（*Baldur's Gate 3*）将《龙与地下城》第五版规则的D20核心机制，以极其直观的方式呈现给玩家，尤其是在关键的对话检定和战斗判定中，玩家能清晰地看到骰子的滚动过程及其结果。

73.抽取（Drawing）

抽取游戏机制是指在游戏中，玩家从一个预先定义好的、有限的元素集合（或称为“池子”）中，按照一定的规则（通常是随机的，也可以是伪随机或基于特定权重的）抽取一个或多个元素，并将这些抽取到的元素作为玩家行动的依据、资源的补充、能力的增幅或游戏进程的变量。

抽取游戏机制的核心在于“集合池”与“结果驱动”：玩家通过抽取这一行为，在特定的范围边界内，获得集合池中的特定元素，而这些元素将直接影响玩家的后续决策、游戏角色的发展乃至游戏世界的走向，这种机制广泛应用于卡牌游戏、角色扮演游戏、策略游戏和大富翁类游戏中。

表现形式

元素池中通常是奖励物品，但游戏设计者会根据游戏的类型、玩法和背景设定，预先定义一个有限的元素集合，这个集合中包含各种可能的抽取结果。例如，在卡牌游戏中，元素池就是玩家的牌库或整个游戏中的卡牌集合。但在角色扮演游戏中，元素池可能是各种装备、道具或技能的集合。至于策略游戏，元素池可能是各种随机事件、科技选项或资源的集合。

“扭蛋（Gacha）”机制是抽取机制在现代商业游戏中一种影响力巨大且高度系统化的表现形式。例如，在《原神》中，玩家消耗“原石”资源，进行名为“祈愿”的抽卡行为，从一个巨大的角色和武器池中随机获取，其复杂的概率设计（如保底、UP池）并非完全基于随机算法。

虽然大部分游戏采用纯粹的随机抽取，即每个元素被抽到的概率相等，但是一些游戏则采用伪随机或加权随机的方式，即根据一定的算法或权重，使某些元素更容易被抽到。例如卡牌游戏中，稀有卡牌被抽取到的概率通常低于普通卡牌。抽取规则的设计也决定了玩家获取元素的方式和概率，可以与玩家的行为相关联，例如玩家可以通过完成特定任务或达成特定条件来改变抽取的概率或增加抽取的次数。

抽取到的元素会直接影响玩家的行动选择，例如在卡牌游戏中，玩家需要根据抽取到的卡牌来制定战术。在角色扮演游戏中，玩家抽取到的装备或道具，用于提升角色的属性或赋予角色特殊能力，影响游戏角色的能力或状态。这个动作可能还会影响游戏世界的走向，例如在策略游戏中，抽取到的随机事件会改变游戏的局势或触发特殊的剧情。

案例

1980年的*Rogue*及其衍生作品是抽取机制的早期应用。游戏开局会让玩家从有限的职业池中，随机选择一种作为开局职业，不同的职业拥有不同的初始属性和技能。这种随机性为游戏带来了挑战性和重玩价值。

1993年的《万智牌》(*Magic: The Gathering*)将抽取机制与卡牌游戏完美结合。玩家需要从自己的牌库中随机抽取卡牌，并使用这些卡牌来召唤生物、施放法术或使用神器。这种机制使得每场对局都充满了变数，玩家需要根据抽取到的卡牌灵活调整自己的战术。

1996年的《暗黑破坏神》(*Diablo*)系列将装备和物品的获取作为游戏的核心驱动力之一。在游戏中，玩家可以通过击杀怪物或开启宝箱来获得装备，而装备的属性是随机生成的。这种设计鼓励玩家反复挑战，以获取更好的装备。

2004年的《怪物猎人》(*Monster Hunter*)系列中，玩家狩猎怪物后可以获得各种素材。这些素材的掉落有一定的随机性，玩家需要反复狩猎同一种怪物才能获得所需的稀有素材。这种机制增加了游戏的挑战性和耐玩度。

2014年的《炉石传说》(*Hearthstone*)是一款在线集换式卡牌游戏，玩家需要构筑自己的卡组，并在对战中从牌库中随机抽取卡牌来使用，游戏中有许多卡牌具有随机效果，例如会从可能的多种结果中随机出现一个结果。

2015年的《杀戮尖塔》(*Slay the Spire*)将卡牌构筑、Roguelike和抽取机制相结合。玩家在游戏开始时拥有一套基础卡牌，并在游戏过程中通过击败敌人、完成事件等方式获得新的卡牌。玩家可以从一个有限的卡牌池中选择要加入牌组的卡牌，逐步构筑出属于自己的独特牌组。这种机制使得游戏的策略性更强，也更具重玩价值。

2016年的《守望先锋》(*Overwatch*)在游戏中引入了“战利品箱子”作为奖励。玩家可以通过升级或购买来获得战利品箱子，从中随机抽取角色的皮肤、语音、表情等外观物品，为游戏增加了额外的收集乐趣，也成为游戏长期运营的重要手段。

74.轮流选择（Drafting）

轮流选择游戏机制指的是在游戏中，玩家按照预先确定的顺序（可以是固定的，也可以是根据游戏进程动态调整的），依次从一个公共的、有限的选项集合中，选取一个或多个元素，并将这些元素纳入自己的资源、角色能力、行动方案或其他游戏相关的构成部分中。作为一种解决类游戏机制，它为游戏进程的推进构建了一种有序且充满策略博弈的交互框架。

轮流选择游戏机制的核心在于“顺位”与“博弈”：玩家的选择不仅受到可选元素集合的限制，还受到选择顺序的影响，每个玩家都需要在考虑自身策略的同时，预判其他玩家的选择，并尽可能地做出对自己最有利的选择。这种机制常见于多人竞技类游戏，也广泛应用于策略游戏、卡牌游戏中。轮流选择机制的引入，提升了游戏的策略深度，强化了玩家之间的互动和博弈，也使得游戏进程更具动态性和不可预测性。

表现形式

选择对象的类型多种多样，可以是游戏角色、初始资源、行动选项、科技树分支、地图区域、增益效果等。例如，在竞技类游戏中，玩家需要在游戏开始前轮流选择自己要使用的角色或英雄；在一些策略游戏中，玩家可以轮流选择要占领的区域或要发展的科技。

2013年*DOTA 2*采用固定的选择顺序，双方队伍会轮流选择英雄；而在2015年的《彩虹六号：围攻》（*Rainbow Six: Siege*）中，则采用动态的选择顺序，攻守双方会轮流选择特勤干员，并会根据上一回合的结果，决定下一回合的优先选择权；有些游戏根据玩家当前的排名、资源量或某种随机机制来决定选择顺序；还有一些游戏允许玩家通过特定方式来影响选择顺序，例如通过竞价、谈判或战斗等方式来争夺优先选择权。

使用这种机制的游戏，对玩家的选择数量进行了限制，选择的约束条件进一步增加了轮流选择机制的策略性，例如每个玩家只能选择一个角色或一个行动选项；另一些游戏则对玩家的选择范围进行了限制，例如玩家只能从剩余的选项中进行选择，或者某些选项只能被特定的玩家选择。尤其是在竞技游戏中，“禁用（Ban）”机制非常常见，它允许玩家禁用某些选项，阻止其他玩家选择。例如，在多人在线战术竞技游戏（MOBA）的比赛中，常见的“Ban/Pick”环节就是典型的轮流选择机制，双方队伍轮流禁用和选择英雄，这不仅考验玩家对英雄的理解，也考验团队的战术策略。

从设计角度来看，选择通常会对游戏产生直接且长期的影响，例如选择不同的角色会影响玩家的战斗风格和在团队中的定位，选择不同的初始资源会影响玩家前期的发展策略，选择不同的行动选项会影响游戏事件的走向。这些选择结果往往具有排他性，即一个玩家选择了一个选项后，其他玩家就不能再选择该选项，这种设计加剧了玩家之间的竞争和博弈。

案例

1983年的*M.U.L.E.*在游戏开始的土地选择阶段，以及后续的资源拍卖阶段，玩家们轮流从有限的土地或资源池中进行选择（或竞价购买）。

2009年的《英雄联盟》（*League of Legends*）和2013年的*DOTA 2*等多人在线战术竞技游戏（MOBA）引入了“Ban/Pick”机制。在游戏的选人阶段，双方队伍会轮流禁用和选择英雄。玩家需要根据己方和对方的阵容来选择合适的英雄，并禁用对方擅长的英雄或对己方阵容威胁较大的英雄。这种轮流选择机制极大地提升了游戏的竞技性和策略深度，也成为MOBA游戏的一大特色。

2015年的《彩虹六号：围攻》（*Rainbow Six: Siege*），攻守双方会轮流选择特勤干员。这种选择机制为游戏增加了策略深度，玩家需要根据地图、战术和对方的选择来选择合适的特勤干员。

2016年的《守望先锋》（*Overwatch*）的竞技比赛中，双方队伍会轮流选择英雄。这种设计促使玩家根据地图和团队需要选择合适的英雄，并催生了丰富的战术打法。

2017年的《绝地求生》（*PUBG*），玩家跳伞后收集到的很多武器和配件都是唯一的，当玩家在收集物资的时候，实际上也是在进行一种非主动的、无序的“轮流选择”。

2018年的《万智牌：竞技场》（*Magic: The Gathering - Arena*）是万智牌的数字游戏版本，在特定的“轮抽”模式中，玩家们会轮流从一个公共的卡牌池中选择卡牌来构筑自己的牌组。

《炉石传说》（*Hearthstone*）在2019年11月推出的酒馆战棋模式中，玩家可在游戏开始时轮流选择英雄。

75. 数值比拼（Stat Check）

数值比拼游戏机制是指当玩家的行为或游戏事件触发了某种形式的对抗或判定时，系统会基于双方或多方相关的数值属性，通过预设的规则进行比较或计算，从而得出胜负、成败或其他结果，为游戏中的冲突和挑战提供了简洁明了的裁决方式。

数值比拼游戏机制的核心在于“数值”与“比对”：游戏为角色、单位、装备、行为等赋予了明确的数值属性，并通过比较这些数值的大小、计算它们的总和或差值或将它们代入特定的公式进行运算，来决定对抗的结果或事件的走向。这种机制广泛应用于角色扮演游戏、策略游戏、卡牌游戏中。数值比拼游戏机制的引入，简化了游戏的结算逻辑，提升了游戏的可预测性和策略规划空间，也使得玩家能够更直观地理解游戏中的各种对抗关系。

表现形式

数值比拼作为一种解决类游戏机制，通过简洁明了的数值比较或计算，为游戏中的对抗和挑战提供了明确的判定方式。

比拼数值的类型多种多样，可以是角色的属性数值，例如攻击力、防御力、生命值、智力、敏捷等；也可以是装备或物品的属性数值，例如武器的攻击力、防具的防御力、道具的效果强度等；还可以是资源或其他的量化指标，例如金钱、兵力、影响力等。例如，在许多角色扮演游戏中，战斗的结果通常是通过比较双方的攻击力和防御力来决定的。

大部分游戏采用简单的数值大小比较，例如攻击力高的角色对攻击力低的角色造成更大的伤害，为了让游戏更加多变，也有采用更复杂的计算公式的，例如将攻击力、防御力、暴击率、闪避率等多个数值，纳入一个公式中进行计算，从而得出最终的数值比拼结果。引入随机数或概率因素是比较常见的设计，在计算伤害时加入一个随机数，使得战斗结果具有一定的不确定性。例如，在1996年的《暗黑破坏神》(*Diablo*)中，每次攻击的伤害会在一个范围内波动，随着发展，固定加值和随机加值的设计，在角色扮演类游戏中成为主流。

游戏通常会通过直观的数值显示、动画效果、音效等方式来展现数值比拼的结果。例如，在战斗中，角色头顶跳出的伤害数字、生命条的缩短、击败敌人的特效等，都能够清晰地传达战斗的结果，还会提供详细的战斗日志，供玩家分析战斗过程中的每一个数值细节。

数值比拼的结果，可以直接决定战斗的胜负、任务的成败、事件的走向等，如果玩家在数值比拼的战斗中失败，可能会导致角色死亡或任务失败。在策略游戏中，如果玩家在资源竞争中落败，可能会导致经济崩溃或领土丧失。数值比拼的结果还可以影响游戏世界的格局、NPC的态度、剧情的发展等，如《文明》(*Civilization*)系列。

案例

1974年的《龙与地下城》(*Dungeons & Dragons*)对后续的许多电子游戏产生了深远影响。在战斗中，玩家投掷骰子，并将结果与角色的属性和技能相结合，来决定攻击是否命中及造成的伤害。这种基于数值和随机数的战斗系统成为许多角色扮演游戏的雏形。

1986年的《勇者斗恶龙》(*Dragon Quest*)系列是早期电子游戏中数值比拼机制的典型代表。在游戏中，玩家控制的角色与怪物进行战斗，战斗的结果由双方的攻击力、防御力等数值决定，这种简单的数值比拼机制成为许多日式角色扮演游戏的标配。

1987年的《最终幻想》(*Final Fantasy*)系列也采用了类似的数值比拼机制。玩家控制的角色通过战斗获得经验值，提升等级，并获得更强的数值属性。

1996年的《暗黑破坏神》(*Diablo*)系列将数值比拼机制与装备系统相结合。玩家可以通过击败怪物或开启宝箱来获得各种各样的装备，这些装备拥有不同的属性。玩家需要根据自己的职业和战斗风格选择合适的装备，并通过强化、镶嵌宝石等方式来提升装备的属性数值。这种设计极大地提升了游戏的可玩性和耐玩度。

1997年的《辐射》(*Fallout*)系列也采用了数值比拼机制。游戏中的战斗基于角色的属性、技能和装备，并通过“行动点数”系统来进行限制，玩家需要在每个回合内分配有限的行动点数来进行移动、攻击、使用物品等操作。

1998年的《博德之门》(*Baldur's Gate*)系列基于“龙与地下城”的规则，拥有复杂的数值系统。游戏中的战斗、检定等都基于角色的属性、技能和骰子的投掷结果。

2006年的《上古卷轴IV：湮灭》(*The Elder Scrolls IV: Oblivion*)中，玩家的行动会影响NPC对其的好感度，这种好感度是通过数值来衡量的，玩家可以通过对话、送礼等方式来提升NPC的好感度，也可以通过攻击、偷窃等方式来降低好感度。

2011年的《黑暗之魂》(*Dark Souls*)系列以其硬核的战斗和精妙的数值设计而闻名。游戏中的战斗非常考验玩家的操作技巧，但数值的作用同样不可忽视，玩家需要合理分配属性点数，选择合适的装备，并通过强化来提升角色的战斗力。

76. 克制（Counters）

克制游戏机制指的是在游戏过程中，不同的游戏元素（通常是角色、单位、属性、技能、装备、阵营或行动方式等）之间，存在着一种或多种相互作用的制约关系，使得一方在面对另一方时，会因这种克制关系而获得天然的优势或劣势，从而直接影响对抗的结果。

克制游戏机制的核心在于“优势”与“策略选择”：游戏通过赋予不同元素特定的克制效果，打破了单一强度维度的平衡，迫使玩家在面对不同的对手或情境时，需要识别并利用这些克制关系来制定最优策略，以放大己方优势、规避劣势或扭转不利局面。这种机制广泛应用于策略游戏、角色扮演游戏、卡牌游戏、格斗游戏中，它极大地丰富了游戏的策略深度，提升了游戏的竞技性和对局的多样性。

表现形式

一种常见的克制关系是属性克制，例如在《宝可梦》（*Pokémon*）系列中，水属性克制火属性，火属性克制草属性，草属性克制水属性，形成经典的循环克制链。单位/角色的类型克制也十分普遍，在《火焰之纹章》（*Fire Emblem*）系列中，飞行单位通常被弓箭单位克制，重甲单位则惧怕破甲武器或魔法攻击。行为克制则体现在某些技能能够打断或无效化另一些技能，或对特定状态下的敌人造成额外的伤害，这在格斗游戏或MOBA游戏中尤为突出。

克制效果的强度直接影响其在策略中的权重，在《英雄连》（*Company of Heroes*）系列中，反坦克炮对坦克的克制效果是毁灭性的，而步兵对轻型载具的克制则可能需要数量优势的配合。克制效果通常表现为伤害数值的增减、命中率/闪避率的变化、行动顺序的优先、特殊状态的施加或免疫等。

克制信息的呈现对玩家能否有效利用该机制至关重要，以《神界：原罪 2》（*Divinity: Original Sin 2*）为例，敌人的元素抗性和弱点会通过检视界面清晰地展示出来，引导玩家选择相应的魔法或攻击方式。许多游戏还会通过战斗中的图标提示、伤害数字颜色变化或角色语音反馈来即时告知玩家克制关系是否生效。

循环克制是克制机制中一种重要且经典的应用形式，它通过构建一个闭环的、没有绝对最优选择的克制链条，例如“石头剪刀布”模型，或更复杂的如《宝可梦》（*Pokémon*）系列的属性克制，确保游戏元素之间的动态平衡和策略的多样。在这种结构下，任何一种选择都存在被克制的风险，迫使玩家不断预判和适应对手的策略。

案例

1987 年《街头霸王》（*Street Fighter*）：防御（Block）可以克制大部分打击技（Strike），但防御本身又被投技（Throw）克制，而投技的发生需要近身，容易在接近过程中被打击技克制。

1990 年开始的《火焰之纹章》（*Fire Emblem*）系列运用了循环克制机制。游戏中的兵种之间存在着“武器三角”的克制关系，如剑克制斧、斧克制枪、枪克制剑。此外，游戏中还存在着飞行单位害怕弓箭等其他克制关系，玩家需要根据敌人的兵种来选择合适的兵种进行对抗。

1996 年开始的《宝可梦》（*Pokémon*）系列是循环克制机制的典型代表。游戏中的每种宝可梦都拥有自己的属性，如火、水、草、电等。属性之间存在着复杂的克制关系，如火属性克制草属性、草属性克制水属性、水属性克制火属性。

1997 年的《最终幻想战略版》（*Final Fantasy Tactics*）中，不同的职业和技能拥有不同的元素属性，如火、冰、雷等。这些元素属性之间存在着相互克制的关系，玩家需要在战斗中利用属性克制来造成更大的伤害。

2006 年的《英雄连》（*Company of Heroes*）系列：不同的兵种和载具之间存在着克制关系。例如，步兵可以有效地对抗轻型载具，但面对坦克时则比较脆弱；反坦克炮可以有效地摧毁坦克，但容易受到步兵的攻击。

2012 年的手机游戏《智龙迷城》（*Puzzle & Dragons*）中，除了标准的三属性互克，还增加了光暗互克，便于玩家快速理解，同时适当增加了游戏的复杂度。

2017 年的《塞尔达传说：旷野之息》（*The Legend of Zelda: Breath of the Wild*）：武器和敌人都拥有不同的属性。例如，火属性的武器对冰属性的敌人造成的伤害更大，水属性的武器对火属性的敌人造成的伤害更大。

77. 投票（Voting）

投票游戏机制是指在游戏中，当面临需要抉择的局面或存在争议的议题时，系统提供若干选项，并允许一定范围内的玩家（可以是全体玩家，也可以是特定群体）通过投票的方式来表达自己的意愿，最终根据投票结果决定游戏下一步的发展方向。作为一种解决类游戏机制，投票游戏机制将决策权交予玩家群体，通过汇集众意来决定游戏进程中的特定走向或结果。

投票游戏机制的核心在于“参与”与“表决”：玩家通过投票这一行为，直接参与游戏世界的构建和游戏事件的裁决，其结果往往会对游戏环境、剧情发展、资源分配、角色命运等产生重要影响。这种机制常见于多人在线游戏、社交推理游戏、剧情导向游戏，它通过模拟现实世界中的民主决策过程，增强了游戏的互动性、社交性和不可预测性，也为玩家提供了影响游戏进程的直接途径。

表现形式

投票的触发条件多种多样，可以是游戏系统的自动触发，如在《太空杀》（*Among Us*）中，当满足特定条件时，系统会自动发起投票；也可以是玩家主动触发，如在《英雄联盟》（*League of Legends*）中，玩家可以主动发起投票来决定是否认输；还可以是游戏剧情的推进，在一些剧情导向游戏中，玩家需要通过投票来决定剧情的发展方向。

并非所有游戏都设定所有在线玩家都可以参与投票，参与投票的玩家范围根据游戏的设计而有所不同。在一些游戏中，只有特定阵营或满足特定条件的玩家才能参与投票；还有一些游戏允许玩家通过特定方式（例如使用道具或技能）来影响其他玩家的投票权。

投票的选项设计通常与游戏的核心玩法、剧情发展或玩家利益密切相关。例如，多人游戏的玩家通常可以通过投票选择下一个游戏地图或模式；在剧情导向游戏中，玩家可以通过投票来决定NPC的命运或剧情的走向。

投票结果的呈现方式对玩家的游戏体验至关重要，投票的进度和结果会实时显示，如以柱状图或饼状图的形式展现每个选项的得票率，非实时显示的游戏，则会在投票结束后公布结果，这需要根据游戏设计做出处理。有时候为了增加悬念和戏剧性，一些游戏还会对投票结果进行一定程度的隐藏或模糊处理，例如只公布得票最高的选项，而不公布具体的票数。

投票结果可以直接决定游戏中的某些重大决策，如选择哪个任务、放逐哪个玩家、执行哪种策略、改变哪项规则等；也可以影响游戏资源的分配，如根据投票结果来分配奖励或惩罚；还可以影响游戏剧情的走向，如根据投票结果来决定NPC的命运或剧情的发展方向。

案例

1984年的《国王密使》（*King's Quest*）的玩家需要争取NPC的“选票”或“支持度”，其结果会影响某个关键剧情的解锁，或者某个重要道具的获得，这在概念上接近一种由NPC“投票”决定的结果，而玩家的行为是影响这些“选票”的因素。

1985年的《权力平衡》（*Balance of Power*）是一款地缘政治策略游戏，虽然核心不是玩家间的直接投票，但在处理国际危机或与对方阵营国家互动时，玩家的决策会影响其他国家（由AI扮演）的立场和“倾向”。

自1991年起的《文明》（*Civilization*）系列，尤其是在后续作品Ⅴ和Ⅵ中，“世界议会”或“世界国会”是体现投票机制的重要组成部分。玩家所扮演的各个文明作为成员国，可以就具有全球性影响的议案（如国际制裁、世界奇观的评选、禁止某种资源交易、确立共同目标等）进行投票。每个文明的票数通常与其外交影响力、时代进程、拥有的城邦同盟等因素相关，投票结果直接影响所有成员国的游戏规则或发展路径。

2005年的《战地2》（*Battlefield 2*）中引入了“指挥官”系统，允许一名玩家扮演指挥官，为团队提供战略指导。指挥官的选举和罢免通常是通过玩家投票来决定的，这使得游戏的指挥权更迭更具民主性和策略性。

2018年的《盗贼之海》（*Sea of Thieves*）增强了游戏的合作性和互动性，也使得游戏过程充满变数，同在一艘船上的玩家可以通过投票来决定航行的目的地、是否发动攻击、是否将某位玩家关入禁闭室等。

78. 谈判（Negotiation）

谈判游戏机制是指当面临利益分配、冲突解决、资源交换或共同决策等情境时，玩家可以通过语言交流、筹码交换、威胁利诱等多种手段，与其他玩家或NPC进行协商和博弈，以达成对自己有利的结果或推动游戏进程。

谈判游戏机制的核心在于“沟通”与“妥协”：玩家需要清晰地表达自身诉求，敏锐地洞察他人的意图，并在多方利益的权衡中寻求平衡点或最大化自身利益。在电子游戏中，该机制运用于非玩家（NPC）的互动中非常普遍，常见于策略游戏、角色扮演游戏、模拟游戏及多人在线游戏。它通过模拟现实世界的谈判过程，提升了游戏的策略深度、社交性和沉浸感，也为玩家提供了展现自身沟通技巧、谋略智慧和人格魅力的舞台。

根据电子游戏机制的定义，谈判不包含现实中玩家之间的语言沟通，它在电子游戏中必须有双方共通的约束力和执行力，拥有输入和输出接口，以及运行判断逻辑的过程。

表现形式

谈判的参与者并不局限于真人玩家，在剧情导向的游戏中，当剧情发展到特定节点时，会自动触发谈判事件。谈判的发起方式可以是系统预设的，也可以是玩家主动触发的。例如，在一些策略游戏中，玩家可以主动向其他玩家或NPC势力发起谈判，如《文明》（*Civilization*）系列中各个文明领袖之间的谈判。

谈判过程的表现多种多样，一些游戏采用简化的选项式谈判，即玩家从系统提供的若干选项中选择自己的立场和策略；另一些游戏则采用更复杂的交互式谈判，例如，允许玩家自由输入谈判内容，或通过特定的技能、属性来影响谈判的走向。例如，在2010年的《辐射：新维加斯》（*Fallout: New Vegas*）中，玩家可以通过提升“口才”技能，来解锁更多的对话选项，并在谈判中获得优势。

玩家可以用来交换或博弈的筹码包括但不限于游戏货币、资源、领土、装备、信息、人情、承诺、威胁等，谈判筹码的多样性体现了谈判机制的策略深度。在《文明》（*Civilization*）系列中，玩家可以与其他文明进行谈判，交换资源、划定边界、签订条约等。

谈判的结果可以影响玩家与其他角色或势力的关系，如提升或降低好感度、结成同盟或引发战争；可以影响游戏世界的格局，如改变领土的归属、资源的分配或势力的强弱；还可以影响剧情的走向，如触发新的任务、解锁隐藏的剧情或改变游戏的结局。

以谈判为核心机制的游戏《逆转裁判》（*Phoenix Wright: Ace Attorney*），采用了一种高度风格化的谈判机制——法庭辩论。玩家扮演律师，通过“威慑”来追问证词的细节，并在关键时刻“出示”证物（即筹码），来指出证词的矛盾，最终迫使证人或检察官让步，达成“逆转”审判的有利结果。

案例

1991年的《文明》（*Civilization*）系列是策略游戏中运用谈判机制的典范。玩家可以与其他文明进行外交谈判，通过协商、交易、结盟、威胁等手段来维护自身利益、扩张势力范围或避免战争。该游戏的谈判系统简洁而富有深度，玩家需要根据当前的局势和自身的实力来选择合适的谈判策略。

1997年的《辐射》（*Fallout*）系列的角色扮演游戏中，深入地整合了谈判机制。玩家不仅能与游戏中的非玩家角色（NPC）进行广泛的互动，包括交易物品、获取任务和打探信息，而且还能通过谈判达成特定协议或避免冲突。玩家还可以通过高超的口才技能说服NPC透露关键信息，或者在不触发战斗的情况下解决争端。

2010年的《辐射：新维加斯》（*Fallout: New Vegas*）以其复杂的派系关系和丰富的剧情选择而闻名。玩家可以通过与不同的派系进行谈判，选择支持或反对他们，从而影响游戏世界的格局和剧情的走向。游戏的结局会根据玩家在游戏中的一系列选择而发生变化，其中包括多次关键的谈判结果。

2015年的《巫师3：狂猎》（*The Witcher 3: Wild Hunt*）中也存在许多谈判的场景。例如，在一些任务中，玩家需要与NPC进行谈判，决定任务的报酬或NPC的命运。玩家的选择会影响任务的奖励和后续剧情的发展。

2018年的《天国拯救》（*Kingdom Come:Deliverance*）中，玩家的交易都可以通过价格谈判获得更符合自身利益的价格。

2019年的《极乐迪斯科》（*Disco Elysium*），这款侦探题材的角色扮演游戏极为注重对话和选择，玩家通过与众多角色谈判来获取信息，推动剧情的发展。

79. 拍卖（Auction）

拍卖游戏机制指的是在游戏中，系统或玩家将特定的游戏元素（通常是稀缺的资源、物品、装备，甚至某种权利或机会）作为标的物，并设定一定的规则，让多个游戏参与者通过竞价的方式来争夺这些标的物的所有权或使用权。

拍卖游戏机制的核心在于“竞价”与“稀缺”：玩家需要根据标的物的价值、自身的资源状况及对其他玩家出价的预判，来制定竞价策略，并在有限的时间内，以最优的价格获得目的物。这种机制常见于模拟经营游戏、大型多人在线游戏，也出现在一些策略游戏和卡牌游戏中，其参与者往往是真实玩家，使得竞价过程充满了人与人之间的博弈。为了提高游戏的策略深度、互动性和经济层面的真实感，通常会模拟现实世界的拍卖过程。

表现形式

拍卖标的物的类型多种多样，在《魔兽世界》（*World of Warcraft*）中，玩家可以将稀有的装备、制作材料、宠物或坐骑等通过拍卖行进行交易。在《席德·梅尔的铁路》（*Sid Meier's Railroads!*）中，玩家通过拍卖竞得铁路铺设权或特定城市的产业。玩家创造的内容，如自定义的皮肤、地图或其他玩家生成的内容（UGC），也可以作为拍卖品。

在以《星战前夜》（*EVE Online*）为代表的游戏中，玩家自由设定拍卖的类型，如英式拍卖（公开增价）、荷兰式拍卖（公开减价）、密封第一价格拍卖（暗拍，最高价者得，支付自己所出价格）或维克里拍卖（暗拍，最高价者得，支付第二高价格），由于各类拍卖规则细则繁杂，本书中不对它们详细说明。

一些游戏会实时显示竞价的动态，如不断更新的最高出价和剩余时间，另一些游戏则会在竞价结束后才公布结果。为了增加拍卖的策略性和趣味性，一些游戏还会引入一些特殊的规则，如代理出价（系统根据玩家预设的价格上限自动出价）、一口价（玩家可以直接以指定的价格购买标的物）等，竞价过程的呈现方式对玩家的游戏体验至关重要。

拍卖游戏机制还调节游戏世界的经济，通过控制某种资源的流通和价格来影响供需平衡。玩家通过参与拍卖，可以获得稀缺的资源或物品，从而提升自身的实力或竞争力。例如，在《暗黑破坏神Ⅲ》(*Diablo Ⅲ*) 早期版本中曾存在拍卖行，玩家通过拍卖获得强大的装备，直接影响角色的战斗能力。

案例

1990年的《席德•梅尔的铁路大亨》(*Sid Meier's Railroad Tycoon*) 中，玩家在扩展自己的铁路帝国时，常常需要参与对新的铁路公司特许经营权、特定有利线路的铺设权甚至是重要股票的竞拍。这些拍卖通常在多个AI或人类玩家之间进行，成功竞得往往需要精确的估值和大胆的出价。

2001年的*Anarchy Online*是最早引入拍卖系统的网络游戏之一，玩家可以在游戏中设立拍卖行，买卖各种物品和装备。这种设计促进了玩家之间的交易和互动，也为游戏的经济系统增添了活力。

2003年的《星战前夜》(*EVE Online*) 以其庞大的宇宙沙盒和高度自由的经济系统而闻名。游戏中的拍卖行是玩家进行交易的重要场所，玩家可以在这里拍卖各种物品，如舰船、装备、材料等。游戏的拍卖系统非常完善，玩家可以设定拍卖的类型、持续时间、起始价格等。

2004年的《魔兽世界》(*World of Warcraft*) 中的拍卖行系统也极大地促进了玩家之间的交易。玩家可以将自己在游戏中获得的物品放到拍卖行中出售，也可以在拍卖行中购买其他玩家出售的物品。拍卖行成为游戏经济系统的重要组成部分，为玩家提供了一种便捷的交易方式。

2012年的《暗黑破坏神Ⅲ》(*Diablo Ⅲ*) 曾经引入现金拍卖行，允许玩家使用现实货币买卖游戏中的物品。这一设计在当时引起了很大的争议，最终被取消。这个案例也说明了游戏中的拍卖机制需要谨慎设计，以避免对游戏平衡性和玩家体验造成负面影响。

在2018年的《双点医院》(*Two Point Hospital*) 中，当医院需要购买新的医疗设备或药品时，会有多个供应商提供不同的报价和条件，玩家需要在有限的时间内，对这些供应商的报价进行比较和评估，选择最合适的供应商进行交易。

在中国网络游戏产品中，拍卖机制常以“拍卖行”形式应用，主要用于玩家间的物品、装备、货币或稀有资源的交易。2003年的《梦幻西游》是最早引入类似拍卖行和集中撮合的交易方式——摆摊，允许玩家上架物品并设定价格，或对特定稀有物品（如高级魔兽要诀、极品装备）进行竞价。

80.限制（Restriction）

限制作为一种游戏机制，对玩家可支配的资源、行动范围，或可选元素的数量、规模等施加约束，来构建游戏挑战、引导策略规划，并推动游戏进程。

它也可以被称为封闭（Enclosure），核心在于“约束”与“稀缺”：游戏系统通过设定各种限制条件，创造出一种资源或行动空间上的稀缺性，迫使玩家在有限的选项和可能性中进行权衡、规划和优化，从而达成游戏目标。限制游戏机制广泛用于各种游戏类型，从角色扮演游戏的背包容量，到策略游戏的行动点数或抉择内容，再到生存游戏的生命值，它通过制造可变的挑战和压力，提升游戏的策略深度。

表现形式

限制对象的类型多种多样，因为限制可以作用于游戏内的各种元素。它可以是针对玩家角色的数值属性，例如，在《黑暗之魂》（*Dark Souls*）系列中，精力条限定了玩家可以连续进行的攻击、翻滚、格挡等动作的次数；也可以是针对外部资源的获取与使用，例如，在《生化危机》（*Resident Evil*）系列中，背包的格子数量限定了玩家可携带的物品数量；甚至可以是游戏世界中的某些规则或状态，如时间限制、区域限制、资源上限等。

除了较为直接和硬性的限制手段，一些游戏采用软性的限制方式，例如，虽然玩家可以携带任意数量的物品，但超重会降低玩家的移动速度或其他属性。还有一些游戏采用动态限制设计思路，如玩家的生命值会随着时间的推移而逐渐减少，或者在特定环境下会受到额外的行动限制。

严格的限制会迫使玩家进行精细的资源管理和策略规划，而宽松的限制则会给予玩家更多的自由度和容错空间。游戏设计者通常会根据游戏的类型和目标玩家群体来调整限制的程度，以达到最佳的游戏体验。

从更深层次来看，限制游戏机制通过制造稀缺性，迫使玩家在有限的资源和选项中做出最优决策。这种设计策略在不同类型的游戏中均有鲜明的体现。例如，在角色扮演游戏中，有限的背包容量促使玩家仔细权衡要携带的物品，根据不同的任务和环境进行物资调整。转换到策略游戏中，有限的行动点数促使玩家谨慎地规划每一步操作，以最大化行动的效率。

案例

自1981年起的《创世纪》(*Ultima*)系列的早期版本：在物品管理上更多采用列表式或简单的负重限制。但随着系列的发展，尤其是在图形化程度提高的版本中，物品栏的管理界面逐渐复杂。例如，*Ultima VI: The False Prophet*(1990年)引入了更图形化的界面，玩家可以将物品拖到角色的Avatar系统或容器中。

自1996年开始的《生化危机》(*Resident Evil*)系列，其背包的格子数量有限，迫使玩家谨慎选择要携带的物品，如武器、弹药、药品等。这种限制不仅增加了游戏的生存恐怖氛围，也提升了游戏的策略性。

1996年发售的《暗黑破坏神》(*Diablo*)，其物品栏采用了物品占据不同大小格子的设计（例如，一把剑可能占1×3格，一个卷轴占1×1格），这种“俄罗斯方块”式的物品管理方式确实非常经典且具有代表性。

1997年的《辐射》(*Fallout*)系列，负重是一个重要的限制因素，玩家可以携带的物品重量有限，超过负重上限会降低玩家的移动速度和其他属性。这种设计促使玩家进行物品的筛选和管理，也增加了游戏的真实感。

2011年的《黑暗之魂》(*Dark Souls*)系列以硬核的难度和精妙的战斗系统而闻名。在游戏中，玩家的精力条限制了玩家可以连续进行的攻击、翻滚、格挡等动作的次数，玩家需要谨慎管理自己的精力，避免因精力耗尽而陷入危险。

2019年的《星际拓荒》(*Outer Wilds*)将时间循环与信息获取相结合。玩家扮演的宇航员受困于一个22分钟的时间循环中，每次循环结束后都会回到起点。玩家的飞船拥有日志容量限制，只能记录有限的信息。这迫使玩家在每次循环中优先探索最重要的线索，并根据已有的信息推断出事件的真相。这种将物理限制（时间循环）转化为叙事体验的核心驱动力设计，是《星际拓荒》的一大亮点。

2022年的《背包英雄》(*Backpack Hero*)将背包整理与Roguelike元素相结合。在游戏中，背包的布局直接影响战斗的效果。玩家需要在有限的背包空间内合理摆放武器、防具和道具，并通过物品之间的相互作用来构建强大的战斗组合。

第十二章
时间（Time）

在电子游戏中，时间并非如传统媒介一般仅作为故事的线性背景，它本身就是一种可以被设计、被操控、被赋予规则的核心元素。时间类游戏机制正是这样一类特殊的存在，它们统筹着虚拟世界中时间的流逝方式、呈现形态与交互法则。这类机制决定了玩家是与时间赛跑，还是将时间玩弄于股掌之间，从而深刻地影响着游戏的节奏、策略与叙事。

游戏内凡是涉及对时间流速的动态调控（如加速与减速）、对时间进程的非线性操控（如倒流、循环），或将时间本身作为一种可消耗、可规划的有限资源（如行动体力、限时任务）来构建挑战的规则，均可归入时间类游戏机制的范畴。从制造紧迫感的“倒计时”，到赋予“再来一次”机会的“时间倒流”，再到考验长线运营智慧的“时间规划”，巧妙运用时间类游戏机制，能够直接塑造出迥然不同的玩家体验，它既可以成为压力的来源，也可以是解开死局的钥匙。此类机制的核心特征在于打破现实世界中时间不可逆、匀速流动的物理定律，赋予玩家或游戏系统以超越常规的“时权”，为解谜、战斗和探索提供独特的维度。

81.时点回溯（Point Recall）

作为时间类游戏机制中的一种，时点回溯赋予玩家主动操纵自身或游戏状态，精准返回至先前特定时间节点的能力，以此作为探索、解谜、修正错误或体验不同叙事分支的核心手段。它指的是在玩游戏的过程中，玩家可以通过特定的操作或触发条件，将游戏状态（可能包括角色位置、物品状态、环境布局、对话记录等）倒回至一个或多个预先设定或由玩家行为标记的“时点”或“记忆锚点”，而非简单地加载存档。

时点回溯游戏机制的核心在于“主动回溯”与“锚点选择”：玩家并非被动地接受时间的线性流动或系统强制的循环，而是能够有意识地选择并返回到过去的关键时刻，利用在后续时间线中获得的信息或理解，对该“时点”之后的游戏进程施加影响。这种机制常见于解谜游戏、冒险游戏、叙事驱动游戏中，它通过提供可控的时间追溯能力，极大地增强了玩家的探索自由度、解谜的策略性和叙事体验的深度。

表现形式

在以《奥伯拉丁的回归》（*Return of the Obra Dinn*）为代表的调查类游戏中，玩家通过与特定物品（如尸体）互动，可以触发回溯到该物品相关的关键死亡瞬间，玩家需要在这些凝固的“时点”中寻找线索，推断船员的身份和死因。在《无穷时线》（*Eternal Threads*）中，玩家则可以通过一个时间可视化界面，主动选择并回溯到特定角色在特定时间点的行为片段。

可回溯的“时点”类型决定了回溯的粒度和应用范围。《武士零》（*Katana ZERO*）中的主角拥有预知能力，在战斗中，“死亡”实际上是预演失败，玩家可以立即“回溯”到该战斗片段的开始重新尝试，直到完美通关。

在某些解谜游戏中，可回溯的“时点”可能与特定机关、谜题元素或剧情节点相关联。回溯到某个“时点”后，玩家通常保留在该“时点”之后所获得的关键信息或对谜题的理解，从而能够在新的时间流中做出不同的选择或操作。在*MOVAFORT*这类强调因果链条的解谜游戏中，玩家可能需要在不同“时点”进行操作，观察其对其他“时点”产生的影响，通过反复回溯和实验来解开复杂的连锁谜题。

在强调叙事的游戏中，如《奇异人生》(*Life is Strange*)的部分章节，主角麦克斯可以主动小范围地回溯时间，改变对话选项或避免即时发生的意外，这允许玩家探索不同选择带来的短期后果。

案例

1995年的《时空之轮》(*Chrono Trigger*)，玩家可以驾驶时间机器“时之翼”主动选择前往不同的历史时期，通过改变过去的行为改变历史，从而影响未来的事件和结局。

2002年的《布林克斯：时空飞梭》(*Blinx: The Time Sweeper*)，主角布林克斯可以使用时间控制器回溯小范围内的事件，用于修正错误或解谜。

2015年的《奇异人生》(*Life is Strange*)，主角麦克斯拥有在短时间内主动回溯时间的能力，允许玩家撤销对话选择、避免即时发生的意外或重新尝试解谜步骤。

2018年的《奥伯拉丁的回归》(*Return of the Obra Dinn*)，玩家在使用核心道具“Memento Mortem”怀表探查船员尸体时，能够回溯到该船员死亡的瞬间——一个被凝固的“时点”，玩家在此静态场景中收集线索。

2022年的《无穷时线》(*Eternal Threads*)，玩家扮演一名时间特工，通过一个可视化的时间线界面，可以主动选择并回溯到一周内发生的多个不同角色的关键事件“时点”，通过改变这些“时点”的决策来影响最终的火灾悲剧结果。

82.时空循环（Time Loop）

时空循环游戏机制是将玩家置于一个不断重复的特定时间段落或空间序列之中，即在游戏中，玩家会经历一个预设的时间或事件循环，当循环到达终点（通常是特定时刻、角色死亡、任务失败或达成特定条件）时，游戏进程会自动或强制性地将玩家送回到循环的起点，并通常保留玩家在上一轮循环中获得的知识、记忆、部分关键物品或已解锁的永久性进展。

时空循环游戏机制的核心在于“重复”与“突破”：玩家需要在一次又一次的往复经历中，通过观察、学习、试错和利用在先前循环中获得的信息与经验，逐步揭示循环的真相、找到改变循环的方法，并最终打破这个看似无限的轮回。这种机制常见于冒险游戏、解谜游戏、叙事驱动游戏中，它通过构建一种“困在时间里”的独特体验，极大地增强了游戏的悬念感、探索驱动力和叙事深度，也为玩家带来了克服宿命的成就感。

表现形式

在以时间为主题的游戏中，时空循环非常注重触发与重置条件。以《12分钟》（*Twelve Minutes*）为例，循环的结束通常是固定时长的到达或主角的死亡，之后玩家会自动回到循环的最初时刻。在《死亡循环》（*Deathloop*）中，主角柯尔特每天都会在黑礁岛的沙滩上醒来，开始新的循环，除非他能成功刺杀所有目标并打破循环。这种强制性的、通常非玩家主动选择的“重置”是时空循环与时点回溯机制的重要区别。

循环中保留与丢失的元素决定了玩家在每一轮循环中的起点和可利用资源。以《遗忘之城》（*The Forgotten City*）为例，玩家在每次循环中获得的实体物品通常会丢失，但通过对话和探索获得的知识、对谜题的理解，以及关键人物的身份等信息则会被保留，成为下一轮循环中解谜的关键。在《哈迪斯》（*Hades*）中，虽然玩家在每次逃离冥界的尝试失败后会都会回到冥界的起点，但玩家在此过程中获得的特定资源，可以用于永久性地升级主角的能力或解锁新的武器，使得每一次循环都为下一次突破积累基础。

在《塞尔达传说：姆吉拉的假面》（*The Legend of Zelda: Majora's Mask*）中，整个塔米尼亚世界都处于月球坠落的三日循环中，玩家需要在有限的三天内，利用奥卡利那笛演奏“时之歌”回到第一天，不断重复这三天，以解决不同区域的问题，并最终阻止末日的降临。NPC的行为、事件的发生都严格按照时间表进行，玩家需要在不同的循环中把握关键时机与他们互动。

时空循环类游戏的主要目标通常是打破循环，比如《死亡循环》（*Deathloop*）的玩家需要通过多轮循环的探索、学习和规划，找出在一天之内刺杀所有八个关键目标的方法，才能通关。在《12分钟》（*Twelve Minutes*）中，玩家需要在公寓这个狭小的空间内，通过不断尝试不同的对话和行动组合，逐步揭示事件的真相，并找到阻止悲剧发生的方法。

案例

2000年的《塞尔达传说：姆吉拉的假面》（*The Legend of Zelda: Majora's Mask*）是时空循环机制早期的经典代表。玩家需要在不断重复的三天内，学习NPC的行为模式，完成各种任务，收集面具，并最终阻止月球坠落。

在2019年的《星际拓荒》（*Outer Wilds*）中，玩家扮演的宇航员被困在一个22分钟的时间循环中，每次太阳爆炸后都会回到循环的起点。玩家需要在一次次的循环中探索太阳系，解开外星文明留下的谜团，并最终找到阻止宇宙毁灭的方法。

2021年的《死亡循环》（*Deathloop*）以时空循环为核心玩法。玩家扮演的主角柯尔特被困在一个名为“黑礁岛”的小岛上，每天都会重复同样的一天。玩家的目标是在一天之内刺杀岛上的八个“先知”以打破时间循环。

2021年的《遗忘之城》（*The Forgotten City*）最初是《上古卷轴Ⅴ：天际》的一个MOD，后发展为独立的游戏。玩家被困在一个古罗马城市中，一旦有人犯罪（触犯“黄金法则”），所有人都会变成黄金雕像，时间也会被重置。玩家需要在不触发“黄金法则”的前提下，通过多轮循环调查城市的秘密，并找到逃离的方法。

2021年的《12分钟》（*Twelve Minutes*）将玩家困在了一个12分钟的时间循环内。每次循环结束，主角都会带着上一循环的全部记忆回到起点，玩家需要在一次次重复的12分钟内，利用不断积累的信息和对环境互动的理解，尝试不同的对话和行为组合，以期发现隐藏的线索，改变事件的固定走向，并最终打破这个微型的时间困局。

83.时间流速（Time Flow）

时间流速游戏机制，亦可称为游戏节奏调控或时间尺度管理，指的是虚拟世界的时间进程相对于现实时间的行进速率可以被动态调整的一种设计。与现实世界恒定的时间流逝不同，游戏中的时间流速能够根据设计者的意图或玩家的选择，进行全局性的加快、减慢，甚至在特定阶段呈现为非匀速的变化，从而整体性地影响游戏中所有元素的演变节奏。本机制的时间调整是全局性的，影响游戏中的所有元素，只作用于特定区域或对象的子弹时间机制则在另外的篇幅中介绍。

时间流速游戏机制的核心是“节律”和“调控”：通过改变时间流逝的快慢，设计师得以主动管理游戏的宏观节奏，如加速平淡的建设期或减缓关键决策的压力。这个机制设计深刻影响着游戏的宏观节奏、资源演进速度、事件触发逻辑，乃至玩家的战略规划与体验感知，是塑造动态游戏世界和管理游戏进程的重要手段。

表现形式

时间流速的变化会通过游戏内一系列直观的元素展现出来，使玩家能够清晰地感知到时间节奏的变化。当时间流速加快时，游戏中物体的移动、生长、变化等过程都会相应地加速。例如，人物的行动变得迅捷、植物快速生长、日夜交替的周期缩短；反之，当时间流速减慢时，物体的运动则会变得迟缓，整个世界仿佛陷入了慢动作之中。

在一些模拟经营或沙盒游戏中，时间流速的加快可以显著地加速季节更替、天气变化等自然现象的进程。例如，原本需要数小时才能完成的一个四季轮回，在时间加速后可能只需几分钟。这种变化不仅影响视觉观感，也可能影响游戏内的资源生成、NPC行为等。

尤其是在生存游戏中，角色状态的变化也与时间流速息息相关，饥饿、口渴、疲劳等生理需求的增长速度，会直接受到时间流速的影响。当时间流逝加快时，这些需求的增长也会加速，迫使玩家更频繁地寻找食物、水源和休息场所。

时间流速的调控方式，本身也是该机制的重要表现形式。在许多模拟经营和策略游戏中，玩家通常可以通过界面上的专用按钮，如暂停、正常速度、双倍速乃至更高倍速，来自由切换时间的行进节奏。这种设计允许玩家在需要精细规划布局时暂停或减速，而在等待资源累积或建设完成的“垃圾时间”里则选择加速，极大地优化了游戏节奏和玩家体验。此外，时间流速也常常与玩家的具体行为绑定。例如，在一些角色扮演游戏中，通过角色“睡眠”或“等待”的指令，可以快速跳过数小时乃至一整天的时间，以便触发特定时段的事件或任务。这些不同的调控方式，将时间管理的主动权交给了玩家，使其成为游戏策略中一个可以被主动利用的重要维度。

案例

1989年起的《模拟城市》(*SimCity*)系列，玩家可以主动选择不同的游戏速度挡位，以加速或减慢城市发展和时间演变。

自1991年起的《文明》(*Civilization*)系列，每个回合代表一定游戏时间的流逝，游戏整体进程允许玩家设定不同的动画与移动速度，影响回合间的过渡。

1997年的《主题医院》(*Theme Hospital*)提供了多种游戏速度选项，允许玩家在规划建设时放慢节奏，或在等待病人到来及日常运营时加速时间。

自2000年起的《欧陆风云》(*Europa Universalis*)系列，玩家可以自由控制游戏时间的流逝速度，从暂停到极快，以适应宏观战略规划和国家发展的不同阶段。

自2001年起的《动物森友会》(*Animal Crossing*)系列，游戏时间与现实时间基本同步流逝，日夜更替和季节变换直接影响游戏内容，但玩家有时也可以通过特定方式（如在床上“休息到明天”）来推进游戏内的日期。

自2008年起的《骑马与砍杀》(*Mount & Blade*)系列，当玩家在大地图上移动或驻扎时，时间会流逝，并允许玩家调整时间流逝的倍率。

2011年的《上古卷轴V：天际》(*The Elder Scrolls V: Skyrim*)，设有“等待（Wait）”功能，玩家可以选择让游戏内时间快速流逝数小时。

2016年的《星露谷物语》(*Stardew Valley*)，游戏内的一天有固定的时间流速，玩家需要在有限的日间时长内规划农活、社交等活动。

2016年的《幽浮 2》(*XCOM 2*)，在“复仇者号”的战略大地图界面，玩家可以通过“扫描”指令来加速时间的流逝，以等待研究项目完成、设施建造完毕或遭遇新的事件。

2017年的《异度神剑2》(*Xenoblade Chronicles 2*)，玩家可以在特定地点（如旅店）选择“休息”来将游戏内的时间调整至特定时段（如清晨、黄昏），以触发不同时间的特定事件或改变环境（如潮汐）。

2018年的《双点医院》(*Two Point Hospital*)与《主题医院》(*Theme Hospital*)类似，玩家可以调整游戏速度，包括暂停、正常速度及多种加速选项，以适应医院管理的不同需求。

84. 子弹时间（Bullet Time）

子弹时间游戏机制，亦常被称为慢动作模式或焦点时刻，指的是一种在虚拟世界中通过技术手段实现的特殊效果，它能够暂时性、区域性或选择性地急剧减缓游戏世界中大部分元素（如敌人动作、飞行道具、环境动态）的时间流速，而通常保持玩家操控角色拥有相对正常或甚至更快的反应与行动能力，这种机制旨在通过改变玩家对时间进程的感知比例，创造出超现实的、极具视觉冲击力的操控体验。

子弹时间游戏机制的核心在于“感知操纵”与“行动赋能”：通过显著延长游戏内的瞬间，它赋予玩家超越常人的动态视觉和反应窗口，使其能够在电光石火之间观察细节、精确瞄准、躲避密集的攻击或执行复杂连贯的动作；同时，这种机制极大地强化了关键时刻的戏剧张力和玩家操作的爽快感，将不可能化为可能，是增强动作表现力和玩家控制感的常用设计。

子弹时间游戏机制和时间加速游戏机制不同，其目标角色（操控的角色或者游戏中的角色）处于加速状态，以此模拟感官体验虚拟世界中的正常时间流速。

表现形式

子弹时间游戏机制最显著的莫过于对视觉特效的运用，当子弹时间启动时，整个游戏画面通常会发生一系列显著的变化。常见的处理方式包括降低画面饱和度，营造出一种冷峻、凝重的氛围；或者对画面进行模糊处理，特别是背景部分，以突出玩家角色的主体地位。一些游戏还会加入粒子特效，如让子弹划过空气的轨迹变得清晰可见，甚至可以观察到空气中弥漫的尘埃颗粒，进一步强化“时间变慢”的视觉效果。

1999年的电影《黑客帝国》以其标志性的“子弹时间”镜头而闻名于世，并普及了这个术语。但这种技术的探索可以追溯到更早的时期，甚至可以追溯到19世纪末，当时埃德沃德·迈布里奇（Eadweard Muybridge）通过时间顺序照相术（Chronophotography）捕捉了运动的连续图像，这为后来的子弹时间技术奠定了基础。

正常的游戏音效会被大幅度地减缓、扭曲，甚至发生音调的改变。例如，原本清脆的枪声会变得低沉而拖长，子弹的呼啸声也变得更加尖锐刺耳，仿佛要撕裂空气。在某些游戏中，减速状态的配乐反而更加清晰，音乐节奏反而会加快，以一种不同于战斗的舒缓感，将子弹时间和常规战斗区别开。

当时间变慢后，玩家可以更精确地控制角色的动作，如瞄准射击、闪避攻击、调整位置等。这种操控上的精细化，让玩家得以在原本极短的时间内做出更多操作。例如，在敌人开枪的瞬间侧身闪避，或者在枪林弹雨中穿梭自如、命中平时难以企及的目标，充分展现出了该机制的独特魅力。

玩家也可以在子弹时间内对环境中的物体造成破坏，被子弹命中的掩体将会产生大量飞溅的碎屑，被子弹时间效果拖慢，使得玩家能够更清楚地观察到掩体破碎的过程。

案例

1999年发行的第一人称射击游戏《*Requiem: Avenging Angel*》是首批采用现代子弹时间效果的游戏之一，玩家无法使用常规武器，必须使用可操作角色的天使力量进行防御，这些力量中就包括子弹时间功能，可以减慢时间，让玩家躲避子弹并击杀多个敌人。

2001年的《马克思·佩恩》(*Max Payne*)，子弹时间作为核心机制被引入并广为人知，玩家可以主动激活该能力，使游戏世界整体进入慢动作状态，而主角马克思·佩恩则能在其中进行相对快速地瞄准与射击。配合其标志性的“飞身闪避射击（Shootdodge）”，玩家得以在枪林弹雨中完成精准打击和电影般的动作场面。

2003年的《红侠乔伊》(*Viewtiful Joe*)，主角通过消耗“VFX能量”可以发动名为“Slow”的子弹时间能力。在此状态下，敌人动作变慢，乔伊的攻击力增强，闪避能力提升，并且能够看清高速飞行的道具，或破解与时间流速相关的谜题，其独特的卡通渲染风格也在此模式下得到强化。

2005年的《极度恐慌》(*F.E.A.R.*)，主角拥有的“反射能力（Reflex Time）”即子弹时间的一种体现。玩家可以主动触发该能力，在有限的时间内减缓周遭环境的速度，从而在激烈的近距离战斗中更从容地应对反应迅速的AI敌人，进行精确射击和战术走位。

2009年的《猎天使魔女》(*Bayonetta*)引入了名为“魔女时间（Witch Time）”的机制。当主角蓓优妮塔在敌人攻击即将命中自己的瞬间成功闪避时，便会触发魔女时间，此时周围的敌人和飞行道具的速度会大幅减缓，而蓓优妮塔自身行动不受影响，从而为玩家创造了进行华丽连击和强力反击的绝佳时机，这是对玩家精准操作的即时奖励。

自2010年起的《荒野大镖客：救赎》(*Red Dead Redemption*)系列，“死亡之眼（Dead Eye）”系统允许玩家在激活后减缓时间的流逝，并在此期间标记多个射击目标或敌人的特定弱点。标记完成后，角色会以极快的速度连续射击所有标记点，这是其西部枪战玩法中实现精准射击和快速解决多个敌人的关键机制。

2016年的《量子破碎》（*Quantum Break*），主角杰克·乔伊斯因意外获得了多种与时间操控相关的超能力。“时间停止”能力可以在局部区域内冻结时间，困住敌人或物体；“时间闪避”能力则允许主角进行短距离的快速冲刺，在此期间时间流逝相对变慢，用于主角规避攻击或快速接近敌人。

2016年的《燥热》（*SUPERHOT*）是一款第一人称射击游戏，但游戏中的时间只会在玩家移动时进行，不移动的时候一直处于子弹时间，玩家根据环境做出动作击败敌人。

85.时间倒流（Time Rewind）

时间倒流游戏机制指的是在虚拟世界中将时间进程流动方向进行倒退处理，通常由玩家主动操控，将游戏状态以倒退的形式回到过去的某个时间点，类似于视频播放中的“倒带”功能。时间倒流游戏机制的引入，极大地拓展了游戏交互的可能性，为玩家提供了修正错误、改变策略、探索不同选择分支的机会，从而衍生出丰富的游戏玩法和独特的叙事手段。

时间倒流游戏机制的核心在于“倒回”和“逆流”：它为玩家提供了能够即刻撤销近期失误的方式，如平台跳跃失败、错误的攻击指令、触发不利的机关等，从而显著降低短期尝试的风险成本。这种设计不仅鼓励玩家进行更大胆的即时操作和策略尝试，也常常被融入谜题设计之中，要求玩家通过控制时间的逆流来改变物体状态或事件顺序。

表现形式

时间倒流游戏机制最常见也是最直观的表现方式是游戏画面的“倒放”，当玩家发动时间倒流能力时，屏幕上的游戏画面会像倒放的录像带一样，呈现出倒退的效果。人物的动作、物体的移动轨迹、场景的变化过程等，都会按照时间轴逆向回放。为了增强视觉冲击力，一些游戏还会加入特殊的画面特效，如画面扭曲、色彩反转、拖影残影等，来突出时间倒流的非现实感。

与画面倒放相对应，游戏中的音效也会进行逆向处理。例如，原本已经发生的爆炸声、枪声、对话声等，都会以一种奇怪的、反转的形式重新播放。这种反差明显的听觉体验，能够与视觉效果相辅相成，进一步强化时间倒流的超现实氛围。此外，在某些游戏中，提示玩家发动时间倒流能力的背景音乐也会变得更加舒缓。

一些游戏会设计一个特殊的时间指示器，当玩家使用时间倒流能力时，该指示器会发生逆向转动或倒退，直观地显示时间回溯的程度。在RPG游戏中，玩家发动时间倒流能力时，游戏角色的血量和其他属性状态也会回退，玩家需要时刻注意这些属性状态，避免因游戏角色死亡导致回溯失败。

伴随时间倒流，玩家的操控体验也会发生变化，玩家可以在时间倒流的过程中，重新操控角色进行移动、攻击等操作，从而改变之前的行动轨迹，弥补之前的失误或尝试不同的策略。时间倒流游戏机制则可能表现为物体状态的回溯，尤其是在解谜游戏中最为常用，如一个破碎的花瓶可以倒流到完好的状态，为解谜提供新的线索。玩家在发动时间倒流能力时，通常也会受到一些限制，比如时间倒流通常会有冷却时间，玩家无法无限制地发动该能力，并且时间倒流也并非可以无限倒流，游戏通常会限制玩家可以回退的最大时长。

案例

2002年的《布林克斯：时空飞梭》（*Blinx: The Time Sweeper*），主角猫咪布林克斯使用名为“TS-1000”的时间控制器，可以直接收集时间水晶并施展多种时间控制能力，其中“倒带（REW）”能力允许玩家将周围环境和小范围内的事件（包括敌人动作、物体轨迹）进行倒流，用于躲避伤害、重置失误的跳跃或解开特定的与时间相关的谜题。

2003年的《波斯王子：时之砂》（*Prince of Persia: The Sands of Time*），主角通过“时之匕”获得了时间倒流能力。玩家可以在战斗失利或平台跳跃失误后，消耗“时之砂”将时间倒回数秒，从而挽救危局或修正错误。时之砂的储量有限，使得时间倒流成为一种需要策略性使用的宝贵资源。

2008年的《时空幻境》（*Braid*），时间倒流是游戏最核心的机制，几乎不受限制。玩家可以随时、随地将整个游戏世界（包括主角的动作、敌人的行为、环境的变化）倒回至任意时间之前。这种强大的倒流能力不仅用于修正平台跳跃的失误，更是解开游戏中各种精巧、反直觉的时间悖论谜题的关键所在。

2008年的《超级房车赛：起点》（*Race Driver: GRID*）及后续许多赛车游戏如*DiRT 2*（2009年）引入了“闪回（Flashback）”系统。当玩家在比赛中发生严重失误（如撞车、冲出赛道）时，可以暂停游戏并选择“闪回”，将比赛过程倒回几秒钟，从失误前的某个时间点重新控制赛车，尝试以不同的方式通过该路段，有效降低了单次失误对整场比赛的毁灭性影响。

2011年的《凯瑟琳》（*Catherine*）在其核心的推箱子攀爬噩梦关卡里，玩家如果推错了方块或导致自己陷入困境，可以使用游戏中以枕头为象征的“撤销（Undo）”功能。每次使用会消耗一个枕头，并将游戏状态倒回一步或数步，允许玩家修正近期的操作错误，重新规划攀爬路线。

2018年的《花园之间》（*The Gardens Between*），玩家并不直接控制两名小主角的移动，而是通过左右拖动来控制时间的流逝方向——向前或向后倒流。两名角色会根据时间的正向或逆向流动自动执行其在该时间轴上预设的动作。玩家需要通过控制时间的进退，让角色与环境中的物体在特定“时点”互动，如点亮灯笼、移动平台，从而解开基于时间因果关系的谜题。

86.倒计时（Timer）

倒计时游戏机制亦可称为限时挑战或时间限制器，指的是系统设定一个明确的（通常是逐渐递减的）时间额度，要求玩家在此有限的时间窗口内完成特定目标、执行一系列操作或在特定条件下存活。当计时器归零或达到某个预设阈值时，往往会触发一个决定性的游戏结果，如任务成功、失败、状态转换或特殊事件的发生。

倒计时游戏机制的核心在于施加“时限压力”与驱动“即时决策”：它通过创造一种与时间赛跑的紧迫情境，迫使玩家必须在有限的时间内进行高效的资源分配、行动规划和精确操作。倒计时的本质在于创造一个与时间赛跑的环境，在时间窗口内让玩家做出各种决策，影响计时结果。

表现形式

倒计时游戏机制在电子游戏中并非抽象的概念，而是通过多种具体的表现形式，融入玩家的感官体验之中。

通常情况下，屏幕上某个醒目的位置，如顶部中央或角落，会显示一个不断减少的数字时钟。这个数字可能是单纯的秒数，也可能是更详细的时分秒格式，清晰地告知玩家剩余的时间。数字的颜色也常被用来增强紧迫感，例如，在时间充裕时显示为绿色，在时间紧迫时转变为黄色，而在时间即将耗尽时则闪烁红色，以视觉刺激警示玩家。

除了直接的数字显示，一些游戏还会使用进度条的形式来表现时间的流逝。这个进度条可能是一个圆形、方形或其他形状的图标，其内部填充部分会随着时间的推移而逐渐减少，直至完全消失。在某些情况下，整个游戏界面的色调或边框也会发生变化，以暗示时间的紧迫性。

游戏中的物件也可以成为倒计时的载体。例如，在《求生之路2》（*Left 4 Dead 2*）中，安全屋的铁门是倒计时游戏机制的最好载体，在倒计时结束时，铁门将会彻底关上，任何没有及时进入安全屋的玩家都会被关在门外，迎接他们的将是无尽的丧尸狂潮，生存概率渺茫。又如在某些解谜游戏中，一根正在燃烧的导火索、一个即将爆炸的炸弹或者一个逐渐注满水的房间，都可以直观地表现出时间的流逝和紧迫性。玩家需要观察这些物体的变化，并据此判断剩余时间并做出相应的行动。

在时间紧迫的任务中，玩家控制的角色可能会气喘吁吁，或者通过自言自语的方式，催促自己加快速度，角色的动作和台词成为传递倒计时信息的手段。一些游戏中的NPC角色，也会通过焦急的语气和动作，提醒玩家时间所剩无几。在《最后生还者第二部》（*The Last of Us Part II*）中，当玩家小队遭遇循声者等感染者围攻时，如果玩家在一定时间内没有做出有效反制措施，NPC角色会通过焦急的语气和动作，如“它们发现我们了！”“快想想办法！”来提醒玩家目前处于非常危险的情况中。

案例

自1983年起的《炸弹人》（*Bomberman*）系列，每个关卡通常都设有整体的通关倒计时，同时，玩家放置的炸弹本身也带有数秒的引爆倒计时。

1986年的《*Out Run*》，玩家驾驶法拉利赛车，需要在不断递减的总时间内到达一系列检查点，每通过一个检查点会奖励额外的时间，未能及时到达则游戏结束。

1991年的《街头霸王Ⅱ》（*Street Fighter II*）及其后续众多格斗游戏，每局对战都设有一个通常为99秒的倒计时，若时间耗尽双方均未被击败，则根据剩余生命值百分比判定胜负。

自1998年起的《合金装备》（*Metal Gear Solid*）系列，经常在剧情关键节点出现限时挑战，如在Boss战胜利后基地即将自毁时的限时逃脱，或者在特定场景中拆除炸弹的倒计时。

1999年的《疯狂出租车》（*Crazy Taxi*），玩家扮演一名出租车司机，核心玩法是在极短的初始倒计时内，尽可能快速地接送乘客至指定地点，每次成功送达会根据表现奖励额外的时间，时间耗尽则游戏结束。

2000年的《塞尔达传说：姆吉拉的假面》（*The Legend of Zelda: Majora's Mask*），整个游戏世界笼罩在一个持续三天的宏大倒计时之下，月亮会逐渐逼近并最终毁灭世界，玩家需要利用时之笛在循环中不断解决问题。

自2001年起的《皮克敏》（*Pikmin*）系列，玩家每日的探索行动都受到日长时间的限制，必须在黄昏倒计时结束前，带领皮克敏并将收集到的飞船零件或宝藏带回安全区域，否则遗留在外的皮克敏会被夜间生物捕食。

自 2007 年起的《反重力赛车》（*WipEout*）系列，“计时赛（Time Trial）”模式要求玩家在尽可能短的时间内完成规定圈数，屏幕上会清晰地显示流逝的时间和单圈最快纪录，挑战玩家对赛道和驾驶技巧的极限运用。

自 2016 年起的《胡闹厨房》（*Overcooked!*）系列，每个厨房关卡都有一个总倒计时。玩家团队需要在此时限内高效协作，完成从备菜、烹饪到上菜、清洗的整个流程，以满足不断出现的订单需求，时间压力是构成其混乱又有趣合作体验的核心。

87. 蓄力积攒（Charging）

蓄力积攒是一种需要在一段时间内持续进行某种操作，以积累某种形式的资源或能量，并在合适的时机或达到预设阈值时释放，从而产生特定效果（比常规操作更强力、更广泛或更特殊）的游戏机制。

蓄力积攒游戏机制的核心在于“效能增幅”与“风险权衡”：它允许同一个基础动作根据投入的“蓄力时间”展现出不同层级的效果强度，为玩家提供了动态调整行动效能的手段。然而，蓄力过程往往伴随着角色移动受限、无法执行其他动作或暴露弱点等风险，迫使玩家需要在追求最大化收益与规避潜在威胁（如被打断、错失良机）之间，进行即时判断和策略取舍。

表现形式

最常见的启动方式是，玩家持续按住某个按键或执行特定输入（如持续点击、保持摇杆在特定方向）。蓄力过程通常需要玩家维持这种输入状态，能量或效果的释放则对应着输入的结束（如松开按键）、达到预设的蓄力上限自动触发，或通过另一个按键主动释放。

游戏会通过多种感官提示来告知玩家蓄力的状态和程度。在视觉上，可能包括角色模型出现特殊的准备姿态（如弯腰、后仰、武器发光）、武器或身体周围出现能量聚集的粒子特效、UI界面上出现逐渐填充的蓄力条或分段式指示器。在听觉上，则可能伴随音调逐渐升高、节奏加快或强度递增的特殊音效，以增强蓄力过程的紧张感。

蓄力时间的长短或积攒程度的深浅，直接决定了最终释放效果的强度、范围、持续时间等属性。例如，短暂蓄力的攻击可能只是普通加强，而长时间的满蓄力则可能释放出威力巨大的必杀技，或附带额外的控制效果（如击飞、眩晕）、属性伤害（如火焰、冰冻）或特殊功能（如穿透防御、破坏特定障碍）。有些游戏还会设定多个蓄力等级，每达到一个等级，技能的效果就会发生质或量的显著变化。

蓄力过程本身往往会给玩家带来一定的风险或限制。在蓄力期间，角色可能移动速度减慢、无法进行防御或闪避动作，甚至持续消耗耐力或特定资源。这使得蓄力行为成为一种风险与收益并存的策略选择：玩家需要在评估当前战局（如敌人的位置和攻击意图）、自身安全及预期收益后，决定是否进行蓄力及蓄力多久。被敌人攻击打断蓄力或因蓄力时间过长而错失最佳释放时机，是常见的风险。

除了战斗中的攻击技能，蓄力积攒游戏机制也广泛应用于其他游戏行为。例如，在平台跳跃游戏中，角色可能通过蓄力来实现更远或更高的跳跃；在体育游戏中，球员射门或投篮的力量和精准度可以通过蓄力来控制；在解谜或环境互动中，玩家可能需要对某个机关或物体进行持续“操作”（蓄力）以达到特定能量阈值来激活它；在一些生存或恐怖游戏中，开启沉重的闸门或清理特定障碍物，也可能表现为一段需要持续按键的“积攒”过程。

案例

自 1987 年起的《洛克人》（*Mega Man*）系列，主角洛克人的主要武器“洛克炮（Mega Buster）”是最早且最经典的蓄力攻击案例之一。玩家按住攻击键可持续为洛克炮充能，释放时会射出比普通攻击威力更大、体积更大的能量弹。

1988 年的《超级马力欧兄弟 2》（*Super Mario Bros. 2*），角色在拔起蔬菜或特定物品后，如果按住投掷键不放，角色会做出蓄力姿态，此时投掷出去的物品会具有更远的射程或更强的冲击力。

自 1991 年起的《街头霸王Ⅱ》（*Street Fighter Ⅱ*）及其后续众多格斗游戏，“蓄力式角色”如古烈、拜森的特殊招式（如音速手刀、倒挂金钩）需要玩家先按住某个方向键（如“后”或“下”）持续一段时间（通常为 1～2 秒）进行“蓄力”，然后再配合其他方向键和攻击键才能成功释放。

自 2004 年起的《怪物猎人》（*Monster Hunter*）系列，多种近战武器如大剑、锤、蓄力斧等都拥有核心的蓄力攻击机制。玩家需要按住攻击键维持蓄力状态，根据蓄力时间的长短（通常分为几段蓄力）在合适的时机松开，以打出威力逐级递增的强力斩击或重击。

自 2009 年起的《英雄联盟》（*League of Legends*）及自 2013 年起的 *DOTA 2* 等 MOBA 游戏，许多英雄的技能都可以进行蓄力。玩家按住技能键开始引导或积攒能量，蓄力时间越长，技能的施法距离、伤害范围、控制时间或效果强度往往会相应提升，但蓄力期间英雄可能会暴露在危险中或移动速度减慢。

2021 年的《鹅鸭杀》（*Goose Goose Duck*）及类似的社交推理游戏，许多破坏任务（Sabotage）或部分普通任务的完成方式，需要玩家操控角色在特定地点按住互动键持续一段时间，屏幕上通常会显示一个进度条，只有将进度条“蓄满”后，任务才算成功完成，期间被打断则需要重新开始蓄力。

88.临时效果（Buff / Debuff）

临时效果游戏机制指的是在游戏中，特定角色、物体、环境或游戏规则会因为某些触发条件（如玩家使用技能、拾取道具、进入特定区域、触发特定事件等）而发生暂时的、非永久性的改变，并在持续一段时间后恢复到初始状态，为游戏世界带来动态的变化和策略选择的维度。

该机制的核心在于“时效性”与“可逆性”：游戏通过引入具有时间限制的改变效果，为玩家提供短期的优势、劣势或特殊能力，从而影响玩家的即时策略、行动节奏。而这些改变效果并非永久性的，它们会在一定时间后自动消失或被特定条件抵消，这就要求玩家抓住时机，充分利用临时改变带来的优势，或规避其带来的风险。这种机制常见于各种类型的游戏中，它通过构建一种“限时变化”的局面提升了游戏的可玩性，从动作游戏的增益状态，到角色扮演游戏的技能效果，再到策略游戏的临时策略，应用比比皆是。

表现形式

临时效果改变的对象类型多种多样，可以是玩家角色，例如暂时提升攻击力、防御力、移动速度等；也可以是敌人，例如暂时使其陷入眩晕、减速、虚弱等状态；还可以是环境或物体，例如暂时改变地形、创造通路、改变机关状态等；甚至是游戏规则，例如暂时改变重力、时间流速等。

临时效果的种类丰富多彩，包括但不限于以下几种。

- 数值增减：例如暂时提升或降低攻击力、防御力、生命值、移动速度等。
- 形态变化：例如暂时改变角色的外观、大小、属性等。
- 能力赋予/剥夺：例如暂时获得新的技能、对某种伤害免疫或控制效果，或者暂时失去某种能力。

- 状态改变：例如使角色进入无敌、隐身、霸体等特殊状态。
- 规则改变：例如暂时改变游戏世界的物理规则、时间流速等。

持续时间可以是固定的，例如5秒、10秒、1分钟等；也可以是动态的，例如根据玩家的等级、技能强度或消耗的资源量来决定；还可以是与特定条件相关联的，例如直到玩家完成某个动作或离开某个区域为止。

触发条件的设定决定了临时改变何时生效。玩家主动触发，如使用技能、使用道具、与特定物体交互等；被动触发，如进入特定区域、受到特定攻击、满足特定条件等。

案例

1985年的《超级马力欧兄弟》（*Super Mario Bros.*），马力欧吃到“无敌星”后，会在短时间内进入无敌状态，可以对敌人的攻击免疫，并能够通过触碰敌人来消灭它们。

1986年的《银河战士》（*Metroid*），萨姆斯可以通过获得“冰冻光束”来暂时冻结敌人，为自己创造攻击的机会或通过被冻结的敌人到达更高处。

1994年的《超级银河战士》（*Super Metroid*）：萨姆斯可以通过“速度增强器”进入高速奔跑状态，在此状态下她可以撞碎特定的墙壁。

1998年的《塞尔达传说：时之笛》（*The Legend of Zelda: Ocarina of Time*），林克可以使用“耐力蘑菇”来暂时提升自己的移动速度。

2001年的《鬼泣》（*Devil May Cry*），但丁可以通过“魔人化”暂时变身为恶魔形态，提升攻击力、防御力和移动速度，并可以使用特殊的魔人技能。

2007年的《生化奇兵》（*BioShock*），玩家可以使用各种质体来获得特殊能力，如释放火焰、冰冻敌人、控制机械等，但这些能力通常需要消耗EVE（一种类似于魔法值的资源），并且一些能力的持续时间有限。

2009年的《蝙蝠侠：阿卡姆疯人院》（*Batman: Arkham Asylum*），蝙蝠侠可以使用“恐惧击倒”技能瞬间击倒多个敌人，但该技能有冷却时间。

2011年的《黑暗之魂》（*Dark Souls*）系列，玩家可以使用各种魔法、奇迹或咒术来暂时改变自身状态，如提升攻击力、防御力、恢复生命值等。

2015年的《血源诅咒》（*Bloodborne*），玩家可以使用“狂暴”状态来暂时提升攻击力，但同时也会降低防御力。

2017年的《塞尔达传说：旷野之息》（*The Legend of Zelda: Breath of the Wild*），玩家可以通过烹饪食物来获得各种临时增益效果，如提升攻击力、防御力、耐力、移动速度、耐寒能力、耐热能力等。

89.体力（Stamina）

体力游戏机制指的是游戏中的角色（或玩家本身）拥有一个可量化的体力值（或类似的能量值、行动点数等），玩家执行特定操作（如移动、攻击、使用技能、采集资源、进行生产等）会消耗体力数值，而数值会随着时间的推移逐渐恢复，或通过特定的方式（如休息、使用道具等）进行补充。设计游戏时采用此机制，可以设定玩家的行为选择限制和游戏进程的推进节奏。

体力游戏机制的核心在于“消耗”与“恢复”的循环：玩家需要在有限的数值约束下，合理规划自己的行动，权衡不同行动的收益和体力消耗，并在行动和休息之间找到平衡点，以保证游戏进程的持续推进。这种机制常见于动作游戏、角色扮演游戏、生存游戏、模拟经营游戏中，主要是为了提升游戏的策略性、真实感和挑战性，打造一种“劳逸结合”的节奏。

表现形式

体力游戏机制在游戏中主要体现在数值的表现形式、消耗规则的设计、多样性的恢复方式，以及与游戏玩法的结合等方面。

体力通常是直观的数值条，例如，在《黑暗之魂》（*Dark Souls*）系列中，玩家的精力条会以绿色条的形式显示在屏幕上方；图标或其他视觉元素的设计方式也非常常见，例如在一些手机游戏中，体力值可能会以闪电图标的数量来表示。有的游戏则采用角色状态的某种表现，如角色的动作速度、呼吸频率等。

体力消耗规则的设计决定了玩家的主观策略，一些游戏对所有行动都设定了固定的体力消耗值，另一些游戏则根据行动的强度或类型来设定不同的体力消耗值，如快速奔跑、重击、使用强力技能等会消耗更多的体力。还有游戏将体力消耗与环境因素相结合，如在高温或寒冷的环境下，体力消耗会加快。在以《塞尔达传说：旷野之息》（*The Legend of Zelda: Breath of the Wild*）为代表的开放世界游戏中，攀爬、游泳、滑翔等行动都会消耗耐力，当耐力耗尽后玩家就无法继续进行这些行动。

体力的恢复模式有主动和被动两种，例如开放世界类游戏常设定角色在非战斗状态下自动恢复体力值，为玩家创造喘息的空间。主动恢复机制强调玩家的策略选择，如在《艾尔登法环》（*Elden Ring*）中，玩家通过篝火休整重置状态；在《塞尔达传说》（*The Legend of Zelda*）中，玩家用烹饪料理补充精力槽，这些都是典型设计。进阶型系统更进一步允许玩家通过角色成长或装备强化，实现体力上限突破，如《怪物猎人》（*Monster Hunter*）系列中的猎人们，不仅能用秘药瞬间回满耐力，还能通过装备技能，延长耐力条的持续时间，这种复合型恢复体系显著提升了战斗的容错率和乐趣。

体力数值与核心玩法的融合往往决定游戏的策略深度，动作类游戏将其转化为战斗节奏的调节器。《只狼》（*Sekiro*）中格挡与闪避消耗的躯干值迫使玩家在进攻间隙调整呼吸；角色扮演类作品则将其塑造为资源管理的重要维度；《巫师3》（*The Witcher 3*）里释放法印需要消耗活力值，这种限制促使玩家合理规划技能链。而在生存模拟类游戏中，体力系统直接关联角色的生存状态。如在《饥荒》（*Don't Starve*）中，过度劳作会触发眩晕惩罚，玩家必须平衡探索效率与角色健康的关系。这种差异化的设计思路使体力游戏机制从基础数值升华为塑造游戏体验的关键支点。

案例

2005年的《旺达与巨像》（*Shadow of the Colossus*），主角旺达拥有一个圆形的握力槽，在攀爬巨像时会逐渐消耗，握力耗尽则会从巨像身上跌落。

2009年的《恶魔之魂》（*Demon's Souls*），玩家的精力条限制了玩家可以连续进行的攻击、翻滚、格挡等动作的次数。玩家在战斗中需要精细管理自己的精力，避免因精力耗尽而陷入被动。

2011年的《黑暗之魂》（*Dark Souls*）系列继承了《恶魔之魂》（*Demon's Souls*）的精力系统，并将其发扬光大。玩家的精力条限制了玩家可以连续进行的攻击、翻滚、格挡、奔跑等动作的次数。玩家在战斗中需要精细管理自己的精力，避免因精力耗尽而陷入被动。

2015年的《血源诅咒》（*Bloodborne*），玩家的精力条同样限制了攻击、闪避和奔跑等动作。但相比《黑暗之魂》,《血源诅咒》的精力消耗和恢复速度更快，鼓励玩家进行更积极的进攻。

2017年的《塞尔达传说：旷野之息》（*The Legend of Zelda: Breath of the Wild*），玩家进行攀爬、游泳、滑翔、奔跑等行动时，都会消耗绿色的耐力槽，耐力耗尽则无法继续进行这些行动，玩家可以通过烹饪食物或升级来提升耐力上限。

2018年的《怪物猎人：世界》（*Monster Hunter: World*），玩家的耐力条会随着奔跑、闪避、攻击等动作而消耗，耐力耗尽时玩家会进入疲劳状态，无法进行快速移动和攻击。玩家可以通过进食、使用道具或返回营地来恢复耐力。

90.时间规划（Scheduling）

时间规划游戏机制将时间本身转化为一种可被玩家管理、分配和优化的核心资源，并以此构建游戏挑战和策略深度。它指的是玩家需要对游戏内的时间流逝进行主动的规划、安排和控制，通过合理分配时间资源来执行不同的行动、完成不同的任务、达成不同的目标，或应对具有时效性的挑战。

时间规划机制的核心在于“时序”与“统筹”：游戏通过设定具有明确时间限制的任务、事件或行动窗口，要求玩家在有限的时间内做出最优的决策，并按照一定的先后顺序执行这些决策，以最大化时间利用效率或达成特定的时间目标。这种机制常见于策略游戏、模拟经营游戏、角色扮演游戏、益智游戏等类型中，它通过将“时间”这一维度纳入玩家的策略考量，提升了游戏的策略深度、挑战性和真实感。

表现形式

时间规划机制在游戏中主要表现在时间流逝的呈现方式、时间限制的类型、可规划行动的多样性，以及时间管理与其他游戏机制的结合。《美少女梦工厂》（*Princess Maker*）系列将日历系统与角色养成深度结合，复合型时间管理系统已成为该系列的标志性玩法，玩家需要在学期周期内统筹安排社交、学习与训练。

时间规划游戏机制的构建存在多元化特性，在一些强调战术协同的即时制游戏中，本机制表现为一种独特的“暂停—预设”模式，以《赏金奇兵》（*Desperados*）系列中的“影子模式（Shadow Mode）”为典型代表。在此模式下，玩家可以随时暂停时间，为队伍中的多名角色分别预设一套连贯的行动指令。例如，让一名角色投掷石子吸引注意力，另一名角色同时从背后进行暗杀，第三名角色则趁机移动到新的掩体后。当玩家取消暂停时，所有预设的指令会同步或按序在实时环境中瞬间执行。这种设计的独特性在于，它将回合制游戏的思考与即时制游戏的动态执行相结合，将时间规划从宏观的资源分配转化为对瞬间战术的编排，考验玩家的同步思维和多角色协同能力。

在操作维度层面，玩家可支配的时间单元需要分配给角色移动、环境探索、生产采集等行为。每项行动消耗的时间成本与潜在收益各不相同，《星露谷物语》（*Stardew Valley*）的农场经营系统便是典型案例，玩家必须精确计算种植周期、动物饲养与社交活动的时间配比。在决策过程中，既要考虑即时效益，也要预估长期发展可能带来的连锁反应。

时间管理系统与其他游戏要素的耦合程度决定着机制的深度，角色扮演类作品常将时间规划与技能成长树相结合。策略类游戏则将其融入科技研发与军事部署的宏观调度，而模拟经营类产品更多关注生产链条的时间优化。这种多维度的机制融合不仅丰富了玩法层次，更创造出独特的策略空间，让时间要素从简单的计量工具进化为驱动游戏进程的核心引擎。

案例

1994年的《心跳回忆》（*Tokimeki Memorial*）以高中三年时间为背景，玩家需要在这三年内合理安排日程，在上课、社团活动、打工、约会、学习等多种活动之间进行时间分配。

2000年的《模拟人生》（*The Sims*）系列的玩家需要管理模拟市民的时间，安排他们的工作、学习、娱乐、社交等活动。

自2006年开始的《女神异闻录3》（*Persona 3*）及后续系列游戏中，玩家扮演的主角需要在有限的日期内，一边应对日常生活，一边与威胁世界的阴影战斗。玩家需要合理安排主角的日常行动，例如上课、打工、社交、探索迷宫等，以提升主角的能力和人际关系。

2015年的《侠客风云传》（*Rivers and Lakes: Legends of Wulin*）是一款以中国武侠世界为背景的角色扮演游戏，玩家需要在有限的时间内完成各种任务和活动，如门派任务、江湖事件等，合理安排时间可以提升武功修为、结交好友、获取资源等。

2016年的《星露谷物语》（*Stardew Valley*）的玩家需要在游戏中度过每一天，每一天的时间都是有限的。玩家需要在有限的时间内安排农作物的种植、动物的饲养、资源的采集，以及与NPC互动等。

2019年的《火焰之纹章：风花雪月》（*Fire Emblem: Three Houses*）的玩家扮演的角色需要在学院中度过一年的时间。玩家需要在每个月内合理安排角色的行动，例如进行授课、参加活动、培养学生等，这些选择将影响角色的成长和其他角色关系的发展。

第十三章
其他（Other）

在系统地梳理了游戏世界、规则、玩家、角色、集合、经济与结算等宏观分类后，还有一些难以被归类的、独具特色的游戏机制，这些机制往往源于对某一特定原理的深度挖掘，如对物理学（如力模拟、光学）、认知科学（如视错、模仿），以及对特定游戏行为（如反制、斩杀）的极致提炼。

它们不像前述机制那样，作为普适性的框架或组件广泛存在于各类游戏中，反而常常以自身为核心，构建出整个游戏的独特玩法与体验。本章收录的机制代表了游戏设计在前沿领域的探索与创新，它们或是对现实世界规律的另类转译，或是对玩家交互可能性的有趣洞察。通过了解这些机制，我们不仅能看到游戏设计的广度，更能感受到其不断突破边界的创造活力。

91. 视错（Optical Illusion）

视错指的是利用人类视觉感知的特性，通过图形、空间、光影等元素的排布，营造出具有欺骗性的视觉效果，从而在二维或三维空间中构建出独特的空间结构和机关谜题的一种游戏机制。

视错游戏机制常见于解谜类游戏中，它挑战玩家的观察力、空间想象力和逻辑思维能力，要求玩家打破常规的视觉习惯，从不同的角度去观察和理解游戏世界，才能发现隐藏的通路或解开精巧的谜题。视错游戏机制为游戏设计者在审美体验和智力挑战等方面提供了更广阔的创意空间。

表现形式

对游戏场景中的几何形状、空间关系进行特殊设计，可以营造出在现实世界中不可能存在的空间结构。例如，利用潘洛斯阶梯、莫比乌斯环等经典的视错结构，可以构建出无限循环的路径或空间；通过对透视关系的处理，可以在二维平面上模拟出三维空间的纵深感，或者在三维空间中营造出二维平面的错觉。例如，在《纪念碑谷》（*Monument Valley*）中，就大量运用了不可能图形和空间错位来构建关卡。

游戏通常会运用色彩、光影、纹理等视觉元素来强化视错的体验。例如，通过对比强烈的色彩搭配，可以突出空间的层次感和进深感；通过光影的变化，可以暗示空间的转折和连接；通过特殊的纹理，可以模糊空间的边界，营造出无缝衔接的错觉。比如，在《画中世界》（*Gorogoa*）中，游戏通过精细的画面和色彩搭配，营造出了独特的视觉风格和空间错觉。

与玩家的交互方式通常需要通过移动视角、旋转场景、拖拽元素、拼接画面等方式来改变自己对游戏世界的观察角度，从而发现隐藏的通路或触发机关。在《笼中窥梦》（*Moncage*）中，玩家需要通过旋转立方体来观察不同侧面的场景，并找到可以拼接的元素。一些游戏还会引入时间、重力等元素，进一步丰富视错的表现形式和交互方式。

案例

2008 年的《无限回廊》(*Echochrome*) 由简单的黑白线条构成，利用格式塔心理学原理，引导玩家感知空间结构。通过旋转视角，原本不可能连接的道路会神奇地连接在一起，创造出“无限循环”的视错觉。

2013 年的《环绕走廊》(*Antichamber*) 提供了一种基于非欧几里得几何和心理空间的、更令人费解的视错体验，空间会根据玩家的视线和行走方向而改变，回头可能发现来路已变，跳下一个坑可能会出现在天花板上。这里的视错不是改变物体的连接，而是直接扭曲了玩家对空间连续性和逻辑的认知。

2014 年的《纪念碑谷》(*Monument Valley*) 是视错机制在解谜游戏中的集大成者。该游戏以精美的画面、关卡设计和独特的视错体验而广受好评。游戏中的关卡大量运用了潘洛斯阶梯、莫比乌斯环等不可能的图形，以及空间错位、视觉拼接等视错手法。玩家需要通过旋转、移动场景中的机关来改变空间的结构，为主角开辟出前进的道路。例如，玩家可以通过旋转一个看似断开的阶梯，使其在视觉上与其他部分连接起来，从而形成一条完整的通路。

2017 年的《画中世界》(*Gorogoa*) 则将视错机制与叙事相结合，创造了一种特殊的互动叙事体验。该游戏将剧情和谜题融入一个由四格漫画构成的画面中，玩家需要通过拖拽、缩放、拼接画面，来探索故事的细节，并推动剧情的发展。游戏中的视错元素不仅体现在空间结构的构建上，还体现在画面元素的组合和隐喻上。例如，玩家可以通过将两个看似无关的画面拼接在一起，来触发新的事件或揭示隐藏的线索。

2021 年的《笼中窥梦》(*Moncage*) 则将视错机制与一个旋转的立方体相结合，创造了一种新颖的解谜体验。该游戏的场景分布在立方体的各个面上，玩家需要通过旋转立方体，观察不同侧面的场景，并找到可以拼接的元素。例如，玩家可以将一个面上的半截桥梁与另一个面上的半截桥梁拼接在一起，从而形成一座完整的桥梁；或者将一个面上的齿轮与另一个面上的齿轮啮合，从而启动机关。该游戏的视错设计不仅体现在空间结构的拼接上，还体现在光影、色彩等视觉元素的运用上，为玩家带来独特的视觉挑战和解谜乐趣。

92. 力模拟（Physics）

力模拟游戏机制是一种基础的底层游戏机制，它指的是电子游戏系统通过模拟经典力学的基本原理，如重力、惯性、动量、碰撞、摩擦力、弹性、流体动力等，来决定游戏内物体、角色（其物理特性而非战斗技巧）或环境元素的行为方式、运动轨迹，以及它们之间相互作用时产生的效果，为虚拟世界中物体的运动、交互和形变提供基础规则与动态表现。

力模拟游戏机制的核心在于“运动规律”与“交互反馈”：游戏世界中的元素不再是简单的预设动画或脚本行为，而是能够对各种“力”的输入做出符合物理逻辑的响应，从而创造出真实可信、富有动态变化、充满探索与利用空间的交互体验。这种机制广泛应用于益智游戏、模拟游戏、沙盒游戏及部分冒险游戏中，它通过构建一个可被玩家感知和利用的力学系统，极大地增强了游戏的物理属性、操作的技巧性和解谜的趣味性。

表现形式

力模拟常常作为底层机制，最开始尽可能地模拟现实力学。比如，《乓》（*Pong*）游戏中模拟了弹力，《超级马力欧兄弟》（*Super Mario Bros.*）模拟了重力和水下关卡中的浮力。这些模拟虽然追求真实世界中的物理模拟，但仔细观察就可以发现，游戏中的力学均未经过艺术化处理，合理但不真实。游戏设计围绕着这种基础表现形式，通过组合创造了丰富的玩法。还有更加超现实的表现形式，在以《重力异想世界》（*Gravity Rush*）系列为代表的游戏中，主角凯特拥有改变自身重力方向的能力，可以在建筑物的侧面、底部甚至空中自由行走和飞翔，该游戏通过对基本力学规则的主动操控，构造了独具特色的移动和战斗系统。

除了弹力、重力、浮力，拉力的代表作品有《蜘蛛侠》（*Marvel's Spider-Man*）系列——彼得·帕克的蛛丝摆荡是核心移动方式；推力的代表作品有《人类：一败涂地》（*Human: Fall*

Flat）——需要控制角色用双手“推”“拉”“举”环境中的各种物体来解决谜题。冲撞力/碰撞力的代表有《火爆狂飙》（*Burnout*）系列——以“撞车模式（Crash Mode）”闻名，在该模式下，玩家的目标是在繁忙的十字路口，制造尽可能大的连环撞车事故。

在《半条命2》（*Half-Life 2*）中，标志性的“重力枪”允许玩家直接操控物体的引力，可以吸附、举起并高速投掷各种物体，改变了玩家与环境的互动方式。在一些平台跳跃游戏或太空探索游戏中，可能会出现无重力区域、强风区域，或具有吸引/排斥力的特殊场域，这些都会显著改变物体的常规运动方式。例如，《蔚蓝》（*Celeste*）中的强风区，能够显著影响角色的水平移动和跳跃轨迹，玩家需要逆风或顺风而动。

特定的物理力学区域是很多游戏的创新突破口，玩家不仅可以被动地接受力学规律的影响，更可以通过利用特定工具或行动，主动运用力学组合。在《割绳子》（*Cut the Rope*）系列中，玩家通过切断绳索，利用糖果的重力、摆动惯性及场景中其他元素的力学特性（如气囊的推力、风扇的吹力），将糖果精确地送达目标地点；在《人类：一败涂地》（*Human: Fall Flat*）中，玩家操控的角色的行动完全基于布娃娃物理系统，玩家需要利用角色的重量、摆动和抓取，与环境中的各种物体进行充满“力感”的互动来解开关卡。

案例

1979年的《月球登陆者》（*Lunar Lander*），玩家需要精确控制飞船的推力和姿态，对抗重力，利用牛顿运动定律和动量守恒定律安全着陆在月球表面。

1984年的《疯狂弹球》（*Marble Madness*），玩家控制一个弹珠在三维等角视图的迷宫中滚动，核心玩法在于利用惯性、重力和摩擦力来导航，避免掉出赛道。

1993年的《不可思议的机器》（*The Incredible Machine*）系列，玩家需要利用杠杆、滑轮、传送带、弹球、重力、气压、电力等多种物理原理组合部件，完成特定目标。

1994年的《百战天虫》（*Worms*）系列，各种武器（如火箭筒、手榴弹）的抛物线轨迹、风向对投射物的影响，以及爆炸产生的冲击波，都包含力学元素的计算。

2007年的《传送门》（*Portal*）系列，其核心玩法基于传送门对动量的保持，玩家需要利用重力加速、抛物线运动等力学原理，通过传送门来完成看似不可能的空间穿越和谜题。

2008年的《粘粘世界》（*World of Goo*），玩家需要用各种具有不同物理特性（如黏性、弹性）的“Goo球”搭建结构（塔、桥等），克服重力，将尽可能多的Goo球引导到管道出口。

2009年的《愤怒的小鸟》（*Angry Birds*），其将弹射力学、结构力学和碰撞物理以简单直观的方式呈现，成为现象级的物理益智游戏。

2016年的《人类：一败涂地》（*Human: Fall Flat*），其以独特的布娃娃物理系统为核心，玩家操控的角色行动笨拙但充满可能性，解谜过程就是与环境中各种物体进行充满力学趣味的互动。

93. 光学（Optics）

在电子游戏中，光学游戏机制是指将光的传播、反射、折射、吸收、衍射，以及色彩、明暗、可见性等光学原理，作为游戏玩法核心构成或重要交互手段的设计。在运用此机制的游戏中，光与影不仅仅是环境氛围的渲染工具，更被赋予了驱动谜题解决、影响战斗策略、塑造角色能力或界定可探索区域等关键的游戏功能，玩家需要理解并利用光学特性来与游戏世界互动、解决谜题、战胜敌人或达成特定目标。光学机制的引入为游戏设计者提供了丰富的创意空间。

光学游戏机制的核心在于运用“光影法则”来构建“交互谜题”：它通过允许玩家直接或间接操控光源、光路或环境对光的反应，创造出需要理解和运用光学知识才能克服的挑战。这不仅包括引导光线激活机关、利用阴影潜行，也可能涉及通过特定光谱观察隐藏信息，或者利用光的能量特性与游戏世界进行多样化的互动。

表现形式

光的生成和操控方式是光学游戏机制的基础，在一些游戏中，玩家可以利用光的生成和操控方式，直接控制光源，如手电筒、探照灯等，通过调整光源的位置、方向、强度等来影响游戏环境。例如，在2010年的《心灵杀手》（*Alan Wake*）中，玩家可以使用手电筒来驱散黑暗中的敌人，并通过增强手电筒的光照强度来对敌人造成更大的伤害。在另一些游戏中，玩家则需要利用环境中的物体来间接操控光，如镜子反射光、透镜折射光、棱镜分散光等。例如，在2011年的《传送门2》（*Portal 2*）中，玩家可以使用激光导向方块来反射激光，从而触发机关或消灭敌人。

运用光的特性是光学游戏机制的核心玩法。游戏开发者利用光的各种物理特性来设计谜题和挑战。

- 直射：光沿直线传播的特性可以用于照亮道路、发现隐藏的物体或触发光敏机关。例如，在2014年的独立游戏《光之子》（*Child of Light*）中，就设计了利用光的直射来开启大门的谜题，玩家控制的角色奥罗拉公主可以利用手中的萤火虫发出的光线，照亮前方的道路或触发机关。
- 反射：光线遇到光滑的表面会发生反射，这一特性可以用于构建各种反射谜题。玩家需要调整镜子的角度，将光线反射到特定的目标上。例如，在《塞尔达传说》（*The Legend of Zelda*）系列中，经常出现利用镜子反射光来解开机关的谜题。在2013年的《交易者》（*The Swapper*）中，玩家需要利用克隆体和光源的反射来解开谜题。
- 折射：光线从一种介质进入另一种介质时会发生折射，这一特性可以用于改变光线的传播方向或分离不同颜色的光。例如，在2012年的《量子谜题》（*Quantum Conundrum*）中，玩家可以使用特殊装置来改变空间的维度，利用光线的折射来穿过障碍物或触发机关。而在许多科幻游戏中，利用透镜折射激光的机制十分常见。
- 变色：不同颜色的光具有不同的波长和能量，一些游戏利用这一特性来设计与颜色相关的谜题。例如，在2012年的《关闭》（*Closure*）中，玩家可以通过控制光源来照亮场景中的物体，利用光线来构建可通行的道路；而在2014年的《塔罗斯的法则》（*The Talos Principle*）中，玩家需要利用不同颜色的光束来激活对应颜色的接收器。
- 影子：光被物体遮挡会形成影子，一些游戏利用影子来设计谜题或隐藏机制。例如，在2013年的《对照物》（*Contrast*）中，玩家可以在2D影子世界和3D现实世界之间切换，利用光影的变化来解开谜题和推进剧情；在2014年的《神偷》（*Thief*）中，玩家可以利用阴影来躲避敌人的视线，进行潜行暗杀。

与游戏环境的交互是光学游戏机制的重要组成部分，光学可以对游戏环境产生实质性的影响，如融化冰块、点燃物体、激活光能装置等。例如，在2019年的《控制》（*Control*）中，玩家可以使用“投掷”能力抓取场景中的物体，并将它们扔向光源，利用光的照射来摧毁某些特殊的敌人或障碍物。在另一些游戏中，光则作为一种视觉提示，引导玩家的行动或揭示隐藏的信息。例如，在2005年的《生化危机4》（*Resident Evil 4*）中，玩家可以使用激光瞄准器来精确瞄准敌人的弱点。

案例

2001年的《路易吉洋馆》（*Luigi's Mansion*）是一款以光学为核心机制的动作冒险游戏。路易吉需要使用手电筒照射鬼魂，削弱它们的力量，然后用吸尘器捕捉它们。游戏还设计了各种与光相关的谜题，如利用镜子反射光线来照射隐藏的鬼魂或触发机关。

2010年的《心灵杀手》（*Alan Wake*），玩家扮演的作家艾伦·韦克需要使用手电筒等作为光源来驱散笼罩在敌人身上的黑暗，然后才能用武器对敌人造成伤害，游戏将光线与黑暗的对抗融入剧情和战斗中，营造出一种独特的恐怖氛围。

2011年的《关闭》（*Closure*），一款以黑白风格和光影变化为特色的独立游戏，特色是“所见即所得”，只有被光线照亮的区域才是真实存在的，玩家可以通过控制光源来改变场景的结构，创造出新的通路或触发机关。

2012年的《量子谜题》（*Quantum Conundrum*）将维度转换与物理性质相结合来解谜，玩家需要切换到不同维度，改变箱子等物体的重量和特性，从而阻挡、重定向或利用激光束来激活开关或清除障碍。

2013年的《对照物》（*Contrast*）将光线与影子相结合让玩家体验解谜。玩家可以在3D现实世界和2D影子世界之间切换，利用现实世界中的物体来改变影子世界的形状，从而解开谜题和推进剧情的发展。

2013年的《交易者》（*The Swapper*）将“光”作为核心的限制和交互机制。游戏场景中布满了不同颜色的光线，这些光线是解谜的关键。例如，蓝光会阻碍玩家创建克隆体，而红光则会阻止意识的转移。

2014年的《光之子》（*Child of Light*）将光作为战斗和探索的核心辅助元素。玩家在控制主角奥萝拉的同时，还可以独立操控一个名为“萤火虫”的伙伴。它可以发出光芒，用于照亮黑暗的区域，以发现隐藏的路径和宝藏。

《塞尔达传说》（*The Legend of Zelda*）系列中经常出现利用光线反射来解开机关的谜题。例如，在《塞尔达传说：时之笛》（*The Legend of Zelda: Ocarine of Time*）中，玩家需要利用镜盾来反射光线，从而融化冰块或激活水晶开关；在《塞尔达传说：风之杖》（*The Legend of Zelda: The Wind Waker*）中，玩家可以使用镜盾来反射敌人的光束攻击，并将其引导到特定的目标上。

94. 画面捕捉（Screen Capture）

画面捕捉游戏机制，亦可称为游戏内摄影或视觉记录系统，指的是玩家在电子游戏中使用虚拟的相机、扫描仪或其他类似设备，对游戏世界中的特定场景、物体、生物或现象进行有目的的视觉记录，而这些被“捕捉”的图像或数据作为一种交互手段、收集品、解谜元素或驱动任务进展的游戏内资源。此机制强调玩家通过主动观察和取景，将动态的游戏世界凝固为具有特定功能或意义的静态“画面”。

画面捕捉游戏机制的核心在于赋予玩家“视觉选择”的权利，并将“定格瞬间”转化为具有“功能性价值”的游戏元素，玩家可以通过主动观察和选择，将游戏世界中的某个瞬间定格下来，并将其应用于解谜、叙事、收集、关卡推进等游戏进程。通过对特定视觉内容的捕捉，玩家能够收集证据、编目物种、揭示隐藏信息、满足任务要求，或以独特视角与游戏世界互动。

表现形式

在游戏中，画面捕捉游戏机制的表现形式多样，包括捕捉画面的方式、捕捉对象的多样性及捕捉结果的应用等。

捕捉画面的方式通常模拟现实中的摄像机操作。玩家可以通过调整摄像机的视角、焦距、曝光等参数来拍摄不同的画面。例如，在 2021 年的 *TOEM: A Photo Adventure* 中，玩家可以使用一台可调节的摄像机来拍摄各种景物和角色，并通过完成拍摄任务来推进游戏进程。有些游戏还提供了滤镜、特效等后期处理功能，让玩家可以对拍摄的照片进行编辑和美化。

玩家可以捕捉的对象包括但不限于游戏角色、NPC、动物、植物、风景、特定事件、隐藏的线索等。不同的游戏对捕捉对象的要求也各不相同，有些游戏强调自由的拍摄体验，而另一些游戏则将捕捉对象与特定的任务或谜题相关联。捕捉结果的应用作为游戏核心机制和玩法所在，最常见的莫过于将捕捉到的画面作为一种收集品，用于解锁游戏内容、作为成就或丰富游戏世界的背景故事。例如，在2020年的*Alba: A Wildlife Adventure*中，玩家的主要任务是拍摄各种野生动物，并将它们记录在图鉴中。

案例

在1999年的《宝可梦随乐拍》(*Pokémon Snap*)中，玩家扮演一名宝可梦摄影师，乘坐轨道车在特定路线上行进，核心任务是对沿途出现的各种野生宝可梦进行拍照。照片的评分基于宝可梦的姿势、大小、朝向及是否处于特殊互动状态等多种因素，高分照片用于完成大木博士的图鉴研究。

自2001年起的《零 ～zero ～》(*Fatal Frame: Zero*)系列，玩家使用名为“射影机”的古老相机作为主要武器。通过取景框对怨灵进行“拍摄”，不仅能对其造成伤害，也是封印怨灵的关键手段。相机的胶卷类型和升级状态会影响拍摄的威力，成功捕捉到怨灵的特定瞬间还能获得更高评价。

2017年的*TOEM: A Photo Adventure*是一款以拍照为核心玩法的冒险解谜游戏。玩家扮演一名年轻的摄影师，踏上了一段前往神秘之地“TOEM”的旅程。在旅途中，玩家需要使用摄像机拍摄各种各样的景物、角色和事件，并通过完成NPC委托的拍摄任务来推进游戏进程。游戏的谜题设计有趣地将拍照机制与环境互动相结合，例如，玩家需要拍摄特定的景物来触发机关，或者拍摄隐藏的线索来解开谜题。*TOEM: A Photo Adventure*以轻松愉快的氛围、独特的黑白手绘画风和富有创意的拍照玩法，赢得了玩家和评论家的一致好评。

2019年的《超阈限空间》(*Superliminal*)是一款基于透视错觉和强制透视法的第一人称解谜游戏。游戏的核心机制是玩家可以抓取并改变游戏中的物体的大小和位置。当玩家拿起一个物体时，物体的大小会根据它与玩家之间的距离而改变。例如，玩家可以拿起一个远处的巨大物体，将它拉近并缩小，然后把它放在自己面前；或者拿起一个近处的小物体，将它推远并放大，然后把它当作桥梁使用。这种机制也利用了“画面捕捉”的原理，玩家通过改变物体在画面中的透视关系来改变物体在游戏世界中的实际大小和位置，从而解开各种精巧的谜题。

2020年的*Alba: A Wildlife Adventure*则是一款以野生动物摄影为主题的冒险游戏。玩家扮演一名年轻的女孩阿尔芭，回到家乡小岛度假，并致力于保护岛上的野生动物。游戏的核心玩法是使用摄像机拍摄各种野生动物，并将它们记录在图鉴中。玩家拍摄的照片不仅可以用于完成收集任务，还可以用于提高人们对野生动物的保护意识，甚至可以影响游戏的剧情走向。例如，玩家可以通过拍摄到稀有动物的照片来阻止一个破坏环境的开发项目。*Alba: A Wildlife Adventure*以温馨的剧情、优美的画面和寓教于乐的主题，成为一款备受赞誉的独立游戏。

95. 连锁反应（Domino）

连锁反应游戏机制指的是在游戏中，玩家的一个初始行动或由系统触发的某个特定事件，能够像推倒第一块多米诺骨牌一样，引发一系列相互关联、接续发生的游戏元素变化，并最终导致一个更大范围、更复杂或更具决定性的结果。

连锁反应游戏机制的核心在于“触发”与“蔓延”：一个局部的、初始的改变会按照预设的规则和元素间的联系，自动地、逐步地扩展其影响范围和效果强度，玩家则需要预判或利用这种连锁效应来达成目标、解决谜题或创造优势。这种机制常见于益智游戏、策略游戏、物理模拟游戏中，它通过构建一种“一石激起千层浪”的交互模式，提升了游戏的趣味性、策略规划的深度和结果的不可预测性。

表现形式

连锁反应经常和电子游戏的物理模拟特性组合使用，在《愤怒的小鸟》（*Angry Birds*）中，玩家通过弹弓发射小鸟撞击积木结构，这个初始的撞击就是触发后续连锁倒塌的起点；在《割绳子》（*Cut the Rope*）系列中，玩家需要切断特定的绳索，使得糖果在重力和其他物理元素（如气泡、吹风机）的作用下发生连锁运动；在《整蛊邻居》（*Neighbours from Hell*）中，玩家的一个小动作，比如在鱼缸里放上墨水，会引发邻居一系列的愤怒行为和后续的混乱场面。

连锁反应的传导方式决定了效应如何扩散，在以《疯狂机器》（*Crazy Machines*）系列为代表的物理益智游戏中，连锁反应通过精确模拟的物理定律（如重力、碰撞、杠杆、齿轮传动等）进行传导，一个元素的运动或状态改变会直接引发下一个关联元素的运动或状态改变。在一些消除类游戏中，如《宝石迷阵》（*Bejeweled*）的某些特殊宝石效果，一次消除可能会引发周围宝石的连锁消除；在《幽灵诡计：幻影侦探》（*Ghost Trick: Phantom Detective*）中，主角西塞尔通过附身并操纵各种无生命的物体，在“幽灵模式”下触发一个物体的微小改变（如打开雨伞），从而引发一系列连锁反应，改变环境中其他物体的状态，最终改变人物的命运。

玩家对连锁过程的控制与利用是乐趣所在。在《小小大星球》（*LittleBigPlanet*）玩家自制的关卡中，经常可以看到利用各种机关和物理特性设计的复杂连锁反应谜题。在策略游戏中，玩家可能通过攻击敌方一个关键单位或设施，来引发敌方阵线的连锁崩溃。在《*Wildfire*》中，玩家可以点燃一小片草丛，火势会根据风向和可燃物蔓延，形成大范围的火焰区域，对敌人造成伤害或改变地形。

案例

1984年的《间谍对间谍》（*Spy vs. Spy*），玩家可以在场景中的特定位置（如门后、柜子里）预先设置陷阱，例如在门上放一桶水，或在抽屉里装上弹簧拳套，当对手间谍执行特定动作，如“打开那扇门”或“搜索那个柜子”时，条件满足会自动触发陷阱，并对其给予惩罚。

1993年的《不可思议的机器》（*The Incredible Machine*）系列，本机制的经典代表作，玩家需要利用各种日常用品，组合成一个复杂的连锁装置，以完成特定的任务目标。

2003年的《整蛊邻居》（*Neighbours from Hell*），玩家通常会设置一系列陷阱，一个陷阱的触发往往会引发邻居一系列狼狈的连锁反应，从而达到整蛊的目的。

2009年的《愤怒的小鸟》（*Angry Birds*），玩家发射小鸟撞击猪的防御工事，目标是利用物理引擎引发积木的连锁倒塌，最终消灭所有的猪。

2010年的《割绳子》（*Cut the Rope*）系列，玩家需要通过切断绳索、利用气泡、吹风机等道具，让糖果在物理引擎的作用下发生一系列连锁运动，最终落入小怪物Om Nom的口中。

2010年的《幽灵诡计：幻影侦探》（*Ghost Trick: Phantom Detective*），其核心玩法便是通过附身各种物体并触发其微小的动作，来引发一系列连锁反应，以改变过去四分钟内发生的事件，拯救被害人的生命。

2019年的《*Noita*》，一款像素风动作冒险Roguelite游戏，其核心在于一个“万物皆可模拟”的世界，玩家需要利用自定义法术在其中探索、战斗，并常常因自己引发的壮观连锁反应而花式送命。

2020年的《*Wildfire*》，一款潜行游戏，玩家拥有控制火焰和利用环境的能力。点燃草丛或油桶可以引发火势蔓延，形成连锁的火焰屏障或攻击手段，用于驱赶敌人或改变地形。

96. 合拍（Rhythm Matching）

合拍游戏机制指的是系统按照一定的时序（通常是音乐的节拍或预设的时间间隔）向玩家提供交互窗口，玩家需要在特定的时间点内，做出与系统提示相符的操作，以触发游戏内的积极反馈，或避免负面惩罚的游戏机制。

合拍游戏机制的核心在于“时机预示”与“一致性”：玩家的操作需要在时间上与系统的提示精准匹配，并且在操作内容上与系统的要求保持一致，才能被判定为有效。这种机制创造了一种同步的节奏感，同时带来精准操作的挑战，广泛应用于音乐节奏类游戏，也常见于动作游戏中的“弹反”或“完美格挡”等特殊动作，以及一些强调多人合作的游戏中。

此机制和快速应对机制的不同在于是否提前做出时机的预示。合拍要求玩家的操作与一个持续、可预期的节拍或序列保持一致；而快速应对机制通常在过场动画或特定情景中突然出现，要求玩家在极短的、非连续的时间窗口内，根据提示做出指定的、一次性的操作，其考验的是瞬时反应力，其结果往往是二元的——成功则继续，失败则可能直接导致角色死亡或任务失败，戏剧性更强。

表现形式

游戏通常会通过视觉、听觉甚至触觉的方式呈现交互提示，向玩家传达合拍的时机和操作要求。

- 视觉提示是最常见的形式，如下落式的音符、闪烁的图标、收缩的圆环等。在音乐游戏中，这些视觉提示通常与音乐的节拍同步，以引导玩家进行操作。例如，在2001年的《吉他英雄》（*Guitar Hero*）中，玩家需要根据屏幕上滚动的音符提示，在正确的时间按下对应的按键；在2007年的《节奏大师》（*Tap Tap Revenge*）中，玩家需要根据音符到达判定线的位置和时机来点击、滑动或长按屏幕。

- 听觉提示主要出现在强调节奏感的游戏中。例如，某些音乐游戏会通过节拍器的声音来帮助玩家把握节奏；在一些动作游戏中，敌人攻击前的特殊音效也可以作为玩家进行“弹反”或“闪避”操作的提示。例如，在2019年的《只狼：影逝二度》（*Sekiro: Shadows Die Twice*）中，玩家可以通过听敌人挥舞武器的声音来判断“弹反”的时机。
- 触觉提示，如手柄的震动，也可以用来增强合拍的体验。例如，在一些主机平台的音乐游戏中，手柄会根据音乐的节奏进行震动，帮助玩家更好地感受节拍。

在音乐游戏中，玩家的操作通常包括按键、滑动、长按等，操作的类型和时机需要与音乐的节奏和旋律相匹配。在2001年问世的《太鼓达人》（*Taiko no Tatsujin*）街机游戏中，玩家需要根据音符的类型（红色或蓝色）来敲击太鼓的鼓面或鼓边；2003年的《劲乐团》（*O2Jam*）的玩家需要根据下落音符的位置和时机按下对应的按键。

在特殊合拍的“弹反”机制中，玩家需要在敌人攻击即将命中自己的瞬间进行格挡或闪避，才能触发“弹反”效果，并对敌人造成反击或硬直。例如，在2015年的《血源诅咒》（*Bloodborne*）中，玩家可以使用“枪反”技巧，在敌人攻击即将命中的瞬间开枪，来打断敌人的攻击并使其进入可处决状态。

在“弹反”成功且与节奏合拍时，通常会触发特殊动作，对敌人造成反击伤害、打断敌人的攻击、使敌人进入硬直状态等。玩家在2022年的《艾尔登法环》（*Elden Ring*）中可以通过“盾反”技巧，在敌人攻击即将命中自己的瞬间使用盾牌格挡，来触发“盾反”效果，并对敌人进行反击。

案例

1996年的《啪啦啪啦啪》（*PaRappa the Rapper*）通常被认为是音乐节奏游戏的鼻祖之一，该游戏开创性地将音乐节奏与按键操作相结合，玩家需要根据屏幕上的提示和音乐的节奏按下对应的按键，从而控制主角进行说唱表演。

1998年的《劲舞革命》（*Dance Dance Revolution*）则将合拍机制与跳舞毯相结合，不仅考验玩家的节奏感，还需要玩家进行全身的协调运动，创造了一种全新的游戏体验，玩家根据屏幕上的箭头提示，在跳舞毯上踩出相应的舞步。

2005年的《太鼓达人》（*Taiko no Tatsujin*）系列则将合拍机制与日本传统的太鼓文化相结合，玩家需要使用鼓棒敲击实体太鼓或手柄按键，来模拟演奏太鼓的体验。

2005年的《吉他英雄》（*Guitar Hero*）系列以其逼真的演奏体验和经典的摇滚曲目而风靡全球，将合拍机制与吉他演奏相结合。玩家需要使用吉他形状的控制器，根据屏幕上滚动的音符提示按下对应的按键，并拨动拨片，来模拟演奏吉他的体验。

除了音乐游戏，合拍机制也广泛应用于其他类型的游戏。如2005年的《战神》（*God of War*）系列就以其流畅的战斗系统著称，玩家需要在合适的时机，快速按下屏幕上提示的按键，才能控制奎托斯执行各种华丽的终结技。

2013年的《合金装备崛起：复仇》(*Metal Gear Rising: Revengeance*)中由玩家控制的主角雷电，可以使用“完美格挡”在敌人攻击即将命中自己的瞬间进行格挡，并对敌人进行反击，将“弹反”机制发挥到极致，极大地提升了游戏的战斗深度和观赏性。

2019年的《只狼：影逝二度》(*Sekiro: Shadows Die Twice*)同样强调“弹反”机制，并且将其与“躯干值”系统相结合，玩家需要通过连续的“弹反”来积累敌人的“躯干值”，当蓄满“躯干值”后，就可以对敌人进行“忍杀”。

合拍机制也用于增强合作游戏的玩家之间的协作。例如，在2021年的《双人成行》(*It Takes Two*)中，有许多场景需要两名玩家进行合作才能通过，如两人需要同时按下按钮来开启机关，或者需要按照一定的节奏交替进行操作来控制平台的移动。

97. 反制（Counterplay）

反制游戏机制指的是在游戏中，玩家（或系统）预先设置一种或多种具有特定触发条件的潜在行动或效果，当满足这些预设条件时，通常是对手执行特定动作、打出特定类型的牌、进入特定区域或满足某些数值阈值，该机制会自动触发，产生阻止、削弱、反弹、无效化对手行动的效果，或为己方带来优势，从而改变当前的对抗结果或游戏状态，为游戏中的互动和对抗引入了预判、延迟触发和效果否定的策略维度。

反制游戏机制的核心在于“预设”与“触发”：玩家并非在对手行动时即时做出反应，而是在行动前或特定阶段就布下“伏笔”，等待满足特定条件时自动激活其效果。这种机制常见于卡牌游戏、策略游戏、角色扮演游戏及部分动作游戏中，它通过构建一种“预先应对”的博弈，提升游戏的策略深度、心理博弈的复杂性和局势的不可预测性。它与快速应对机制最大的不同在于预先设置和结果触发，快速应对机制不需要提前设置应对条件，且输入和不输入的行为一定有明确的结果，反制机制会因为不满足条件而不触发。

表现形式

反制措施的设置方式是该机制运作的起点，在以《万智牌》（*Magic: The Gathering*）为代表的集换式卡牌游戏中，玩家可以在自己的回合打出具有“瞬间”或“反击”效应的咒语或能力，这些咒语会保留在堆叠中，直到对手施放特定类型的咒语或满足其他条件时才结算，从而取消或改变对手咒语的效果。这种设计应用在电子游戏中变得更加多变，在《炉石传说》（*Hearthstone*）中，“奥秘（Secret）”牌是典型的反制机制，玩家在自己的回合将其打出并设置在角色身边，当对手在他们的回合满足特定条件时，如攻击英雄、使用法术、召唤随从，奥秘会自动翻开并触发效果。

电子游戏中的反制可以实现的维度更多，例如，在《幽浮：未知敌人》（*XCOM: Enemy*

Unknown）中，士兵的“警戒（Overwatch）”技能允许其在敌人进入其视野并移动时自动进行射击，这是一种基于敌人行动的反制触发。

反制效果不仅仅是简单的“取消”或“无效化”，它可以是反击和策略改变。比如，在回合制游戏《歧路旅人》（*Octopath Traveler*）中，有的角色可以使用反击技能等待被攻击，再如某些敌人被设计为如果玩家连续使用某种类型的攻击，会触发一个免疫控制或惩罚玩家的技能。另外，有条件的拦截也是一种常规应用，如策略游戏中预设的防空火力，会自动攻击进入范围的敌方飞行单位。结合临时改变机制则可扩充游戏内容，比如，在MMORPG中，可以将某些技能预先施加给队友，当队友被施加控制效果时自动解除，或者控制效果的施加，如敌人触发后被眩晕或束缚。

玩家需要准确预测对手可能的行动或策略，才能有效地设置反制措施。如1991年的《饿狼传说》（*Fatal Fury*）中的吉斯·霍华德会摆出一种特定姿势，当玩家攻击他时，就会被投出（动作表现为将对手抓起并摔倒），这是已知最早应用反制机制的格斗游戏。在后续作品中，如《侍魂》（*Samurai Shodown*）、《拳皇》（*The King of Fighters, KOF*）、《世界英雄》（*World Heroes*）等游戏中的一些角色均能够使用当身技，即角色会摆出一个特定的姿势，如果在这个姿势持续期间，受到对手特定类型的攻击（通常是打击技，有些也对飞行道具或投技有效），就会自动中断对手的攻击并进行反击。虽然《饿狼传说：狼之印记》有相似的功能“Just Defend”，即在被飞行道具击中前精准格挡，能将其反弹给对手，但由于不需要前置姿势，只能视为一种快速应对（QTE）机制的应用。

案例

1984年的*Rebelstar*是一款回合制战术游戏，在回合制战斗中，玩家可以将单位的“行动点数”保留一部分，不全部用完，以此作为结束回合的指令。这个单位随即进入潜伏或警戒状态，当敌人进入警戒单位的视野和射程之内时，会自动触发“机会射击”，警戒单位会立即向进入其视野的敌人开火。

1993年的《万智牌》（*Magic: The Gathering*）中的“反击咒语”和各种“瞬间”时机的咒语，是反制机制在卡牌游戏中的经典体现，允许玩家在对手的回合中对其行动做出直接干预。

2012年的《幽浮：未知敌人》（*XCOM: Enemy Unknown*）中的“警戒”技能，允许士兵在自己的回合结束时进入警戒状态，在敌人的回合中，当有敌人进入其视野并移动时，会自动对其进行一次射击。

2014年的《炉石传说》（*Hearthstone*）中的“奥秘”牌，由特定职业打出，当满足其特定触发条件时（如对手攻击、使用法术、召唤随从等），会自动翻开发动效果。

2014年发行的*KARDS*是一款二战主题的数字集换式卡牌游戏，其中的反制牌可以在出牌阶段秘密打出，在对手的出牌阶段，如果条件满足就会触发反制效果，相比《炉石传说》（*Hearthstone*）的奥秘，更具有隐蔽的策略特性。

98.斩杀（Execute）

斩杀游戏机制指的是在游戏中，角色在满足一系列预设条件后，能够执行一次具有决定性、高收益或即时终结效果的特殊行动。这些前置条件通常包括目标生命值低于特定阈值、目标处于某种脆弱状态（如眩晕、失衡、破防等），或者角色自身某个数据达成条件、游戏环境处于特定状态。

斩杀游戏机制的核心在于“条件触发”与“收益爆发”：它并非一次常规的强力攻击，而是一个在特定机会窗口下才能发动的“终结技”，一旦成功执行，便能带来远超常规行动的巨大收益，如瞬间击败强敌、获得额外奖励或直接赢得对局。这种机制广泛应用于动作游戏、格斗游戏、角色扮演游戏和策略游戏中，通过构建明确的战术目标，为玩家提供了强烈的正反馈、紧张刺激的博弈体验和酣畅淋漓的情感宣泄，为游戏中的对抗与冲突提供了戏剧性高潮的终结方式。

表现形式

最常见的触发条件是基于目标的生命值阈值，在以《英雄联盟》（*League of Legends*）为代表的MOBA游戏中，部分英雄的终极技能会对生命值低于一定百分比的敌人造成额外伤害甚至真实伤害，鼓励玩家将这些技能作为最后的收割手段。另一种常见的触发条件是基于目标状态，如在《只狼：影逝二度》（*Sekiro: Shadows Die Twice*）中，战斗的核心就是通过格挡和攻击积累敌人的“躯干值”，当其累满导致敌人失衡时，玩家才能执行“忍杀”。卡牌构筑类的对战游戏，存在一回杀（OTK，One Turn Kill，最早出现于《游戏王》）的斩杀机制，即在一个回合内，打出所有特定的组件牌，形成一个无法阻挡的连锁效应，直接获取当局游戏的胜利。

在《战神》（*God of War*）系列中，当敌人被削弱至可被终结的状态时，玩家需要近身并按下特定按键来触发华丽的处决动画，这一过程虽然通常是安全的，但也占用了宝贵的战斗时间。在一些格斗游戏中，某些“一击必杀”的斩杀型招式，其发动过程可能较长或收招硬直很大，一旦被对手预判并躲避，执行者将暴露巨大的弱点，面临被反击的风险，这体现了本机制的博弈性。

斩杀带来的效果多样化，最直接的是终结对手，如《真人快打》（*Mortal Kombat*）系列中标志性的“Fatality”系统。在《战争机器》（*Gears of War*）系列中，处决倒地的敌人不仅能防止其被队友救起，还能获得弹药奖励，可以带来战术优势。在《毁灭战士：永恒》（*DOOM Eternal*）中，对陷入硬直状态的敌人使用“壮烈击杀”，是玩家恢复生命值的主要手段，游戏将斩杀融入了核心的战斗资源循环中。

对游戏节奏的塑造是斩杀机制的重要功能，为玩家在混乱的战斗中提供了清晰、阶段性的战术目标：不再是单纯地削减生命值，而是要努力创造出能够执行“斩杀”的条件，这使得战斗过程更具层次感和节奏感，从前期的消耗、破防，到最后寻找时机执行终结一击。例如，在《死亡岛2》（*Dead Island 2*）中，玩家能够利用环境对敌人制造“失衡”，从而对其进行一次致命的终结斩杀，而不是一味地乱砍乱杀。

案例

1992年的《真人快打》（*Mortal Kombat*）以其“Fatality”系统开创了斩杀机制在视觉表现上的先河，允许获胜方在对局结束后输入特定指令，对对手执行华丽而残忍的终结技。

2005年的《战神》（*God of War*）系列，当敌人被削弱后，其头顶会出现按键提示，玩家可以触发QTE来对其进行血腥暴力的处决。

2007年的《刺客信条》（*Assassin's Creed*）系列，从背后或特定位置对未警觉的敌人进行“袖剑暗杀”，是一种基于潜行状态触发的一击必杀式斩杀。

2009年的《英雄联盟》（*League of Legends*），英雄盖伦的终极技能“德玛西亚正义”会对目标造成基于其已损失生命值的巨大伤害，是典型的生命值阈值斩杀。

2015年的《血源诅咒》（*Bloodborne*），通过枪反或攻击敌人背部使其进入内脏暴击状态后，玩家可以执行一次高伤害的“内脏暴击”，这是一种基于敌人特殊状态的斩杀。

2016年的《毁灭战士》（*DOOM*）及其续作《毁灭战士：永恒》（*DOOM Eternal*），“壮烈击杀”机制允许玩家对陷入硬直状态的敌人执行近战处决，从而获得生命值和弹药补给。

2019年的《只狼：影逝二度》（*Sekiro: Shadows Die Twice*）的战斗系统完全围绕“忍杀”构建，玩家的主要目标是通过攻击和完美格挡来填满敌人的架势槽，从而创造执行忍杀的机会。

99.模仿（Mimicry）

模仿游戏机制指的是玩家需要观察并复制特定目标的行为或状态的游戏机制，通常是系统给出的示例动作、NPC的行为模式、预设的行动序列等。模仿游戏机制的核心在于“观察”与“复现”：玩家需要通过仔细观察目标的动作、节奏、顺序等细节，然后在限定的条件下尽可能准确地再现这些细节。这种机制常见于节奏游戏、动作游戏、解谜游戏和模拟游戏中。

模仿游戏机制与合拍游戏机制有一定的相似之处，都强调玩家操作的时机和节奏，合拍游戏机制更关注玩家操作的“时机”是否与系统的提示相匹配，而模仿游戏机制则更关注玩家操作的“内容”是否与目标对象的行为一致。换句话说，合拍游戏机制强调的是“什么时候做”，而模仿游戏机制强调的是“做什么”和“怎么做”。合拍游戏机制通常具有固定的节奏和预设的操作序列，玩家的自由度较低，而模仿机制则可能允许玩家在一定程度上自由发挥。例如，在舞蹈游戏中，玩家可以在保证基本动作一致的前提下，加入一些自己的风格和创意。

表现形式

玩家需要模仿的对象可以是系统预设的一段动作序列，如音乐游戏中的节奏序列、舞蹈游戏中的舞步等；也可以是游戏中NPC的行为模式，如潜行游戏中的守卫巡逻路线、模拟游戏中的角色日常行为等；还可以是其他玩家的动作，如多人游戏中的竞技模仿或合作模仿等。例如，在2008年的《节奏天国》（*Rhythm Heaven*）中，玩家需要模仿游戏中角色的动作和节奏来进行游戏。

玩家可以通过按键、滑动屏幕、体感操作等多种方式来进行模仿。一些游戏还引入了特殊的设备，如跳舞毯、吉他控制器等，来增强模仿的沉浸感和真实感。例如，在2009年的《舞力全开》（*Just Dance*）中，玩家需要使用体感设备来模仿屏幕上舞者的动作；在2019年的《健身环大冒险》（*Ring Fit Adventure*）中，玩家需要使用健身环和腿部固定带进行各种动作，模仿游戏角色的动作来攻击敌人或进行锻炼。

游戏通常会根据玩家模仿的准确度、时机和完整性来给出反馈和评分。一些游戏会对玩家的模仿进行实时判定，并给出即时的反馈。例如，在音乐游戏中，玩家需要在正确的时机按下按键才能获得分数。另一些游戏则会对玩家的整体表现进行综合评价，如在舞蹈游戏中，系统会根据玩家动作的准确度和流畅度给出最终评分。在1978年的*Simon Says*游戏中，系统会给出一系列声音和灯光提示，玩家需要按照相同的顺序按下对应的按钮，如果玩家出错或超时，则游戏结束。

案例

1977年的*Simon Says*是最早的电子记忆玩具之一，也被认为是模仿机制的雏形。在游戏中，设备会依次点亮不同颜色的按钮并发出对应的声音，玩家需要按照相同的顺序按下按钮。

2008年的《节奏天国》（*Rhythm Heaven*）系列将模仿机制与音乐节奏相结合，以其独特的热烈氛围、魔性的音乐和富有挑战性的模仿玩法而广受好评。该系列包含许多不同的小游戏，每个小游戏都要求玩家根据音乐的节奏和提示，模仿游戏中角色的动作或进行特定的操作。例如，在一个游戏中，玩家需要模仿一个机器人乐队的动作，并在正确的时机按下按键；在另一个游戏中，玩家需要模仿一个拳击手的动作，根据对手的出拳节奏进行闪避和反击。

2009年的《舞力全开》（*Just Dance*）系列将模仿机制与全身动作相结合，创造了一种全新的舞蹈游戏体验。玩家需要站在摄像头前，模仿屏幕上的舞者的动作来进行游戏。游戏通过捕捉玩家的动作，并将其与标准动作进行比对，给出评分。它以动感的音乐、炫酷的舞步和易于上手的操作，迅速风靡全球，成为一款老少咸宜的体感游戏。

2019年的《健身环大冒险》（*Ring Fit Adventure*）将模仿机制与健身锻炼相结合，创造了一种寓教于乐的游戏体验。玩家需要使用健身环和腿部固定带来进行各种动作，例如跑步、深蹲、抬腿等，来控制游戏角色的行动和攻击。游戏通过精确的动作捕捉和丰富的关卡设计，让玩家在模仿游戏角色动作的同时，能够达到锻炼身体的目的。

2018年的*SpyParty*是一款非对称对抗游戏，其中一方扮演间谍，另一方扮演狙击手。间谍玩家需要在AI控制的NPC人群中行动，并完成一系列任务，如窃取情报、交换物品等。为了避免被狙击手发现，间谍玩家需要仔细观察NPC的行为模式，并尽可能模仿他们的动作，如走路的姿势、交谈的方式等。*SpyParty*将模仿机制与心理博弈相结合，创造了一种独特的潜行和欺骗体验。

100. 遗产（Legacy）

遗产游戏机制，也常被称为传承机制，指的是在一次游戏结束之后，玩家在游戏中的行为、选择、结果或创造的内容，会被系统记录并保留下来，进而在后续的游戏进程中，对玩家自身或其他玩家的游戏体验产生持续性影响。

遗产游戏机制的核心在于“延续”与“影响”：玩家在游戏中的行为不再局限于当前的游戏阶段，而是像“遗产”一样被继承下来，使未来的游戏进程被改变，甚至跨越单次游戏的界限，影响到其他玩家的游戏世界。这种机制打破了传统游戏的线性模式，为游戏体验增添了更多的可能性、动态性和不可预测性，也为游戏设计者提供了构建更具长线运营潜力和更丰富叙事手段的工具。

表现形式

“遗产”的载体多种多样，可以是玩家建造的建筑、留下的信息、创造的角色、培养的物品，甚至是游戏世界的规则或状态。在2019年的《死亡搁浅》（*Death Stranding*）中，玩家建造的桥梁、道路、安全屋等设施，可以被其他玩家使用。在一些角色扮演游戏中，玩家通关后可以选择将部分角色能力或物品继承到新的游戏周目中，如《黑暗之魂》系列中的多周目继承系统。

“遗产”的影响范围可以是局部，也可以是全局；可以针对玩家自身，也可以影响其他玩家。在《尼尔：机械纪元》（*NieR:Automata*）的终局中，玩家可以化作“义体”，帮助其他玩家完成通关挑战。大部分游戏则将遗产的影响范围局限在玩家自身的游戏进程中，例如，玩家在一个周目中做出的选择，可能会影响到后续周目中的剧情发展或可选任务。在《哈迪斯》（*Hades*）中，每次主角死亡后，玩家可以用获得的资源解锁新的能力或道具，这些提升会被继承到下一次挑战中，帮助玩家走得更远。在另一些游戏中，遗产的影响范围可以扩展到其他玩家的游戏世界，例如，一个玩家的行为可能会改变另一个玩家的游戏环境或触发特殊事件。

游戏设计通常把“遗产”的作用设置为被动，它们静静地存在于游戏世界中，等待被玩家发现和利用，如《死亡搁浅》（*Death Stranding*）中其他玩家留下的物资或建造的设施。“魂”系列游戏中的“血迹”和“留言”系统，可以看到其他玩家死亡的地点和死因，也可以留下信息提示或警告其他玩家。另一些“遗产”的作用则是主动的，它们会主动参与游戏进程。例如，一些游戏中的“影子系统”会根据玩家的行为模式生成AI控制的“影子”，并在其他玩家的游戏中作为敌人或盟友出现。

案例

在2008年的《孢子》（*Spore*）中，玩家可以创造自己的生物，并将其上传到服务器，这些生物可能会出现在其他玩家的游戏中，成为游戏世界的一部分。

2012年的《龙之信条》（*Dragon's Dogma*）中的“主追随者（Main Pawn）”系统，玩家可以自定义一个“主追随者”并将其上传到服务器，其他玩家可以雇用这些“主追随者”来协助自己进行游戏。这些“主追随者”会学习玩家的行为模式，并在其他玩家的游戏中展现出来。

2013年的《盗贼遗产》（*Rogue Legacy*）将重生机制与Roguelite的代际传承相结合。玩家角色死亡是永久性的，但玩家会扮演其下一代继承人继续探索随机生成的地牢。每一代继承人拥有独特的（通常带有正面和负面效果的）遗传特质。上一代角色获得的金币可以用于解锁庄园内的永久性升级，这些升级会增强所有后续继承人的基础能力，使得“重生”不再是简单地从检查点开始，而是带有积累和发展的策略性延续。

2017年的《尼尔：机械纪元》（*NieR:Automata*）则将遗产机制与游戏叙事相结合，创造了一种独特的、令人深思的游戏体验。在游戏中，玩家扮演的人造人士兵2B、9S等在与机械生物的战斗中不断死亡和重启。玩家死亡后，可以选择回收自己的“义体”（尸体），从而获得之前身上的芯片（类似装备或技能）。更重要的是，当玩家连接到网络时，可以看到其他玩家的“义体”，并可以选择回收或祈祷。回收可以获得一定的奖励，而祈祷则可以为其他玩家提供帮助。在游戏的最终结局中，玩家可以选择牺牲自己的存档，化作“义体”去帮助其他正在挑战最终关卡的玩家。这种设计将遗产机制提升到了一个新的高度，它不仅是一种游戏机制，更是一种情感联结和精神传承，引发了玩家对生命、死亡、奉献等主题的思考。

2019年的《死亡搁浅》（*Death Stranding*）的核心玩法是扮演山姆·布里吉斯在末日的美国运送货物，重建人与人之间的连接。这款游戏最大的特色在于其独特的“异步多人”模式，玩家虽然身处各自的单人游戏世界中，但彼此的行为却可以通过遗产机制相互影响。例如，玩家可以建造桥梁、道路、安全屋、储物箱等设施，这些设施会被上传到服务器，并随机出现在其他玩家的游戏世界中，为其他玩家提供便利。同样，玩家也可以使用其他玩家留下的设施，并为之“点赞”。这种遗产机制打破了单机游戏的界限，将所有玩家连接在一起，共同构建一个互帮互助的游戏世界。此外，玩家还可以在游戏中留下各种标记、提示或警告，这些信息也可以被其他玩家看到。这种遗产不仅体现在物质层面，也体现在精神层面。玩家通过互相帮助、分享经验，共同克服游戏中的困难，建立起一种独特的社群感和情感联结。

许多生存建造类游戏，如《腐蚀》（*Rust*）、《方舟：生存进化》（*ARK: Survival Evolved*）等，都允许玩家在服务器上建造基地、留下痕迹，这些痕迹会对后续进入服务器的玩家产生影响，甚至引发玩家之间的冲突或合作。

写在最后

当您翻到这一页时，关于100个电子游戏机制的探索之旅即将到达终点。我们从“什么是游戏机制”这个本源问题出发，追溯其历史，辨析其特性，最终将100个塑造精彩虚拟世界的游戏机制，分门别类地呈现在您面前。希望这段旅程能让您更深刻地体会到，游戏机制不仅是冰冷的规则，更是游戏设计者用以创造乐趣、引导情感、讲述故事的核心语言。

单个机制的解析仅仅是起点。游戏设计的真正魔力，在于机制与机制之间的融合与共鸣。一个简单的“平台跳跃”机制，与“永久死亡”结合，便诞生了需要极致技巧的硬核挑战；与“画面捕捉”结合，则可能创造出全新的解谜维度。您在本书中所见的每一个机制，都是一个可以被拆解、重组并与其他工具进行交叉反应的“零件”。创造力的火花，往往就迸发于这些意想不到的组合之间。正如MDA框架中提到的，游戏机制在玩家的参与下，会产生一系列的系统行为，即动态（Dynamics），动态最终会唤起玩家的情感反应和体验，这便是美学（Aesthetics），如挑战、探索、叙事、社交等乐趣 。因此，设计师通过构建“机制”，间接地塑造了玩家的“美学体验”。

放眼未来，随着人工智能、虚拟现实、云游戏等技术的不断演进，我们有理由相信，更多颠覆性的游戏机制正在孕育之中。AI驱动的、能与玩家实时共创的叙事机制将是何种模样？完全沉浸式的VR环境，又将如何重新定义我们对“空间”和“交互”的理解？这些问题的答案，都将由新一代的游戏设计者们用全新的机制来书写。

本书作为一个“机制工具箱”，其使命并非提供标准答案，而是希望能够激发您的设计思维。对于初学者，愿它能为您搭建起坚实的知识框架；对于资深者，愿它能成为您在灵感枯竭时可以随时翻阅的创意源泉。

游戏的世界，始终在等待着下一个伟大的、能够为玩家们带来全新激动的机制，而创造或发现它的那个人，也许就是正在阅读本书的您。

附录

本附录列出了本书中所使用的案例游戏信息。注意：带有*符号的游戏名，代表此中文名为简体中文区的非官方译名，录入规则为最常见或最常用的名称。

游戏列表

游戏中文名	游戏外文名	发行平台	开发方	发行方	首发地区	发行年份
A						
Apex 英雄	*Apex Legends*	PC, PS4, Xbox One, Switch	Respawn Entertainment	Electronic Arts	全球	2019
阿尔芭与野生动物的故事	*Alba: A Wildlife Adventure*	PC, macOS, Mobile	Ustwo Games	Ustwo Games		2020
阿卡拉贝：末日世界*	*Akalabeth: World of Doom*	Apple Ⅱ	Richard Garriott	California Pacific Computer Co.	美国	1979
艾迪芬奇的记忆	*What Remains of Edith Finch*	PC, PS4, Xbox One	Giant Sparrow	Annapurna Interactive	全球	2017
艾尔登法环	*Elden Ring*	Multi-Platform	FromSoftware	Bandai Namco Entertainment, FromSoftware	全球	2022
艾玛和泰迪熊：影子历险记	*Tandem: A Tale of Shadows*	PC, PS4, Xbox One, Switch	Monochrome	Hatınh Interactive	全球	2021
安魂曲：复仇天使*	*Requiem: Avenging Angel*	PC	Cyclone Studios	3DO	北美	1999
B						
巴巴是你*	*Baba Is You*	PC, Switch	Hempuli Oy	Hempuli Oy	全球	2019
巴别塔圣歌	*Chants of Sennaar*	PC, Switch	Rundisc	Focus Entertainment	全球	2023
霸王*	*Overlord*	PC, Xbox 360, PS3	Triumph Studios	Codemasters	欧洲	2007
百战天虫*	*Worms*	Amiga, PC	Team17	Team17	欧洲	1995
百战小旅鼠*	*Lemmings*	Amiga, PC	DMA Design	Psygnosis	欧洲	1991

续表

游戏中文名	游戏外文名	发行平台	开发方	发行方	首发地区	发行年份
班卓熊大冒险*	*Banjo-Kazooie*	N64	Rare	Nintendo	美国	1998
半条命	*Half-Life*	PC	Valve	Sierra Studios	美国	1998
半条命2	*Half-Life 2*	PC	Valve	Valve	全球	2004
宝可梦	*Pokémon Red / Blue*	Game Boy	Game Freak	Nintendo	日本	1996
宝可梦随乐拍	*Pokémon Snap*	N64	HAL Laboratory	Nintendo	日本	1999
保持通话就没人爆炸*	*Keep Talking and Nobody Explodes*	PC, macOS, Linux, PS4, Switch	Steel Crate Games	Steel Crate Games	全球	2015
堡垒之夜	*Fortnite*	PC, PS4, Xbox One, Switch	Epic Games	Epic Games	全球	2017
北境之地	*Northgard*	PC	Shiro Games	Shiro Games	全球	2018
北野武的挑战状	*Takeshi no Chōsenjō*	Famicom	Taito	Taito	日本	1986
背包英雄	*Backpack Hero*	PC	Jaspel	Jaspel, Different Tales	全球	2024
蝙蝠侠：阿卡姆之城	*Batman: Arkham City*	PS3, Xbox 360, PC	Rocksteady Studios	Warner Bros. Interactive Entertainment	北美	2011
波斯王子：时之砂	*Prince of Persia: The Sands of Time*	PC, PS2, Xbox, GBA	Ubisoft Montreal	Ubisoft	美国	2003
博德之门	*Baldur's Gate*	PC	BioWare	Interplay Entertainment	北美	1998
博德之门3	*Baldur's Gate 3*	PC, PS5, Xbox Series X/S	Larian Studios	Larian Studios	全球	2023
布林克斯：时空飞梭*	*Blinx: The Time Sweeper*	Xbox	Artoon	Microsoft Game Studios	北美	2002
C						
彩虹六号：围攻	*Tom Clancy's Rainbow Six Siege*	PC, PS4, Xbox One	Ubisoft Montreal	Ubisoft	全球	2015
茶杯头	*Cuphead*	PC, Xbox One	Studio MDHR	Studio MDHR	全球	2017
超级房车赛：起点*	*Race Driver: GRID*	PC, PS3, Xbox 360	Codemasters	Codemasters	欧洲	2008
超级马力欧64	*Super Mario 64*	N64	Nintendo EAD	Nintendo	日本	1996
超级马力欧 奥德赛	*Super Mario Odyssey*	Nintendo Switch	Nintendo EPD	Nintendo	全球	2017
超级马力欧赛车	*Super Mario Kart*	SNES	Nintendo EAD	Nintendo	日本	1992

续表

游戏中文名	游戏外文名	发行平台	开发方	发行方	首发地区	发行年份
超级马力欧兄弟	*Super Mario Bros.*	NES / Famicom	Nintendo R&D4	Nintendo	日本	1985
超级马力欧兄弟2	*Super Mario Bros. 2*	NES	Nintendo R&D4	Nintendo	北美	1988
超级马力欧兄弟3	*Super Mario Bros. 3*	NES / Famicom	Nintendo R&D4	Nintendo	日本	1988
超级马力欧制造	*Super Mario Maker*	Wii U	Nintendo EAD	Nintendo	全球	2015
超级食肉男孩*	*Super Meat Boy*	Xbox 360, PC	Team Meat	Team Meat	北美	2010
超级银河战士*	*Super Metroid*	SNES	Nintendo R&D1, Intelli-gent Systems	Nintendo	日本	1994
超级炸弹人	*Super Bomberman*	SNES	Hudson Soft	Hudson Soft	日本	1993
超阈限空间	*Superliminal*	PC	Pillow Castle	Pillow Castle	全球	2019
吃豆人冠军版DX*	*Pac-Man Championship Edition DX*	Xbox 360, PS3, PC, Mobile	Namco Bandai Games	Namco Bandai Games	全球	2010
耻辱	*Dishonored*	PC, PS3, Xbox 360	Arkane Studios	Bethesda Soft-works	北美	2012
传说之下	*Undertale*	PC	tobyfox	tobyfox	全球	2015
传送门	*Portal*	PC, Xbox 360	Valve	Valve	全球	2007
传送门2	*Portal 2*	PC, PS3, Xbox 360	Valve	Valve	全球	2011
创*	*Tron*	Arcade	Midway	Bally Midway	美国	1982
创世纪	*Ultima I: The First Age of Darkness*	Apple Ⅱ	Richard Garri-ott	California Pacific Computer	美国	1981
刺客信条	*Assassin's Creed*	PS3, Xbox 360	Ubisoft Mon-treal	Ubisoft	北美	2007
刺客信条：奥德赛	*Assassin's Creed Odys-sey*	PC, PS4, Xbox One	Ubisoft Quebec	Ubisoft	全球	2018
刺猬索尼克	*Sonic the Hedgehog*	Sega Genesis / Mega Drive	Sonic Team	Sega	北美	1991
刺猬索尼克2	*Sonic the Hedgehog 2*	Sega Genesis / Mega Drive	Sonic Team, Sega Technical Institute	Sega	北美	1992
D						
DiRT 2	*Colin McRae: DiRT 2*	PC, PS3, Xbox 360	Codemasters	Codemasters	欧洲	2009

续表

游戏中文名	游戏外文名	发行平台	开发方	发行方	首发地区	发行年份
大航海时代Ⅱ	*Uncharted Waters II: New Horizons*	PC-9801	Koei	Koei	日本	1993
大金刚	*Donkey Kong*	Arcade	Nintendo	Nintendo	日本	1981
戴森球计划	*Dyson Sphere Program*	PC	Youthcat Studio	Gamera Game	全球	2021
刀塔 2	*DOTA 2*	PC	Valve	Valve	全球	2013
盗贼遗产	*Rogue Legacy*	PC	Cellar Door Games	Cellar Door Games	全球	2013
盗贼之海	*Sea of Thieves*	Xbox One, PC	Rare	Microsoft Studios	全球	2018
德军总部*	*Castle Wolfenstein*	Apple Ⅱ	Muse Software	Muse Software	美国	1981
德军总部3D	*Wolfenstein 3D*	PC	id Software	Apogee Software	美国	1992
地狱边境	*Limbo*	Xbox 360 (XBLA)	Playdead	Playdead	全球	2010
的黎波里*	*Tripoli*	PET	The Personal Software Co	The Personal Software Co	美国	1978
帝国时代Ⅱ：征服者	*Age of Empires II: The Conquerors*	PC	Ensemble Studios	Microsoft	美国	2000
第二人生*	*Second Life*	PC	Linden Lab	Linden Lab	全球	2003
动物森友会	*Animal Crossing*	N64, GameCube	Nintendo EAD	Nintendo	日本	2001
洞窟探险	*Spelunky*	PC, Xbox 360	Mossmouth	Mossmouth	全球	2008
对马岛之魂	*Ghost of Tsushima*	PS4	Sucker Punch Productions	Sony Interactive Entertainment	全球	2020
对照物	*Contrast*	PC, PS3, PS4, Xbox 360	Compulsion Games	Focus Home Interactive	全球	2013
盾墙	*Shieldwall*	PC	Nervo Game Studios	Nervo Game Studios	全球	2020
多多自走棋	*Auto Chess*	Mobile, PC	Drodo Studio	Dragonest Game	全球	2019
躲避球*	*Dodgeball*	Arcade	Technōs Japan	Technōs Japan	日本	1987
E						
*Elite**	*Elite*	BBC Micro, Acorn Electron	David Braben, Ian Bell	Acornsoft	英国	1984
EVE Online	*EVE Online*	PC	CCP Games	CCP Games, Simon & Schuster	全球	2003
俄罗斯方块	*Tetris*	Elektronika 60	Alexey Pajitnov	Alexey Pajitnov	苏联	1984
恶灵都市*	*Omikron: The Nomad Soul*	PC	Quantic Dream	Eidos Interactive	欧洲	1999

续表

游戏中文名	游戏外文名	发行平台	开发方	发行方	首发地区	发行年份
恶魔城	*Castlevania*	FDS, NES	Konami	Konami	日本	1986
恶魔之魂	*Demon's Souls*	PS3	FromSoftware	Sony Computer Entertainment	日本	2009
饿狼传说	*Fatal Fury: King of Fighters*	Neo Geo	SNK	SNK	日本	1991
F						
F-Zero	*F-Zero*	SNES	Nintendo EAD	Nintendo	日本	1990
反恐精英	*Counter-Strike*	PC	Valve (Minh Le, Jess Cliffe)	Sierra Studios, Valve	美国	2000
反恐精英：全球攻势	*Counter-Strike: Global Offensive*	PC, PS3, Xbox 360	Valve, Hidden Path Entertainment	Valve	全球	2012
反重力赛车*	*WipEout*	PlayStation	Psygnosis	Psygnosis	欧洲	1995
方舟：生存进化	*ARK: Survival Evolved*	PC, PS4, Xbox One	Studio Wildcard, Instinct Games	Studio Wildcard	全球	2017
防御*	*Defend*	Commodore VIC-20				1982
疯狂机器	*Crazy Machines*	PC	FAKT Software	FAKT Software	德国	2004
废土*	*Wasteland*	Apple Ⅱ, PC	Interplay Productions	Electronic Arts	美国	1988
废土2	*Wasteland 2*	PC	inXile Entertainment	inXile Entertainment	全球	2014
废土3	*Wasteland 3*	PC, PS4, Xbox One	inXile Entertainment	Deep Silver	全球	2020
风之旅人	*Journey*	PS3	Thatgamecompany	Sony Computer Entertainment	全球	2012
疯狂出租车*	*Crazy Taxi*	Arcade	Hitmaker	Sega	日本	1999
疯狂大楼*	*Maniac Mansion*	Commodore 64, Apple Ⅱ	Lucasfilm Games	Lucasfilm Games	美国	1987
疯狂弹球*	*Marble Madness*	Arcade	Atari Games	Atari Games	美国	1984
疯狂的麦克斯	*Mad Max*	PC, PS4, Xbox One	Avalanche Studios	Warner Bros. Interactive Entertainment	全球	2015
疯狂机器	*Crazy Machines*	PC	FAKT Software	FAKT Software	德国	2004
疯狂时代*	*Day of the Tentacle*	PC	LucasArts	LucasArts	美国	1993

续表

游戏中文名	游戏外文名	发行平台	开发方	发行方	首发地区	发行年份
辐射*	*Fallout*	PC	Interplay Productions	Interplay Productions	北美	1997
辐射：新维加斯	*Fallout: New Vegas*	PC, PS3, Xbox 360	Obsidian Entertainment	Bethesda Softworks	全球	2010
辐射4	*Fallout 4*	PC, PS4, Xbox One	Bethesda Game Studios	Bethesda Softworks	全球	2015
辐射谷*	*Fallout Shelter*	iOS	Bethesda Game Studios	Bethesda Softworks	全球	2015
腐蚀	*Rust*	PC	Facepunch Studios	Facepunch Studios	全球	2018
G						
GT赛车	*Gran Turismo*	PlayStation	Polyphony Digital	Sony Computer Entertainment	日本	1997
Gun.Smoke	*Gun.Smoke*	Arcade	Capcom	Capcom	日本	1985
盖瑞模组*	*Garry's Mod*	PC, macOS, Linux	Facepunch Studios	Valve	全球	2006
割绳子*	*Cut the Rope*	Mobile	ZeptoLab	Electronic Arts	全球	2010
古堡迷踪	*Ico*	PS2	Team Ico, SIE Japan Studio	Sony Computer Entertainment	日本	2001
古墓丽影	*Tomb Raider*	Sega Saturn, PS, PC	Core Design	Eidos Interactive	欧洲	1996
古墓丽影：崛起	*Rise of the Tomb Raider*	Xbox One, Xbox 360	Crystal Dynamics	Microsoft Studios, Square Enix	全球	2015
怪物火车	*Monster Train*	PC	Shiny Shoe	Good Shepherd Entertainment	全球	2020
怪物猎人	*Monster Hunter*	PS2	Capcom Production Studio 1	Capcom	日本	2004
关闭*	*Closure*	PC, PS3	Eyebrow Interactive	Eyebrow Interactive	全球	2012
光环：战斗进化	*Halo: Combat Evolved*	Xbox	Bungie	Microsoft Game Studios	北美	2001
光之子	*Child of Light*	Multi-Platform	Ubisoft Montreal	Ubisoft	全球	2014
鬼泣	*Devil May Cry*	PS2	Capcom Production Studio 4	Capcom	日本	2001
国王密使*	*King's Quest I: Quest for the Crown*	IBM PCjr	Sierra On-Line	Sierra On-Line	美国	1984

续表

游戏中文名	游戏外文名	发行平台	开发方	发行方	首发地区	发行年份
花园银河	*Garden Galaxy*	PC	Finifugu Games	Finifugu Games	全球	2023
花园之间	*The Gardens Between*	PC, PS4, Switch	The Voxel Agents	The Voxel Agents	全球	2018
画中世界	*Gorogoa*	iOS, PC	Jason Roberts, Buried Signal	Annapurna Interactive	全球	2017
H						
哈迪斯	*Hades*	PC, Switch	Supergiant Games	Supergiant Games	全球	2020
海之号角	*Oceanhorn: Monster of Uncharted Seas*	iOS	Cornfox & Bros.	FDG Entertainment	全球	2013
合金装备*	*Metal Gear Solid*	PlayStation	Konami Computer Entertainment Japan	Konami	日本	1998
合金装备2：自由之子*	*Metal Gear Solid 2: Sons of Liberty*	PS2	Konami Computer Entertainment Japan	Konami	日本	2001
黑暗之魂	*Dark Souls*	PS3, Xbox 360	FromSoftware	Namco Bandai Games, FromSoftware	日本	2011
黑道圣徒	*Saints Row*	Xbox 360	Volition	THQ	北美	2006
黑神话：悟空	*Black Myth: Wukong*	PC, PS5, Xbox Series X/S	Game Science	Game Science	全球	2024
横扫千军*	*Total Annihilation*	PC	Cavedog Entertainment	GT Interactive	北美	1997
红色派系：游击战	*Red Faction: Guerrilla*	PC, PS3, Xbox 360	Volition	THQ	全球	2009
红侠乔伊*	*Viewtiful Joe*	GameCube	Capcom Production Studio 4	Capcom	日本	2003
胡闹厨房	*Overcooked*	PC, PS4, Xbox One	Ghost Town Games	Team17	全球	2016
花	*Flower*	PS3, PS4, PS Vita, PC, iOS	Thatgamecompany	Annapurna Interactive	北美	2009
滑雪*	*Slalom*	NES	Rare	Nintendo	北美	1986
环绕走廊*	*Antichamber*	PC, macOS, Linux	Alexander Bruce	Demruth	全球	2013

续表

游戏中文名	游戏外文名	发行平台	开发方	发行方	首发地区	发行年份
荒野大镖客：救赎2	*Red Dead Redemption 2*	PS4, Xbox One	Rockstar Studios	Rockstar Games	全球	2018
皇室战争	*Clash Royale*	iOS, Android	Supercell	Supercell	全球	2016
混乱 Online*	*Anarchy Online*	PC	Funcom	Funcom	全球	2001
火爆狂飙*	*Burnout*	PS2, Xbox, GameCube	Criterion Games	Acclaim Entertainment	欧洲	2001
火焰之纹章	*Fire Emblem: Shadow Dragon and the Blade of Light*	Famicom	Intelligent Systems, Nintendo R&D1	Nintendo	日本	1990
火焰之纹章：风花雪月	*Fire Emblem: Three Houses*	Nintendo Switch	Intelligent Systems, Koei Tecmo	Nintendo	全球	2019
J						
机器人殖民地	*Autonauts*	PC, Switch, PS4, PS5, Xbox	Denki	Curve Digital	全球	2019
极度恐慌	*F.E.A.R.*	PC	Monolith Productions	Vivendi Universal Games	北美	2005
极乐迪斯科	*Disco Elysium*	PC	ZA/UM	ZA/UM	全球	2019
极品飞车	*The Need for Speed*	3DO	Pioneer Productions	Electronic Arts	美国	1994
集合啦！动物森友会	*Animal Crossing: New Horizons*	Nintendo Switch	Nintendo EPD	Nintendo	全球	2020
纪念碑谷	*Monument Valley*	iOS, Android	Ustwo Games	Ustwo Games	全球	2014
纪元1404	*Anno 1404*	PC	Ubisoft Mainz	Ubisoft	全球	2009
间谍对间谍*	*Spy vs. Spy*	Atari 8-bit, Commodore 64, Apple Ⅱ	First Star Software	First Star Software	美国	1984
见证者	*The Witness*	PC, PS4	Thekla, Inc.	Thekla, Inc.	全球	2016
剑与远征	*AFK Arena*	iOS, Android	Lilith Games	Lilith Games	全球	2019
健身环大冒险	*Ring Fit Adventure*	Nintendo Switch	Nintendo EPD	Nintendo	全球	2019
交易者*	*The Swapper*	PC	Facepalm Games	Facepalm Games	全球	2013
街头霸王	*Street Fighter*	街机，PC, 多主机平台	Capcom	Capcom	日本	1987
节奏天国	リズム天国	GBA,Arcade	J.P.Room Recordings	Nintendo	日本	2006

续表

游戏中文名	游戏外文名	发行平台	开发方	发行方	首发地区	发行年份
紧急起飞*	*Scramble*	Arcade	Konami	Konami	日本	1981
进化	*Evolve*	PC, PS4, Xbox One	Turtle Rock Studios	2K Games	全球	2015
劲乐团	*O2Jam*	PC	O2Jam Company	O2Jam Company	韩国	2003
劲舞革命*	*Dance Dance Revolution*	Arcade	Konami	Konami	日本	1998
劲舞团	*Audition Online*	PC	T3 Entertainment	Hanbitsoft, Yedang Online	韩国	2004
巨洞冒险*	*Colossal Cave Adventure*	PDP-10	William Crowther, Don Woods		美国	1976
绝地求生	*PUBG: Battlegrounds*	PC	PUBG Studios	Krafton	全球	2017
K						
KARDS	*KARDS - The WWII Card Game*	PC	1939 Games	1939 Games	全球	2020
凯瑟琳	*Catherine*	PS3, Xbox 360	Atlus	Atlus	日本	2011
坎巴拉太空计划	*Kerbal Space Program*	PC	Squad	Squad	全球	2015
空洞骑士	*Hollow Knight*	PC, Switch, PS4, Xbox One	Team Cherry	Team Cherry	全球	2017
空手道	*Karateka*	Apple Ⅱ, Atari 8-bit, PC, FC, Game Boy	Jordan Mechner	Brøderbund	美国	1984
控制	*Control*	PC, PS4, Xbox One	Remedy Entertainment	505 Games	全球	2019
狂热火车*	*Train Fever*	PC	Urban Games	Gambitious Digital Entertainment	全球	2014
狂飙：旧金山*	*Driver: San Francisco*	PS3, Xbox 360, Wii, PC, macOS	Ubisoft Reflections	Ubisoft	澳大利亚	2011
昆特牌：巫师卡牌游戏	*Gwent: The Witcher Card Game*	PC, PS4, Xbox One	CD Projekt Red	CD Projekt	全球	2018
L						
007 黄金眼*	*GoldenEye 007*	N64	Rare	Nintendo	北美	1997
INSIDE	*Inside*	Xbox One, PC	Playdead	Playdead	全球	2016

续表

游戏中文名	游戏外文名	发行平台	开发方	发行方	首发地区	发行年份
黎明杀机	*Dead by Daylight*	PC	Behaviour Interactive	Starbreeze Studios, Behaviour Interactive	全球	2016
量子谜题	*Quantum Conundrum*	PC, PS3, Xbox 360	Airtight Games	Square Enix	全球	2012
量子破碎	*Quantum Break*	Xbox One, PC	Remedy Entertainment	Microsoft Studios	全球	2016
零 ～zero～*	*Fatal Frame / Project Zero*	PS2	Tecmo	Tecmo	日本	2001
领土*	*Dominion*	Tabletop	Donald X. Vaccarino	Rio Grande Games	美国	2008
流放之路	*Path of Exile*	PC	Grinding Gear Games	Grinding Gear Games	全球	2013
龙穴历险记*	*Dragon's Lair*	Arcade	Starcom	Cinematronics	美国	1983
龙与地下城	*Dungeons & Dragons*	Tabletop	Gary Gygax, Dave Arneson	TSR, Wizards of the Coast	美国	1974
龙之信条	*Dragon's Dogma*	PS3, Xbox 360	Capcom	Capcom	全球	2012
炉石传说	*Hearthstone*	PC, Mobile	Blizzard Entertainment	Blizzard Entertainment	全球	2014
路易吉洋馆	*Luigi's Mansion*	GameCube	Nintendo EAD	Nintendo	北美	2001
路易吉洋馆2	*Luigi's Mansion: Dark Moon*	Nintendo 3DS	Next Level Games	Nintendo	全球	2013
路易吉洋馆3	*Luigi's Mansion 3*	Nintendo Switch	Next Level Games	Nintendo	全球	2019
罗布乐思	*Roblox*	PC, Mobile, Xbox	Roblox Corporation	Roblox Corporation	全球	2006
洛克人	*Mega Man*	NES / Famicom	Capcom	Capcom	日本	1987
洛克人2：威利博士之谜	*Mega Man 2*	NES / Famicom	Capcom	Capcom	日本	1988
洛克人X4	*Mega Man X4*	PlayStation, Sega Saturn	Capcom	Capcom	日本	1997
M						
M.U.L.E.	*M.U.L.E.*	Atari 8-bit, Commodore 64	Ozark Softscape	Electronic Arts	美国	1983
Merlin	*Merlin*	Electronic Game	Parker Brothers	Parker Brothers	美国	1978
漫漫长夜	*The Long Dark*	PC	Hinterland Studio	Hinterland Studio	全球	2017

续表

游戏中文名	游戏外文名	发行平台	开发方	发行方	首发地区	发行年份
漫威蜘蛛侠	*Marvel's Spider-Man*	PS4	Insomniac Games	Sony Interactive Entertainment	全球	2018
猫咪斗恶龙	*Cat Quest*	PC, PS4, Switch	The Gentlebros	PQube	全球	2017
盟军敢死队	*Commandos: Behind Enemy Lines*	PC	Pyro Studios	Eidos Interactive	欧洲	1998
梦幻花园	*Gardenscapes*	Mobile, PC	Playrix	Playrix	全球	2016
梦幻西游	*Fantasy Westward Journey*	PC	NetEase	NetEase	中国	2003
迷宫骇客*	*Nethack*	PC	The NetHack DevTeam	The NetHack DevTeam	全球	1987
迷你地铁	*Mini Metro*	PC, Mobile	Dinosaur Polo Club	Dinosaur Polo Club	全球	2015
迷人的残酷	*The Sexy Brutale*	PC, PS4, Xbox One, Switch	Cavalier Game Studios, Tequila Works	Tequila Works	全球	2017
命令与征服*	*Command & Conquer*	PC	Westwood Studios	Virgin Interactive	全球	1995
命运石之门	*Steins;Gate*	Xbox 360	5pb., Nitroplus	5pb.	日本	2009
模拟城市	*SimCity*	PC, Amiga	Maxis	Maxis	美国	1989
模拟人生	*The Sims*	PC	Maxis	Electronic Arts	美国	2000
魔法门之英雄无敌*	*Heroes of Might and Magic: A Strategic Quest*	PC	New World Computing	New World Computing	美国	1995
魔界村	*Ghosts 'n Goblins*	Arcade	Capcom	Capcom	日本	1985
魔能	*Magicka*	PC	Arrowhead Game Studios	Paradox Interactive	全球	2011
魔兽世界	*World of Warcraft*	PC	Blizzard Entertainment	Blizzard Entertainment	全球	2004
魔兽争霸：兽人与人类	*Warcraft: Orcs & Humans*	PC	Blizzard Entertainment	Blizzard Entertainment	美国	1994
魔兽争霸Ⅱ	*Warcraft Ⅱ: Tides of Darkness*	PC	Blizzard Entertainment	Blizzard Entertainment	美国	1995
魔兽争霸Ⅲ：冰封王座	*Warcraft Ⅲ: The Frozen Throne*	PC	Blizzard Entertainment	Blizzard Entertainment	全球	2003
魔兽争霸Ⅲ：混乱之治	*Warcraft Ⅲ: Reign of Chaos*	PC	Blizzard Entertainment	Blizzard Entertainment	美国	2002

续表

游戏中文名	游戏外文名	发行平台	开发方	发行方	首发地区	发行年份
魔域*	*Zork I: The Great Underground Empire*	PDP-10, PC	Infocom	Infocom	美国	1980
N						
脑锻炼	*Brain Age: Train Your Brain in Minutes a Day!*	NDS	Nintendo SPD	Nintendo	日本	2005
尼尔：机械纪元	*NieR:Automata*	PS4, PC	PlatinumGames	Square Enix	全球	2017
逆转裁判	*Phoenix Wright: Ace Attorney*	GBA, DS, PC, Switch, PS4, 移动平台	Capcom	Capcom	日本	2001
虐杀原形	*Prototype*	PC, PS3, Xbox 360	Radical Entertainment	Activision	北美	2009
女巫	*Noita*	PC	Nolla Games	Nolla Games	全球	2020
O						
欧陆风云	*Europa Universalis*	PC	Paradox Interactive	Paradox Interactive	瑞典	2000
偶像大师	*The Idolmaster*	Arcade	Namco	Namco	日本	2005
P						
啪啦啪啦啪	*PaRappa the Rapper*	PlayStation	NanaOn-Sha	Sony Computer Entertainment	日本	1996
乓*	*Pong*	Arcade	Atari	Atari	美国	1972
喷射战士	*Splatoon*	Wii U	Nintendo EAD	Nintendo	全球	2015
皮克敏	*Pikmin*	GameCube	Nintendo EAD	Nintendo	日本	2001
Q						
Q伯特*	*Q*bert*	Arcade	Gottlieb	Gottlieb	美国	1982
欺诈之地	*Griftlands*	PC, PS4, Xbox One, Switch	Klei Entertainment	Klei Entertainment	全球	2021
奇普的挑战*	*Chip's Challenge*	Atari Lynx, PC	Epyx	Atari Corporation	北美	1989
奇异人生	*Life Is Strange*	Multi-Platform	Dontnod Entertainment	Square Enix	全球	2015
骑马与砍杀	*Mount & Blade*	PC	TaleWorlds Entertainment	Paradox Interactive	全球	2008
枪火游侠	*Paladins*	PC, PS4, Xbox One, Switch	Evil Mojo Games	Hi-Rez Studios	全球	2018

续表

游戏中文名	游戏外文名	发行平台	开发方	发行方	首发地区	发行年份
请出示文件	*Papers, Please*	PC,macOS,Linux,-Mobile	Lucas Pope	3909 LLC	北美	2013
求生之路	*Left 4 Dead*	PC, Xbox 360	Turtle Rock Studios (Valve South)	Valve	全球	2008
求生之路2	*Left 4 Dead 2*	PC, Xbox 360	Valve	Valve	全球	2009
拳皇'94	*The King of Fighters '94*	Neo Geo	SNK	SNK	日本	1994
权力平衡*	*Balance of Power*	Mac	Chris Crawford	Mindscape	美国	1985
R						
Rebelstar	*Rebelstar*	ZX Spectrum, Amstrad CPC	Julian Gollop	Firebird	英国	1986
Rime	*Rime*	PC, PS4, Xbox One, Switch	Tequila Works	Grey Box	全球	2017
Rogue	*Rogue*	PDP-11	Michael Toy, Glenn Wichman		美国	1980
热血物语*	*River City Ransom*	NES	Techn ō s Japan	Techn ō s Japan	日本	1989
人间地狱	*Hell Let Loose*	PC, PS5, Xbox Series X/S	Black Matter	Team17	全球	2021
人类一败涂地	*Human Fall Flat*	PC, Mobile,PS4,Switch	No Brakes Games	Curve Digital	全球	2016
仁王	*Nioh*	PS4, PC	Team Ninja	Koei Tecmo, Sony Interactive Entertainment	全球	2017
忍者龙剑传3：刀锋边缘	*Ninja Gaiden 3: Razor's Edge*	Wii U	Team Ninja	Nintendo	北美	2012
任天狗狗	*Nintendogs*	NDS	Nintendo EAD	Nintendo	日本	2005
如龙	*Yakuza*	PS2	Amusement Vision	Sega	日本	2005
S						
3D 怪物迷宫	*3D Monster Maze*	Sinclair ZX81	J. K. Greye Software	J. K. Greye Software	英国	1982
SpyParty	*SpyParty*	PC	Chris Hecker		全球	2018
Styx: Master of Shadows	*Styx: Master of Shadows*	PC, PS4, Xbox One	Cyanide	Focus Home Interactive	全球	2014

续表

游戏中文名	游戏外文名	发行平台	开发方	发行方	首发地区	发行年份
塞尔达传说	*The Legend of Zelda*	FDS, NES	Nintendo R&D4	Nintendo	日本	1986
塞尔达传说：幻影沙漏	*The Legend of Zelda: Phantom Hourglass*	NDS	Nintendo EAD	Nintendo	全球	2007
塞尔达传说：荒野之息	*The Legend of Zelda: Breath of the Wild*	Nintendo Switch, Wii U	Nintendo EPD	Nintendo	全球	2017
塞尔达传说：黄昏公主	*The Legend of Zelda: Twilight Princess*	GameCube, Wii	Nintendo EAD	Nintendo	北美	2006
塞尔达传说：旷野之息	*The Legend of Zelda: Breath of the Wild*	Nintendo Switch, Wii U	Nintendo EPD	Nintendo	全球	2017
塞尔达传说：姆吉拉的假面	*The Legend of Zelda: Majora's Mask*	N64	Nintendo EAD	Nintendo	日本	2000
塞尔达传说：时之笛	*The Legend of Zelda: Ocarina of Time*	N64	Nintendo EAD	Nintendo	日本	1998
塞尔达传说：织梦岛	*The Legend of Zelda: Link's Awakening*	Game Boy	Nintendo EAD	Nintendo	日本	1993
塞尔达传说：众神的三角力量 2	*The Legend of Zelda: A Link Between Worlds*	Nintendo 3DS	Nintendo EPD	Nintendo	全球	2013
塞勒姆小镇	*Town of Salem*	Browser, PC	BlankMediaG-ames	BlankMediaG-ames	全球	2014
三位一体	*Trine*	PC, macOS, Linux, PS3, PS4, Switch	Frozenbyte	Nobilis / Frozen-byte	欧洲	2009
沙丘Ⅱ*	*Dune Ⅱ: The Building of a Dynasty*	PC	Westwood Studios	Virgin Games	美国	1992
莎木	*Shenmue*	Dreamcast	Sega AM2	Sega	日本	1999
赏金奇兵	*Desperados*	PC	Spellbound Entertainment	Infogrames	欧洲	2001
神界：原罪 2	*Divinity: Original Sin Ⅱ*	PC	Larian Studios	Larian Studios	全球	2017
神秘岛	*Myst*	Mac, PC	Cyan	Brøderbund	美国	1993
神秘的村雨城*	*The Mysterious Mu-rasame Castle*	FDS	Nintendo EAD, Human Enter-tainment	Nintendo	日本	1986
神秘海域：德雷克的宝藏	*Uncharted: Drake's Fortune*	PS3	Naughty Dog	Sony Computer Entertainment	全球	2007

续表

游戏中文名	游戏外文名	发行平台	开发方	发行方	首发地区	发行年份
神偷*	*Thief*	PC	Looking Glass Studios	Eidos Interactive	美国	1998
神庙逃亡	*Temple Run*	iOS	Imangi Studios	Imangi Studios	全球	2011
神偷：暗黑计划*	*Thief: The Dark Project*	PC	Looking Glass Studios	Eidos Interactive	美国	1998
生化奇兵	*BioShock*	PC, Xbox 360	2K Boston, 2K Australia	2K Games	全球	2007
生化危机	*Resident Evil*	PlayStation	Capcom	Capcom	日本	1996
生化危机 4	*Resident Evil 4*	GameCube	Capcom Production Studio 4	Capcom	日本	2005
失落的维京人*	*The Lost Vikings*	SNES, Genesis, Amiga, GBA, PC	Silicon & Synapse	Interplay Productions	北美	1993
师傅	*Sifu*	PS4, PS5, PC	Sloclap	Sloclap	全球	2022
十三号星期五	*Friday the 13th: The Game*	PC, PS4, Xbox One	IllFonic	Gun Media	全球	2017
时间之谜 3：最终谜团	*Time Mysteries 3: The Final Enigma*	PC	Artifex Mundi	Artifex Mundi	全球	2012
时空幻境	*Braid*	Xbox 360 (XBLA)	Number None	Number None	全球	2008
时空之轮*	*Chrono Trigger*	SFC	Square	Square	日本	1995
使命召唤	*Call of Duty*	PC	Infinity Ward	Activision	北美	2003
使命召唤 4：现代战争	*Call of Duty 4: Modern Warfare*	PC, PS3, Xbox 360	Infinity Ward	Activision	全球	2007
世界英雄*	*World Heroes*	Neo Geo	ADK	SNK	日本	1992
侍魂	*Samurai Shodown*	Neo Geo	SNK	SNK	日本	1993
守望先锋	*Overwatch*	PC, PS4, Xbox One	Blizzard Entertainment	Blizzard Entertainment	全球	2016
双点医院	*Two Point Hospital*	PC, PS4, Xbox One, Switch	Two Point Studios	Sega	全球	2018
双截龙*	*Double Dragon*	Arcade	Techn ō s Japan	Techn ō s Japan, Taito	日本	1987
双人成行	*It Takes Two*	Multi-Platform	Hazelight Studios	Electronic Arts	全球	2021
双人网球*	*Tennis for Two*	Oscilloscope	William Higinbotham		美国	1958
撕纸小邮差	*Tearaway*	PS Vita	Media Molecule	Sony Computer Entertainment	全球	2013

续表

游戏中文名	游戏外文名	发行平台	开发方	发行方	首发地区	发行年份
死亡打字机	*The Typing of the Dead*	PC,PS2,Arcade	Smilebit	Sega	日本	1999
死亡岛 2	*Dead Island 2*	Multi-Platform	Dambuster Studios	Deep Silver	全球	2023
死亡搁浅	*Death Stranding*	PS4, PC	Kojima Productions	Sony Interactive Entertainment, 505 Games	全球	2019
死亡空间	*Dead Space*	PC, PS3, Xbox 360	EA Redwood Shores	Electronic Arts	全球	2008
死亡循环	*Deathloop*	PS5, PC	Arkane Studios	Bethesda Softworks	全球	2021
T						
TOEM: A Photo Adventure	*TOEM: A Photo Adventure*	PC,PS5,Switch	Something We Made	Something We Made	全球	2021
TUNIC	*Tunic*	Xbox, PC	Andrew Shouldice	Finji	全球	2022
塔罗斯的法则 *	*The Talos Principle*	PC	Croteam	Devolver Digital	全球	2014
太鼓达人	*Taiko no Tatsujin*	Arcade	Namco	Namco	日本	2001
太空侵略者 *	*Space Invaders*	Arcade	Taito	Taito	日本	1978
太空杀 *	*Among Us*	iOS, Android, PC	Innersloth	Innersloth	全球	2018
泰拉科技	*TerraTech*	PC, PS4, Xbox One	Payload Studios	Payload Studios	全球	2018
泰拉瑞亚	*Terraria*	PC	Re-Logic	Re-Logic	全球	2011
泰坦陨落 2	*Titanfall 2*	PC, PS4, Xbox One	Respawn Entertainment	Electronic Arts	全球	2016
糖豆人：终极淘汰赛	*Fall Guys: Ultimate Knockout*	PC, PS4	Mediatonic	Devolver Digital	全球	2020
糖果传奇	*Candy Crush Saga*	Browser, Mobile	King	King	全球	2012
逃生（Outlast）	*Outlast*	PC	Red Barrels	Red Barrels	全球	2013
淘金者 *	*Lode Runner*	Apple II, Commodore 64	Douglas E. Smith	Brøderbund	美国	1983
天国：拯救	*Kingdom Come: Deliverance*	PC, PS4, Xbox One	Warhorse Studios	Warhorse Studios, Deep Silver	全球	2018
铁拳	*Tekken*	Arcade	Namco	Namco	日本	1994
通向地底乐园	*Dungeon Maker*	iOS, Android	GameCoaster	GameCoaster	全球	2018
同色游戏 *	*SameGame*	Unix	Kuniaki Moribe		日本	1985

续表

游戏中文名	游戏外文名	发行平台	开发方	发行方	首发地区	发行年份
突袭*	*Sudden Strike*	PC	Fireglow Games	CDV Software	德国	2000
图迪和托蒂*	*Toodee and Topdee*	PC,Switch	dietzribi	Top Hat Studios, Inc.	全球	2021
W						
while True: earn()	*while True: learn()*	PC	Luden.io	Nival	全球	2019
Wii 运动	*Wii Sports*	Wii	Nintendo EAD	Nintendo	北美	2006
万智牌	*Magic: The Gathering*	Tabletop	Richard Garfield	Wizards of the Coast	美国	1993
万智牌：竞技场	*Magic: The Gathering Arena*	PC	Wizards of the Coast	Wizards of the Coast	全球	2019
王国之心：记忆之链	*Kingdom Hearts: Chain of Memories*	GBA, PS2, PS3, PS4, Xbox One, PC, Switch	Square Enix, Jupiter	Square Enix	日本	2004
王国之心 Ⅱ	*Kingdom Hearts Ⅱ*	PS2, PS3, PS4, Xbox One, PC, Switch	Square Enix	Square Enix	日本	2005
王权	*Reigns*	PC, macOS, Linux, Switch, Mobile	Nerial	Devolver Digital	全球	2016
网络创世纪*	*Ultima Online*	PC	Origin Systems	Electronic Arts	北美	1997
旺达与巨像	*Shadow of the Colossus*	PS2	Team Ico, SIE Japan Studio	Sony Computer Entertainment	日本	2005
围攻	*Besiege*	PC	Spiderling Studios	Spiderling Studios	全球	2020
微软飞行模拟	*Microsoft Flight Simulator*	PC	Asobo Studio	Xbox Game Studios	全球	2020
瘟疫传说：无罪	*A Plague Tale: Innocence*	PC, PS4, Xbox One	Asobo Studio	Focus Home Interactive	全球	2019
文明	*Sid Meier's Civilization*	PC	MicroProse	MicroProse	美国	1991
文明 V	*Sid Meier's Civilization V*	PC	Firaxis Games	2K Games	全球	2010
文明 Ⅵ	*Sid Meier's Civilization Ⅵ*	PC	Firaxis Games	2K Games	全球	2016
文字游戏	文字游戏 *(Word Game)*	PC	Team9	Team9	全球	2022

续表

游戏中文名	游戏外文名	发行平台	开发方	发行方	首发地区	发行年份
我的世界	*Minecraft*	PC	Mojang Studios	Mojang Studios	全球	2011
巫师 3：狂猎	*The Witcher 3: Wild Hunt*	PC, PS4, Xbox One	CD Projekt Red	CD Projekt	全球	2015
巫术：疯狂领主的试验场*	*Wizardry: Proving Grounds of the Mad Overlord*	Apple Ⅱ	Sir-Tech	Sir-Tech	美国	1981
无尽地牢	*Dungeon of the Endless*	PC	Amplitude Studios	Amplitude Studios	全球	2014
无尽帝国	*Endless Legend*	PC	Amplitude Studios	Amplitude Studios	全球	2014
无尽空间	*Endless Space*	PC	Amplitude Studios	Amplitude Studios	全球	2012
无人深空	*No Man's Sky*	PS4, PC	Hello Games	Hello Games	全球	2016
无主之地 3	*Borderlands 3*	PC, PS4, Xbox One	Gearbox Software	2K Games	全球	2019
武士零	*Katana ZERO*	PC, Switch	Askiisoft	Devolver Digital	全球	2019
舞力全开	*Just Dance*	Wii	Ubisoft Paris	Ubisoft	北美	2009
X						
细胞分裂：明日潘多拉	*Tom Clancy's Splinter Cell: Pandora Tomorrow*	Xbox, PC, PS2	Ubisoft Shanghai	Ubisoft	北美	2004
席德·梅尔的铁路大亨*	*Sid Meier's Railroad Tycoon*	PC	MicroProse	MicroProse	美国	1990
侠盗猎车手 Online	*Grand Theft Auto Online*	Multi-Platform	Rockstar North	Rockstar Games	全球	2013
侠客风云传	*Tale of Wuxia*	PC	Heluo Studio	Phoenix Games	亚洲	2015
仙剑奇侠传	*The Legend of Sword and Fairy*	PC (DOS)	Softstar	Softstar	台湾	1995
陷阵之志	*Into the Breach*	PC, Switch	Subset Games	Subset Games	全球	2018
消灭星星	*PopStar!*	iOS, Android	ZPLAY	ZPLAY	全球	2009
小丑牌	*Balatro*	PC, PS, Xbox, Switch	LocalThunk	Playstack	全球	2024

续表

游戏中文名	游戏外文名	发行平台	开发方	发行方	首发地区	发行年份
小小大星球	*LittleBigPlanet*	PS3	Media Molecule	Sony Computer Entertainment	全球	2008
邪恶冥刻	*Inscryption*	PC	Daniel Mullins Games	Devolver Digital	全球	2021
心灵杀手	*Alan Wake*	Xbox 360, PC	Remedy Entertainment	Microsoft Game Studios	全球	2010
星际拓荒	*Outer Wilds*	PC, PS4, Xbox One	Mobius Digital	Annapurna Interactive	全球	2019
星际争霸	*StarCraft*	PC	Blizzard Entertainment	Blizzard Entertainment	全球	1998
星际争霸Ⅱ	*StarCraft Ⅱ : Wings of Liberty*	PC	Blizzard Entertainment	Blizzard Entertainment	全球	2010
星露谷物语	*Stardew Valley*	PC	Eric "ConcernedApe" Barone	Chucklefish	全球	2016
星战前夜	*EVE Online*	PC	CCP Games	CCP Games	全球	2003
星之卡比	*Kirby's Dream Land*	Game Boy	HAL Laboratory	Nintendo	日本	1992
行尸走肉：第一季	*The Walking Dead: Season One*	Multi-Platform	Telltale Games	Telltale Games	全球	2012
幸福工厂	*Satisfactory*	PC	Coffee Stain Studios	Coffee Stain Publishing	全球	2019
虚幻竞技场*	*Unreal Tournament*	PC	Epic Games, Digital Extremes	GT Interactive	北美	1999
血源诅咒	*Bloodborne*	PS4	FromSoftware	Sony Computer Entertainment	全球	2015
Y						
伊森卡特的消失之谜	*The Vanishing of Ethan Carter*	PC,PS4,Switch,Xbox One	The Astronauts	The Astronauts	全球	2014
疑案追声	*Unheard*	PC	NEXT Studios	Bilibili / NEXT Studios	全球	2019
以撒的结合	*The Binding of Isaac*	PC	Edmund McMillen, Florian Himsl		全球	2011

续表

游戏中文名	游戏外文名	发行平台	开发方	发行方	首发地区	发行年份
异度神剑 2	*Xenoblade Chronicles 2*	Nintendo Switch	Monolith Soft	Nintendo	全球	2017
异星工厂	*Factorio*	PC	Wube Software	Wube Software	全球	2020
音速战机 *	*Aero Fighters*	Arcade	Video System	Video System	日本	1992
银河战士 *	*Metroid*	FDS, NES	Nintendo R&D1, Intelligent Systems	Nintendo	日本	1986
银河战士 *Prime*	*Metroid Prime*	GameCube	Retro Studios	Nintendo	北美	2002
英雄传说：空之轨迹	*The Legend of Heroes: Trails in the Sky*	PC,PSP,PS Vita	Nihon Falcom Corporation	Falcom	日本	2004
英雄连	*Company of Heroes*	PC	Relic Entertainment	THQ	全球	2006
英雄联盟	*League of Legends*	PC	Riot Games	Riot Games	全球	2009
永恒之柱	*Pillars of Eternity*	PC	Obsidian Entertainment	Paradox Interactive	全球	2015
勇敢的心：世界大战	*Valiant Hearts: The Great War*	Multi-Platform	Ubisoft Montpellier	Ubisoft	全球	2014
勇者斗恶龙	*Dragon Quest*	Famicom, NES	Chunsoft	Enix	日本	1986
用心组装 *	*Assemble with Care*	PC,iOS, MacOS	Ustwo Games	Ustwo Games	全球	2019
幽浮 2	*XCOM 2*	PC	Firaxis Games	2K Games	全球	2016
幽浮	*X-COM: UFO Defense*	PC	Mythos Games, MicroProse	MicroProse	北美	1994
幽浮：未知敌人	*XCOM: Enemy Unknown*	PC, PS3, Xbox 360	Firaxis Games	2K Games	全球	2012
幽灵诡计：幻影侦探	*Ghost Trick: Phantom Detective*	NDS	Capcom	Capcom	日本	2010
原神	*Genshin Impact*	PC, PS4, PS5, iOS, Android	miHoYo	HoYoverse / Cognosphere	全球	2020

续表

游戏中文名	游戏外文名	发行平台	开发方	发行方	首发地区	发行年份
Z						
粘粘世界	*World of Goo*	PC, Wii	2D Boy	2D Boy	全球	2008
战地 1942	*Battlefield 1942*	PC	DICE	Electronic Arts	北美	2002
战神	*God of War*	PS2	Santa Monica Studio	Sony Computer Entertainment	北美	2005
战争机器 2	*Gears of War 2*	Xbox 360	Epic Games	Microsoft Game Studios	全球	2008
这是我的战争	*This War of Mine*	PC	11 bit studios	11 bit studios	全球	2014
整蛊邻居 *	*Neighbours from Hell*	PC	JoWooD Vienna	JoWooD Productions	奥地利	2003
正当防卫	*Just Cause*	PC, PS2, Xbox, Xbox 360	Avalanche Studios	Eidos Interactive	欧洲	2006
直到黎明	*Until Dawn*	PS4	Supermassive Games	Sony Computer Entertainment	全球	2015
植物大战僵尸	*Plants vs. Zombies*	PC, Mac	PopCap Games	PopCap Games	全球	2009
只有一次机会	*One Chance*	Web	Awkward Silence Games	Awkward Silence Games	全球	2010
指尖传说	*Touch Type Tale*	PC	Pumpernickel Studio	Epic Games	全球	2023
智龙迷城	*Puzzle & Dragons*	iOS, Android	GungHo Online Entertainment	GungHo Online Entertainment	日本	2012
重力异想世界	*Gravity Rush*	PS Vita	SIE Japan Studio, Project Siren	Sony Computer Entertainment	日本	2012
主题医院 *	*Theme Hospital*	PC	Bullfrog Productions	Electronic Arts	欧洲	1997
祖玛	*Zuma*	Browser, PC	PopCap Games	PopCap Games	全球	2003
最终幻想	*Final Fantasy*	NES / Famicom	Square	Square	日本	1987
最终幻想 V	*Final Fantasy V*	SFC	Square	Square	日本	1992
最终幻想 Ⅶ	*Final Fantasy Ⅶ*	PlayStation	Square	Square	日本	1997
最终幻想战略版	*Final Fantasy Tactics*	PlayStation	Square	Square	日本	1997

平台列表对照如下。

平台列表

平台名称	全称 / 别名	简　　介
3DO	3DO Interactive Multiplayer	由松下、三洋、金星（LG）等公司在 1993 年推出的 32 位家用游戏机，特点是硬件标准开放，但商业上未能成功
Amiga	Commodore Amiga	由 Commodore 公司于 1985 年推出的个人计算机系列，以其强大的图形和声音处理能力在 20 世纪 80 年代末和 90 年代初的游戏和多媒体领域备受青睐
Apple Ⅱ	Apple Ⅱ	苹果公司于 1977 年推出的个人计算机，是早期最成功和普及的个人计算机之一，拥有大量游戏软件，对早期游戏发展影响深远
Arcade	街机	指放置于公共娱乐场所（如游戏厅）的大型专用游戏设备。通常需要投币游玩，是电子游戏早期的主要形态
Atari 8-bit	Atari 8-bit family	雅达利公司于 1979 年开始推出的 8 位家用计算机系列，包括 Atari 400、800 等型号，是 20 世纪 80 年代初重要的游戏平台之一
Android	Android	2003 年由 Android 公司开发，2005 年被谷歌公司收购，作为移动终端操作系统，用于各种品牌的智能手机和平板计算机
BBC Micro	BBC Microcomputer System	由 Acorn 计算机公司为英国广播公司（BBC）的计算机知识普及项目于 1981 年设计的微型计算机，在英国教育领域和游戏市场非常流行
Browser	网页浏览器	指通过互联网浏览器（如 Chrome, Firefox）直接运行的游戏，通常基于 Flash、HTML5 等技术，无须单独安装客户端
Commodore 64	Commodore 64	Commodore 公司于 1982 年推出的 8 位家用计算机，其以低廉的价格和强大的性能著称，是史上最畅销的单一计算机型号
Dreamcast	Dreamcast	世嘉公司于 1998 年在日本发行的最后一款家用游戏机，是第一款内置调制解调器以支持网络游戏的主机，技术上领先但商业寿命短暂
Famicom / FC	Family Computer	任天堂于 1983 年在日本推出的 8 位家用游戏机，具有卡带式游戏载体，通过游戏手柄进行操作
NES	Nintendo Entertainment System	任天堂于 1985 年在北美推出的 8 位家用游戏机和 Famicom 本质上是同一类游戏机，但在外观设计、手柄布局等方面有所不同
FDS	Famicom Disk System	任天堂于 1986 年为 Famicom 在日本推出的磁盘机外设，使用可复写的磁盘作为媒介，存储容量更大，支持游戏存档
Game Boy	Game Boy	任天堂于 1989 年推出的 8 位便携式掌上游戏机，以其耐用性、长续航和丰富的游戏库（如《俄罗斯方块》）定义了掌机市场
GBA	Game Boy Advance	2001 年 3 月在日本首发，是 Game Boy 系列的第三代掌上游戏机，性能上有了质的飞跃，能够运行更复杂的 2D 游戏和一些简单的 3D 游戏
GameCube	Nintendo GameCube	任天堂于2001年推出的128位家用游戏机，以其独特的小方块外形和小型光盘（GOD）为特色
IBM PCjr	IBM PCjr	IBM 于 1984 年推出的家用计算机，试图进入低价个人计算机市场，但因设计缺陷和兼容性问题在市场销量不佳

续表

平台名称	全称 / 别名	简　介
iOS		苹果公司于 2007 推出的基于 macOS 核心构建的 iOS 操作系统，用于 iPhone、iPad
Mac	Macintosh	苹果公司自 1984 年起推出的个人计算机系列，以其图形用户界面（GUI）著称
Neo Geo	Neo Geo	SNK 公司于 1990 年推出的家用游戏机和街机系统，以其强大的 2D 图形处理能力和昂贵的价格闻名，完美移植了 SNK 的街机格斗游戏
3DS	Nintendo 3DS	任天堂于 2011 年推出的便携式掌上游戏机，其主要特点是上屏幕支持裸眼 3D 显示效果
N64	Nintendo 64	任天堂于 1996 年推出的 64 位家用游戏机，是第一款普及 3D 模拟摇杆的主机，对 3D 游戏的操控方式产生了深远影响
NDS	Nintendo DS	任天堂于 2004 年推出的便携式掌上游戏机，以其创新的双屏幕（其中下屏为触摸屏）设计著称
Switch	Nintendo Switch	任天堂于 2017 年推出的混合形态游戏机，既可以作为家用主机连接电视，也可以作为便携式掌机独立游玩
PC	Personal Computer	指基于微软 Windows 操作系统的通用计算机，是开放性最强、游戏类型最丰富的平台之一
PET	Commodore PET	Commodore 公司于 1977 年推出的个人计算机，是最早的个人计算机之一
PDP-10 / PDP-11	PDP-10 / PDP-11	数字设备公司（DEC）在 20 世纪 60—70 年代推出的系列小型机，是早期大学和研究机构中重要的计算平台，许多早期计算机游戏的诞生地
PS	PlayStation	索尼计算机娱乐（SCE）于 1994 年推出的 32 位家用游戏机，以 CD-ROM 为主要媒介，开启了索尼在游戏主机市场的成功之路
PS2	PlayStation 2	索尼于 2000 年推出的 128 位家用游戏机，是史上销量最高的游戏主机，拥有极为庞大的游戏库并兼容 DVD 播放
PS3	PlayStation 3	索尼于 2006 年推出的家用游戏机，首次引入蓝光光盘（Blu-ray Disc）作为游戏媒介，并支持高清输出
PS4	PlayStation 4	索尼于 2013 年推出的家用游戏机，以其强大的性能和丰富的独占游戏阵容在第八世代主机中取得了巨大成功
PS5	PlayStation 5	索尼于 2020 年推出的第九世代家用游戏机，其以高速 SSD、强大的图形性能和创新的 DualSense 手柄为主要卖点
PS Vita	PlayStation Vita	索尼于 2011 年推出的便携式掌上游戏机，拥有高清 OLED 屏幕、双摇杆和触摸功能
PSP	PlayStation Portable	索尼（Sony）2004 推出的第一款掌上游戏机，它以在当时强大的机能、出色的宽屏幕和独特的 UMD 光盘为特色，致力于在便携设备上提供媲美家用主机的游戏与多媒体体验

续表

平台名称	全称 / 别名	简　　介
Sega Mega Drive	Sega Mega Drive	世嘉于 1988 年在日本推出的 16 位家用游戏机
Sega Genesis	Sega Genesis	世嘉于 1989 年在北美推出的 16 位家用游戏机
Sega Saturn	Sega Saturn	世嘉于 1994 年推出的 32 位家用游戏机，拥有复杂的双 CPU 架构，其以优秀的 2D 游戏表现而闻名
SFC	Super Family Computer	任天堂于 1990 年在日本推出的 16 位家用游戏机，以卓越的图形和声音效果著称
SNES	Super Nintendo Entertainment System	任天堂于 1991 年在北美推出的 16 位家用游戏机，是 SFC 的美国版本，二者无本质区别
Tabletop	桌面游戏	指在桌面上进行的游戏，通常不依赖电子设备，如棋盘游戏、卡牌游戏、角色扮演游戏（TRPG）等
Wii	Wii	任天堂于 2006 年推出的家用游戏机，以创新的体感控制器（Wii 遥控器）吸引了大量非传统玩家，开创了体感游戏的潮流
Wii U	Wii U	任天堂于 2012 年推出的家用游戏机，其特点是拥有一个带触摸屏的平板式手柄（GamePad），支持双屏游戏体验
Xbox	Xbox	微软于 2001 年推出的第一款家用游戏机，以强大的硬件性能和内置硬盘，以及在线服务 Xbox Live 的推出而闻名
Xbox 360	Xbox 360	微软于 2005 年推出的第二代家用游戏机，在高清游戏时代取得了巨大成功，并进一步完善了 Xbox Live 在线服务
Xbox One	Xbox One	微软于 2013 年推出的第八世代家用游戏机，强调其作为家庭多媒体娱乐中心的功能
Xbox Series X/S	Xbox Series X/S	微软于 2020 年推出的第九世代家用游戏机系列，包括高性能的 Xbox Series X 和更小巧、纯数字版的 Xbox Series S

参考文献

[1] 何威. 建构与交互：对新媒介电脑游戏的研究[D]. 北京：清华大学，2004.

[2] 阿尔比奈，马克. 游戏设计信条：从创意到制作的设计原则[M]. 北京：人民邮电出版社，2018.

[3] 邦德，杰里米•吉布森. 游戏设计、原型与开发：基于Unity与C#从构思到实现[M]. 北京：电子工业出版社，2020.

[4] 弗雷顿，特蕾西. 游戏设计梦工厂[M]. 北京：电子工业出版社，2016.

[5] 科斯特，拉夫. 游戏设计快乐之道[M]. 北京：人民邮电出版社，2014.

[6] 罗杰斯，斯科特. 通关！游戏设计之道[M]. 北京：人民邮电出版社，2013.

[7] 麦克林，科琳，夏普，约翰. 游戏迭代设计：概念、制作、拓展全程细则探秘[M]. 北京：电子工业出版社，2017.

[8] 西尔维斯特，泰南. 体验引擎：游戏设计全景探秘[M]. 北京：电子工业出版社，2018.

[9] Aarseth, E., Calleja, G. The word game: The ontology of an undefinable object[R/OL]. (2015)[2025-01-20]. http://www.um.edu.mt/library/oar/handle/123456789/26620.

[10] Adams, E., Dormans, J. Game mechanics: Advanced game design[M]. Berkeley: New Riders, 2012.

[11] Arjoranta, J. How to define games and why we need to[J/OL]. The Computer Games Journal, 2019, 8(3): 109-120. https://doi.org/10.1007/s40869-019-00080-6.

[12] Bateman, C. Empirical game aesthetics[M]// Handbook of digital games. Hoboken: John Wiley & Sons, Inc., 2014: 411-443. https://doi.org/10.1002/9781118796443.ch15.

[13] Bevins, K. L., Howard, C. D. Game mechanics and why they are employed: What we know about gamification so far[J/OL]. Issues and Trends in Learning Technologies, 2018, 6(1). https://doi.org/10.2458/azu_itet_v6i1_bevins.

[14] Björk, S., Holopainen, J. Describing games: An interaction-centric structural framework[C]// Proceedings of DiGRA 2003 Conference: Level Up. 2003.

[15] Costikyan, G. Boardgame aesthetics[M]// Tabletop: Analog game design. Pittsburgh: ETC Press, 2011: 174-181.

[16] Dubbelman, T. Narrative game mechanics[C/OL]// Interactive storytelling: 9th International Conference on Interactive Digital Storytelling, ICIDS 2016. Cham: Springer International Publishing, 2016: 39-50. https://doi.org/10.1007/978-3-319-48279-8_4.

[17] Engelstein, G., Shalev, I. Building blocks of tabletop game design: An encyclopedia of mechanisms[M].

Boca Raton: CRC Press, 2022. https://doi.org/10.1201/9780429430701.

[18] Fabricatore, C. Gameplay and game mechanics: A key to quality in videogames[R/OL]. (2007)[2025-01-20]. http://eprints.hud.ac.uk/id/eprint/20927.

[19] Ferro, L. S. The game element and mechanic (GEM) framework: A structural approach for implementing game elements and mechanics into game experiences[J/OL]. Entertainment Computing, 2021, 36: 100375. https://doi.org/10.1016/j.entcom.2020.100375.

[20] Hew, K. F., Huang, B., Chu, W. S. W., et al. Engaging Asian students through game mechanics: Findings from two experiment studies[J/OL]. Computers & Education, 2016, 92: 221-236.

[21] Hunicke, R., LeBlanc, M., Zubek, R. MDA: A formal approach to game design and game research[C]// Proceedings of the AAAI Workshop on Challenges in Game AI. 2004, 4(1): 1722.

[22] Juul, J. Half-real: Video games between real rules and fictional worlds[M]. Cambridge: The MIT Press, 2011.

[23] Kim, B. Game mechanics, dynamics, and aesthetics[J]. Library Technology Reports, 2015, 51(2): 17-19.

[24] Kirkpatrick, G. Aesthetic theory and the video game[M]. Manchester: Manchester University Press, 2011.

[25] Lo, P., Allard, B., Ho, K. K. W. What is a game mechanic?[C/OL]// International conference on entertainment computing. Cham: Springer International Publishing, 2021: 336-347. https://doi.org/10.1007/978-3-030-89394-1_25.

[26] Midgley, M. The game game[J/OL]. Philosophy, 1974, 49(189): 231-253. https://doi.org/10.1017/S0031819100048208.

[27] Moll, P., Kriglstein, S., Wimmer, M. How players play games: Observing the influences of game mechanics[C/OL]// Proceedings of the 12th ACM International Workshop on Immersive Mixed and Virtual Environment Systems. 2020: 7-12. https://doi.org/10.1145/3386293.3397113.

[28] Molnar, A., Kostkova, P. Gaming to master the game-game usability and game mechanics[C/OL]// 2014 IEEE 3rd International Conference on Serious Games and Applications for Health (SeGAH). 2014: 1-7. https://doi.org/10.1109/SeGAH.2014.7067091.

[29] Pearce, C. Games as art: The aesthetics of play[J]. Visible Language, 2006, 40(1): 66.

[30] Salen, K., Zimmerman, E. Rules of play: Game design fundamentals[M]. Cambridge: The MIT Press, 2004.

[31] Schell, J. The art of game design: A book of lenses[M]. 3rd ed. Boca Raton: CRC Press, 2019.

[32] Sicart, M. Defining game mechanics[J/OL]. Game Studies, 2008, 8(2).

[33] Stenros, J. The game definition game: A review[J/OL]. Games and Culture, 2017, 12(6): 499-520. https://doi.org/10.1177/1555412016655679.

[34] Suits, B. What is a game?[J/OL]. Philosophy of Science, 1967, 34(2): 148-156. https://doi.org/10.1086/288138.

[35] Upton, B. The aesthetic of play[M]. Cambridge: The MIT Press, 2015. https://doi.org/10.7551/mitpress/9251.001.0001.

[36] Zook, A., Riedl, M. O. Generating and adapting game mechanics[C]// Proceedings of the 2014 Foundations of Digital Games Workshop on Procedural Content Generation in Games. 2014.